Michael A. Weiner

INDIANER MEDIZIN

Das uralte Heilwissen der Indianer - für uns neu entdeckt

Deutsche Erstausgabe

WILHELM HEYNE VERLAG
MÜNCHEN

HEYNE RATGEBER
08/9169

Titel der Originalausgabe:
EARTH MEDICINE – EARTH FOODS
erschienen bei Macmillan Publishing Co., Inc., New York

Aus dem Amerikanischen übertragen von Maria Zybak

Printed in Germany 1988
Umschlagzeichnung: Brigitte Smith
Umschlaggestaltung: Atelier Ingrid Schütz
Gesamtherstellung: Presse-Druck Augsburg

ISBN 3-453-02731-0

Inhalt

Erster Teil Naturmedizin

Zweiter Teil Natürliche Nahrungsmittel

Erster Teil

Naturmedizin

Einleitung

»Die Menschen behandelten Krankheiten schon lange, bevor sie verstanden, warum ein bestimmtes Kraut eine heilsame Wirkung hat. Der Hund sucht auf den Wiesen nach seiner Grasmedizin; die Bärin pflegt die Wunden ihres Jungen oder ihres Gefährten mit vielleicht genauso viel Verstand, wie der primitive Mensch das aus Erfahrung tut; er weiß nicht, warum ein bestimmtes Mittel eine heilsame Wirkung hat. Er weiß nur, daß es so ist.«

Matilda Coxe Stevenson
›Ethnobotany of the Zuñi Indians‹

Wir modernen Menschen verlassen uns auf die Heilmittel aus der Apotheke, während sich die Indianer früherer Zeiten die Heilpflanzen zunutze machten, die sie in den Wäldern und Wüsten und an den Küsten fanden. Obwohl die heutigen Medikamente – handlich, farbenfroh und manchmal sogar mit Aromastoffen – alle ›fabrikmäßig‹ oder aus synthetischen chemischen Substanzen hergestellt zu sein scheinen, enthalten doch mehr als 37% aller verschriebenen Arzneimittel eine pflanzliche Droge. Jeder amerikanische Arzt verordnet im Durchschnitt täglich mindestens acht Arzneimittel pflanzlichen Ursprungs; ihr Wert belief sich in den USA im Jahr 1967 auf über 300 Millionen Dollar.

Auch im Zeitalter der synthetisch hergestellten Mittel schenkt uns die Natur Produkte, die häufig verwendet werden. Es wäre zu teuer, die komplexe Zusammensetzung dieser Pflanzen im Labor nachzumachen.

Die ersten europäischen Siedler, die über den Atlantik nach Nordamerika kamen, brachten auch viele heimische Heilpflanzen mit. Sie stellten bald fest, wie schwierig es war, die getrockneten Pflanzen über längere Zeit zu konservieren. Manche hatten auch Samen aus Europa bei sich und legten einen eigenen Kräutergarten an. Andere waren von der geheimnisvollen Neuen Welt und ihrer Schönheit fasziniert und dachten, daß die Wälder wohl auch Heilmittel für ihre Krankheiten bereithalten müßten. Aber woher sollten sie wissen, welche Pflanze bei einer ganz bestimmten Krankheit Heilung bringen konnte? Zweifellos stellten viele Europäer Ähnlichkeiten zwischen den Heilpflanzen der Alten Welt und denen in Amerika fest. Diese Beobachtungen brachten sicher viele ernstlich kranke Menschen dazu, die unbekannten Pflanzen auszuprobieren, um wieder gesund zu werden. Wenn sie dabei an eine giftige Pflanze gerieten, kostete das manches Leben.

Man kann den Mut dieser frühen Siedler, ihnen unbekannte Pflanzen auszuprobieren, nur bewundern. Denn diese Kräutersammler pflegten – wie auch manches pharmazeutische Labor heutzutage – mit jedem neu entdeckten Kraut zu experimentieren, um ein Heilmittel für eine Krankheit zu finden. Einige ihrer Patienten blieben am Leben und wurden gesund; andere erfuhren keine Heilung und manche starben. Überwog die Zahl der geheilten Patienten, wurde die betreffende Pflanze zu einer allgemein empfohlenen Arznei. Manche fanden dieses Experimentieren zu riskant. Die Vorsichtigeren baten die Ureinwohner Amerikas – die Indianer –, ihnen die Kräuter mit Heilwirkung zu zeigen. Da die Indianer den Neuankömmlingen am Anfang freundlich begegneten, gaben sie ihr Wissen auch weiter. Bald behandelten viele indianische Medizinmänner sowohl Weiße wie auch Eingeborene. Joe Pye, ein indianischer Pflanzenkenner aus Neu-England, soll Typhuskranke mit dem nach ihm benannten joe-pye-Kraut (lateinischer Name:

Eupatorium purpureum) zum Schwitzen gebracht und damit von der Krankheit geheilt haben. Diese Pflanze wurde schließlich auch im ›United States Pharmacopoeia‹ [Amtliche Arzneimittelliste der Vereinigten Staaten; Anm. d. Übers.] aufgenommen, allerdings für einen anderen Anwendungsbereich.

Die in diesem Buch beschriebenen Heilmittel entnahmen wir Büchern und Briefen, die nach der Einwanderung der Europäer nach Nordamerika verfaßt worden waren. Wir können nicht mit Sicherheit sagen, daß all diese pflanzlichen Arzneien nur von Indianern stammen; viele kamen sicher erst mit den europäischen Siedlern zur Anwendung. Auch die Indianer übernahmen manches Wissen von den Neuankömmlingen und gaben es weiter, so daß es schließlich als indianische Heilkunst betrachtet wurde.

Dieses Buch ist im wesentlichen eine Übersetzung von Aufzeichnungen über indianische Pflanzenmedizin. Es beschreibt auch die Behandlungsmethoden der Ärzte aus der Zeit unserer Großväter. Diese Ärzte lernten sehr viel von den Indianern über die Heilbehandlung mit Pflanzen; aber wußten sie auch, welche davon medizinisch gesehen wertvoll waren? Diese Frage kann man nur beantworten, wenn man im ›U.S. Pharmacopoeia‹, dem ›National Formulary‹ und dem ›Dispensatory of the United States‹ nachsieht und feststellt, welche dieser Heilmittel auch offiziell anerkannt wurden. Wenn wir die Nachschlagewerke für Arzneimittel als maßgeblich für alle in Amerika verwendeten Drogen ansehen, sollte man annehmen, den relativen Wert der pflanzlichen Arzneimittel unserer Großväter beurteilen zu können. So einfach ist es leider nicht. Wie sollen wir die Pflanzen einstufen, die anfänglich in diesen Arzneimittellisten zugelassen, später aber wieder gestrichen wurden? Wurden sie herausgenommen, weil spätere Experimente bewiesen, daß sie gefährlich oder wirkungslos waren? Oder wurden diese vorher populären Heilmittel zurückgezogen, weil an ihre Stelle synthetische Drogen traten, die aber nicht unbedingt wirkungsvoller waren? Zieht man all dies in Betracht, wird es sehr schwierig, den Wert der in diesem Buch genannten Pflanzen zu beurteilen. Deshalb halte ich mich auch an das ›Dispensatory of the United States‹, in dem die Drogen nach ihrer Anwendung aufgeführt werden, ohne Empfehlungen abzugeben. Aus diesem Grund spreche ich auch von allen Anwendungsmöglichkeiten in der Vergangenheit. Die hier gegebene Information ist völlig neutral zu sehen.

Wir verdanken die Kenntnis über die Heilmittel der Indianer den schriftlichen Hinterlassenschaften von Reisenden, Missionaren, Soldaten, Anthropologen und Botanikern. Als wichtigste Informationsquelle über die im vergangenen Jahrhundert in Amerika verwendeten Arzneipflanzen wäre das im Jahr 1887 von Dr. C. F. Millspaugh geschriebene Buch ›American Medicinal Plants‹ zu nennen. Er behandelt darin die wichtigsten Heilpflanzen seiner Zeit und hinterließ uns dazu 180 Originalzeichnungen. Viele seiner äußerst genauen Illustrationen werden Sie in diesem Buch wiederfinden. Wir übernahmen auch Illustrationen aus zwei englischen Büchern des 19. Jahrhunderts zu diesem Thema: ›Medical Botany‹ von Woodville (1832) und ›Medicinal Plants‹ von Bentley (1880). Daß so viele in Amerika heimische Pflanzen in diesen englischen Büchern beschrieben werden, zeigt, wie schnell die indianischen Heilmittel akzeptiert wurden.

Kann man nun aus der Tatsache, daß unsere frühen Ärzte vieles von indianischen Medizinmännern übernahmen, schließen, daß diese immer die richtige Wahl trafen? Wir können die Frage nicht direkt beantworten. Wir können nur annehmen, daß die Indianer viele Leiden heilen und andere zumindest lindern konnten. Wir dürfen nicht vergessen, daß die Lebenserwartung der Eingeborenen etwa 37 Jahre betrug, wie man aus Knochenfunden schließen kann. Deshalb waren typische Krankheiten älterer Menschen den Indianern unbekannt oder zumindest eine Ausnahme, bis die Europäer diesen Kontinent eroberten. Es stieg nicht nur die Lebenserwartung der Indianer; viele ›neue‹ Krankheiten, sei es durch Ansteckung oder durch den ›höheren‹ Lebensstandard, traten auf. Manche Heilmittel fanden die Indianer erst zu Beginn dieses Jahrhunderts, zum Beispiel die Anwendung der *Teufelskralle* bei Diabetes. Die Medizinmänner sahen sich mit neuen Problemen konfrontiert und suchten in ihrer Umgebung nach Pflanzen, um diese Krankheiten zu heilen. Woher aber konnten sie wissen, welche Pflanzen dafür geeignet waren?

Das Wissen der meisten primitiven Völker über Heilpflanzen basiert auf einer ortsgebundenen ›Lehre der Kennzeichen‹. Nach dieser Theorie kann man den Heilpflanzen deutlich ansehen, wofür sie verwendet werden sollen. ›Gleiches heilt Gleiches‹, und für jede Krankheit gibt es ein Heilmittel, sagt diese Theorie. Die Eingeborenen waren davon überzeugt, daß Form oder Farbe einer bestimmten Pflanze auf ihre Anwendungsmöglichkeiten als Heilmittel hinwiesen. Dieses Prinzip wurde dahingehend interpretiert, daß man zur Beseitigung einer Wurmkrankheit eine Pflanze braucht, die einem Wurm ähnelt. Zur Behandlung von Augenkrankheiten nahmen sie eine Blume, die an das Auge eines Hirsches erinnerte. Die Hopi verwendeten zur Förderung des Milchflusses bei stillenden Müttern Pflanzen, die einen milchigen Saft ausscheiden. Manche Stammesmitglieder waren überzeugt davon, daß ein knorriges Stück Holz bei der Behandlung von Krämpfen wichtig sei.

Die ›Lehre der Kennzeichen‹ beschränkte sich nicht nur auf Pflanzen. Die Hopi nannten ein bestimmtes Kraut ›Wieselmedizin‹, weil sie dabei an dieses Tier erinnert wurden. Da ein Wiesel sich sehr schnell durch die Erde gräbt, schlossen sie darauf, daß die nach ihm benannte Pflanze auch die Geburt eines Kindes beschleunigen könnte und gaben sie den Gebärenden.

Die Indianer waren allerdings nicht die einzigen, die nach dieser Lehre vorgingen. Sowohl die neuen Siedler, die Europäer, als auch eingesessene Ärzte der Alten Welt teilten diese Anschauung. Deshalb war zum Beispiel die Behandlung chronischer Hepatitis mit *Leberblümchen* in Europa weit verbreitet. Um zu verstehen, warum

Leberblümchen
Manche Stämme wandten in der Medizin die uralte ›Lehre der Kennzeichen‹ an. Mit den Blättern dieser Pflanze, die die Form der menschlichen Leber haben, behandelte man früher in Europa Leberleiden.

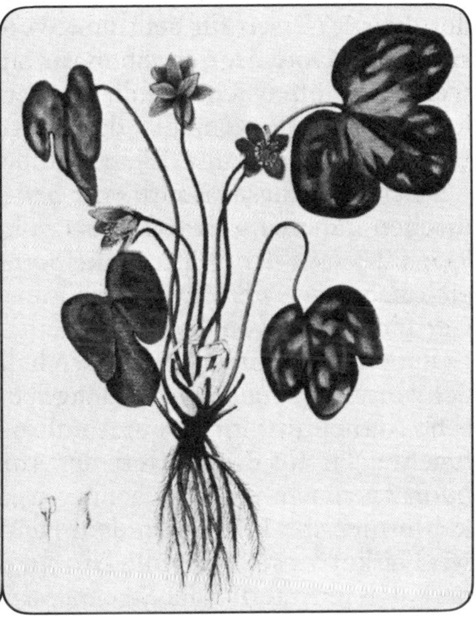

einige frühe Pflanzenkenner dieses Gewächs als Heilmittel für Leberstörungen anwendeten, brauchen Sie sich nur die Form der Blätter genau anzusehen. Sie werden in diesem Buch noch viele andere Beispiele für diese Theorie finden. Eines der augenfälligsten ist das Johanniskraut, das unter ›Erkrankungen der Atemwege‹ näher beschrieben wird.

Natürlich haben nicht alle Stämme Krankheiten nach dem Motto ›Gleiches heilt Gleiches‹ geheilt. Manche vertrauten eher auf übernatürliche Kräfte, während andere einfach mit den Pflanzen experimentierten und durch die empirische Methode lernten. Der indianische Sammler lehnte eine Pflanze nach gründlichem Beriechen und Beknabbern entweder ab oder er akzeptierte sie. War er an eine giftige Pflanze geraten und starb, waren seine Stammesbrüder gewarnt. Wurde einer dieser frühen Heilkundigen beim Experimentieren mit einer Wurzel, Rinde oder einem Blatt geheilt, behielt er entweder dieses Wissen für sich und wurde ein anerkannter Heiler im Dorf oder er gab es an einen Unglücklichen weiter, der offensichtlich dieses Mittels bedurfte.

Nicht alle Fragen, die den Wert der indianischen Heilpflanzen betreffen, bleiben unbeantwortet. Ein früher Besucher dieses Kontinents berichtet, daß die kanadischen Indianer sich von Blattern kurierten, indem sie einen Tee aus den Blättern der *Sarracenia purpurea* zu sich nahmen. Die Männer des französischen Eroberers Cartier wurden von Skorbut geheilt, als sie den von den Indianern gereichten Tee aus den hellgrünen Nadeln der *Schwarzfichte* tranken. Und lange bevor eine amerikanische Arzneimittelfirma ein Abführmittel auf den Markt brachte, das aus den Blättern des *Amerikanischen Faulbaums* gemacht wird, verwendeten die Indianer in Nordkalifornien die Pflanze zu dem gleichen Zweck. Wenn wir Narkotika als wertvolle Drogen betrachten, sei erinnert, daß in Amerika der *Stechapfel* schon jahrhundertelang medizinisch genutzt wurde, bevor dies in Europa geschah. Diese und viele andere Beispiele in diesem Buch zeigen, daß die amerikanischen Eingeborenen viele Heilpflanzen entdeckten und zu nutzen wußten. Es steht fest, daß außer den etwa 170 Drogen, die jetzt oder früher im ›U.S. Pharmacopoeia‹ oder dem ›National Formulary‹ aufgeführt sind, noch Hunderte anderer Heilpflanzen von den Indianern Nordamerikas verwendet wurden; sie wurden nie in den offiziellen Arzneimittellisten erwähnt.

Die amerikanischen Indianer verstanden es nicht nur sehr gut, bestimmte Krankheiten mit Pflanzen zu heilen;

sie waren auch auf anderen Gebieten der Medizin ihrer Zeit weit voraus. Mehr als hundert Jahre, bevor die Methode von Crede zum Ausstoßen der Nachgeburt in einer Fachzeitschrift in Europa veröffentlicht wurde, praktizierten sie schon die meisten Stämme. Die Fähigkeit der Indianer, selbst schlimme Wunden zu heilen, wurde sogar von den größten Indianerhassern in der U.S.-Kavallerie bewundert. Einige dieser Methoden finden Sie unter der Überschrift ›Wunden‹ wieder.

Kräuter, die zur inneren Anwendung bestimmt waren, wurden normalerweise als Abkochung zubereitet. Die entsprechenden Pflanzenteile wurden gesammelt, getrocknet und dann in Wasser zu medizinisch wirksamem Tee gekocht. (Wir verwenden das Wort Tee in diesem Buch ohne besondere Einschränkung. Wir meinen damit einfach verschiedene Pflanzenteile, die in Wasser gekocht oder mit Wasser aufgebrüht werden. Damit ist nicht der Tee gemeint, den wir heute trinken.) Im allgemeinen bestand ein indianisches Heilmittel nur aus einer Pflanze – manchmal aus zwei oder drei. Nur sehr selten findet sich ein Hinweis darauf, daß mehrere Kräuter gemischt wurden, um ein einziges Heilmittel herzustellen. Eine Ausnahme ist ein Rezept der Mohegan-Indianer für ein Frühlings-Tonikum. Dafür werden zwölf Pflanzen aufgebrüht; der Tee daraus wird getrunken, um die Lebensgeister zu Frühlingsbeginn zu erwecken.

Oft nahm man die Aufgüsse im Verlauf einer Krankheit nur einmal zu sich. Man mußte dabei gut einen halben Liter des Heiltranks zu sich nehmen. Interessant ist, daß manchmal zur Behandlung einer bestimmten Krankheit nur kleine Mengen einer Medizin zu nehmen waren, dagegen größere Mengen des gleichen Mittels für andere Leiden. Die Thompson-Indianer zum Beispiel nahmen einen schwachen Aufguß aus dem Holz der *Schneebeere* zum Waschen von Babys, einen stärkeren Aufguß aus diesem Holz zur Behandlung von Entzündungen.

Sicher besaßen alle Stämme ein Wissen darüber, daß eine bestimmte Medizin eine Krankheit heilen, dem Patienten aber in anderer Weise schaden konnte. Diese ›Nebenwirkungen‹ wurden durch besondere Vorsichtsmaßnahmen vermieden: Zum Beispiel durften einige Tage nach der Behandlung bestimmte Nahrungmittel oder Flüssigkeiten nicht zu sich genommen werden.

Angelika
Die frischen Angelikawurzeln sind giftig und wurden bei manchen Indianerstämmen dazu benützt, Selbstmord zu begehen. Getrocknet sind sie ungiftig. Die Indianer in Arkansas rauchten die Blätter mit Tabak und aßen sie notfalls sogar.

In manchen Fällen konnte man eine Pflanze in der einen Form ohne Bedenken anwenden, während sie in einer anderen tödlich war. Das war bei der *Angelika* oder *Engelwurz* der Fall. Die Indianer mischten die getrockneten Wurzeln unter Tabak und rauchten dieses Kraut. In Notzeiten aßen sie auch die getrockneten Wurzeln. Frisch ausgegraben sind sie giftig. Bei manchen Stämmen in Kanada aß man diese frischen Wurzeln, wenn man sich umbringen wollte. Ähnliches gilt auch für eine Abkochung aus den Wurzeln des *Weißen Christophs-*

krauts; die Thompson-Indianer behandelten damit Syphilis und Rheuma. Sie waren sehr vorsichtig mit der Dosierung, denn eine zu starke Abkochung wirkte tödlich.

Der amerikanische Eingeborene war ein Experte im Sammeln und Nutzbarmachen der Pflanzen seiner Umwelt. Er wußte, wann sie ihre höchste Wirkkraft erreichten und wann man sie sammeln sollte, um daraus Medizin zu machen. Alice Henkel, in Amerika eine Autorität auf dem Gebiet der Heilpflanzen, hat umfassendes Material über das Sammeln und Konservieren vieler Arten zusammengetragen. Zweifellos wurden viele ihrer Informationen in mehreren Generationen erworben und stammen in gewissem Ausmaß von den Eingeborenen. Im allgemeinen kann man sagen, daß die Wurzeln einjähriger Pflanzen zu Anfang des Frühjahrs, vor der Blüte, ausgegraben wurden. Die von zweijährigen oder winterfesten Kräutern sammelte man im Spätherbst, wenn die Wachstumsperiode vorbei war und sich die Nährstoffe für den Winter eingelagert hatten. Die Pflanzen wurden zu bestimmten Jahreszeiten gesammelt, weil man die haben wollte, die zu diesem Zeitpunkt gerade die meisten medizinischen Wirkstoffe enthielten. Nach dem Sammeln wurden die Wurzeln gereinigt, indem man die Erde abschüttelte oder sie wusch. Dann wurden sie entweder frisch oder getrocknet verwendet. Wollte man die Wurzeln trocknen, wurden sie in Scheiben geschnitten und auf Gestelle gelegt, aber nie direkt der Sonne ausgesetzt. Alice Henkel sagt, daß Wurzeln normalerweise drei bis sechs Wochen zum Trocknen brauchen, je nach Wetterlage und Art der Pflanze.

War die Rinde wichtig, sammelte man sie im Winter oder zu Beginn des Frühjahrs, wenn man sie leicht vom Stamm oder den Zweigen ablösen konnte. Die äußere Schicht wurde meistens gleich entfernt und die innere zur weiteren Verwendung aufbewahrt. In manchen Fällen wurde die Kambiumschicht zwischen der inneren

Rinde und dem Holz nicht nur für medizinische Zwecke, sondern auch als wertvolles Nahrungsmittel gebraucht.

Die Blätter wurden vor der Blütezeit gesammelt und im Schatten getrocknet. Für manche Heilmittel mußten junge Blätter verwendet werden, für andere unbedingt ausgereifte.

Blüten wurden bei den Indianern, außer für zeremonielle Getränke, selten für medizinische Zwecke verwendet. Man sammelte sie, wenn sie sich gerade öffneten und entzog ihnen vorsichtig die Feuchtigkeit. Früchte, wie zum Beispiel Beeren, sammelte man, wenn sie reif waren. Sie wurden entweder frisch verwendet oder für später konserviert. Die Samen wurden normalerweise gesammelt, bevor sich die Samenkapseln öffneten.

Obwohl die Indianer sehr viel über eßbare und Heilpflanzen in ihrer Umwelt wußten, darf man doch nicht vergessen, daß sie kein umfassendes Wissen besaßen. Dieses Buch wurde geschrieben, weil wir von der Medizin der amerikanischen Indianer wieder vieles lernen können. Es muß aber dennoch gesagt werden, daß der Autor nicht von der Vorstellung des ›edlen Wilden‹ ausgeht. Es stimmt natürlich, daß die Indianer in großer Harmonie mit ihrer natürlichen Umgebung lebten; es entspricht aber sicher nicht der Wahrheit, daß sie friedliche Menschen waren, die nur mit der Natur kommunizierten und in Eintracht mit ihren indianischen Brüdern lebten. Es sind viele Fälle von Grausamkeiten zwischen den Indianern dokumentiert. Der hier abgebildete Halsschmuck aus menschlichen Fingern wurde von John G. Bourke gefunden, einem Hauptmann der Dritten U.S.-Kavallerie. Dieses Andenken gehörte einem Medizinmann der Cheyenne; es bestand aus den Fingern von Indianern feindlicher Stämme. Sie waren sorgfältig abgeschnitten und in der hier gezeigten Form konserviert worden; der Halsschmuck wurde als Zeichen der Tapferkeit getragen. Er ist aber nicht der einzige Nachweis für Feindseligkeiten zwischen den Stämmen. Kundschafter der Shoshonen, die die U.S.-Armee bei ihrem schrecklichen Überfall auf die Cheyenne am Powder River in Wyoming im Jahr 1876 begleiteten, fanden einen Wildlederbeutel mit den Händen vieler ihrer eigenen Indianerbabys. Wie Bourke sagt »tanzten und heulten sie die ganze Nacht, und dann verbrannten sie diesen schrecklichen Beweis des Verlustes, den ihre Leute erlitten hatten«.

Halskette aus Fingern
Diese Trophäe eines Cheyenne besteht aus den Fingern feindlicher Indianer.

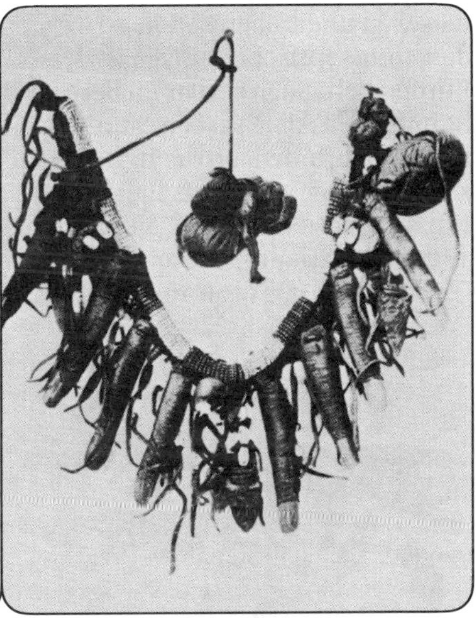

Diese Beispiele von Grausamkeit sind sicher nicht schlimmer als die zahllosen Greueltaten, die andere Völker auf dieser Welt begangen haben. Ich führe diese Beispiele nur an, um zu zeigen, daß nicht alle amerikanischen Indianer ein göttliches Wissen hatten und deshalb die Pflanzen ihrer Umgebung bis ins kleinste kannten. Wir sollten uns mit ihren Heilmitteln beschäftigen und daran denken, daß manche sicher nützlich waren, die Wirkung anderer aber nur auf ihrer Fantasie beruhte.

Antiseptika

Vogelbeere

In Amerika verwendete man früher die innere Rinde dieser kleinen Ebereschenart wegen ihrer adstringierenden, antiseptischen Eigenschaften als Hausmittel. In Europa behandelte man Fieber mit der Rinde einer dort heimischen Art. Es ist erstaunlich, daß sich keine Berichte darüber finden, ob die Indianer die in Amerika heimische Art für medizinische Zwecke gesammelt haben. Wir wissen jedoch, daß sie die leuchtend roten Beeren aßen; sie enthalten Ascorbinsäure und galten als Mittel gegen Skorbut. Wenn man die Beeren kocht, setzen sie

Vogelbeere
Die innere Rinde dieses kleinen Baumes wurde mit heißem Wasser aufgegossen und die Flüssigkeit dann für antiseptische Waschungen verwendet.

eine adstringierende Flüssigkeit frei. Dieser Aufguß wurde für Waschungen bei Hämorrhoiden verwendet.

Dieser Baum mit der glatten Rinde findet sich in Sumpfgebieten und auf feuchten Böden vom südlichen Newfoundland bis nach North Carolina. Er wird selten höher als 10 m; er hat wechselständige Blätter, von denen jedes aus elf bis siebzehn lanzettlichen, spitzen Blättchen besteht. Im Mai oder Juni erscheinen dichte Dolden kleiner weißer Blüten, auf die dann im Herbst die großen hellroten Beeren folgen, die viele Vögel so gerne fressen. Ebereschen wachsen auch gerne auf Bergkuppen und in felsigen Regionen, wo die Wurzeln im Frühjahr viel frisches kaltes Wasser bekommen.

Hahnenfuß

Alle Arten der Gattung Ranunculus sind relativ giftig und wurden im allgemeinen nur äußerlich angewendet. Die Indianer in Illinois pulverisierten die Wurzeln, gaben warmes Wasser dazu und strichen diese Flüssigkeit dann auf Verletzungen und Schnittwunden. Die Gattung war auch schon bei den Ärzten in früherer Zeit bekannt. Die Eigenschaft, Blasen hervorzurufen, wird im ›Herbal‹ von Gerarde beschrieben: »Schlaue Bettler legen die Blätter auf ihre Beine und Arme, was die scheußlichen Geschwüre hervorruft, die wir jeden Tag sehen (bei diesen gottlosen Vagabunden), damit die Leute mehr Mitleid haben.«

Eine in Europa heimische Art des Hahnenfuß, der *Knollenhahnenfuß (R. bulbosus)*, wird von 1820 bis 1882 offiziell im ›U.S. Pharmacopoeia‹ aufgeführt. Er wurde zu dieser Zeit von amerikanischen Medizinern als Gegenmittel gegen Reizgifte verwendet, als eine Art Zugpflaster für Pusteln etc.

Aus dem Jahr 1887 stammt ein Bericht, »daß ein Matrose, der den Rauch der brennenden Pflanze einatmete, zum ersten Mal in seinem Leben heftige Epilepsieanfälle erlitt. Zwei Wochen später traten sie wieder auf, es kam zu allgemeinem Kräfteverfall, Gichtknoten, Kopfschmerzen und führte schließlich zum Tod«. Dies ist deshalb so interessant, weil von den Montagnais-Indianern in Newfoundland und Nova Scotia berichtet wird, daß sie die Pflanzen einer verwandten Art *(R. acris)* zerdrückten und die Dämpfe einatmeten, um Kopfschmerzen zu heilen.

Hahnenfuß
Die Stämme in Illinois und auch andere Stämme pulverisierten die Wurzel, gossen das Pulver mit warmem Wasser auf und wuschen damit verletzte Körperstellen, Schnittwunden usw.

Felsen-Gebirgstanne

Die gummiartige, aus der Rinde austretende Flüssigkeit dieser Tannenart wurde bei den Schwarzfuß-Indianern in Wasser eingeweicht und dann als Antiseptikum auf Wunden aufgetragen. Der gleiche Stamm verbrannte die Nadeln als Räucherwerk oder bereitete aus ihnen Tee gegen Erkältung.

Amberbaum

Das Harz der Amberbaumrinde wurde im ›U.S. Pharmacopoeia‹ erstmals im Jahr 1926 aufgenommen; es ist immer noch als Antiseptikum anerkannt. Die Menschen in Amerika machen sich die heilenden Eigenschaften dieses hochwachsenden Baumes schon seit langem zunutze. Die Mississippi Choctaws kochten die Blätter in

Amerikanischer Amberbaum
Das Harz dieses hochwachsenden Baumes wird in Amerika seit langem wegen seiner heilenden Wirkung verwendet.

Wasser und trugen anschließend die noch heiße Flüssigkeit direkt auf Wunden auf. Die Choctaws bei Bayou Lacomb kombinierten die gekochten Wurzeln mit einem Aufguß aus *Nabelkrautwurzeln* und wuschen damit die verletzte Stelle.

Der Experte Virgil J. Vogel sagt in seinem Buch ›American Indian Medicine‹, daß einer der ersten Besucher Amerikas namens Bossu beobachtete, wie wilde Tiere ihre Wunden dadurch heilten, daß sie sich an dem frisch ausgetretenen Harz des Amberbaumes rieben.

Der hochwachsende Baum ist einer der schönsten heimischen Bäume in Amerikas Wäldern. Er wird bis zu 45 m hoch und kommt in den Wäldern im Südosten der Vereinigten Staaten häufig vor. Man findet ihn auch in den nördlicher gelegenen Staaten wie Connecticut. Er wächst gerade, hat eine sehr rauhe Rinde und kurze graue Zweige mit korkartigen Wülsten. Die sternförmigen, wechselständigen Blätter duften, wenn man sie zerdrückt.

Der Baum trägt stachelige, runde Früchte mit vielen kleinen Samen, die die Vögel gern fressen. Bei Regen sehen die Blätter wie Glassterne aus, von deren Spitzen Silbertropfen fallen. Das Harz tritt aus, wenn der Baum verletzt wird. Damit der Baum diese heilende Substanz ausscheidet, muß man die Rinde mit mechanischen Mitteln punktieren oder einschneiden.

Die hier abgebildete Art *Oriental Liquidambar* ist der in Amerika heimischen Art sehr ähnlich. Sie unterscheiden sich nur in der Größe der Früchte und der Glätte der Blätter.

Wilder Indigo

Die Mohegan-Indianer brühten die Wurzeln des Wilden Indigo mit Wasser auf und benutzten die Flüssigkeit äußerlich als antiseptisches Mittel zum Auswaschen von Wunden. Die Meskwakis verwendeten eine andere Art dieser Pflanze *(Falscher Indigo)* für den gleichen Zweck. Dieses Kraut war von 1831 bis 1842 offiziell im ›U. S. Pharmacopoeia‹ aufgeführt wegen seiner stimulierenden, adstringierenden und antiseptischen Eigenschaft. Es wurde bei Wunden, Geschwüren auf der Haut und bei Ekzemen verwendet.

Das buschig wachsende Kraut wird 70 bis 90 cm hoch. Man findet es auf trockenen Böden von Maine bis Minnesota, im Süden in Florida und Louisiana. Von Juni bis September trägt der Strauch einen Zentimeter lange, leuchtend gelbe Blüten. Früher banden die Farmer Zweige des Wilden Indigo an das Geschirr ihrer Pferde, um Fliegen abzuhalten.

Wilder Indigo
Die Mohegan brühten die Wurzeln mit Wasser auf und verwendeten die Flüssigkeit äußerlich für antiseptische Waschungen von Wunden.

Colorado-Piñon

Diese Kiefernart liefert eines der wichtigsten Nahrungsmittel im Südwesten. Die Navajos und andere Stämme sammeln im Spätherbst die Nüsse, die in den Schuppen der Kiefernzapfen stecken. Die Zuñi-Indianer trockneten und pulverisierten das Harz und bereiteten daraus ein antiseptisches Pulver.

Die Colorado-Pinon wird selten mehr als 15 m hoch; sie wächst auf den Hochebenen im Südwesten, besonders am Rand des Grand Canyon und in der Gegend von

Santa Fé in New Mexico. Von den kurzen, harten Nadeln stehen immer zwei oder drei zusammen. Das etwas nach Bienenwachs duftende Holz ist leicht und fest; es wird auch als Brennstoff und für Zaunpfosten verwendet.

Breitwegerich
Die Shoshonen erhitzten die Blätter und verwendeten sie dann für feuchte Umschläge auf Wunden.

Breitwegerich

Die Indianer nannten diese Pflanze auch ›Fuß des Weißen Mannes‹, weil sie den Weißen sozusagen auf dem Fuß folgte, d. h. sie tauchte überall dort auf, wo sich weiße Siedler niederließen. Die Shoshonen erhitzten die Blätter und verwendeten sie als nassen Verband für Wunden. In der frühen amerikanischen Medizin benützte man die Blätter als Gegenmittel bei Bissen giftiger Reptilien und Insekten; die Samen dienten als Heilmittel bei Wurmbefall.

Der niederländische Botaniker Boerhaave (18. Jahrhundert) empfahl, nach langen Fußmärschen Breitwegerichblätter um die Füße zu wickeln, um die Schmerzen zu lindern.

Der lateinische Name *Plantago* weist auf die Form der Blätter hin, die an Fußsohlen erinnert. Dieses winterharte Kraut findet man überall in Amerika auf Brachland, besonders häufig in den nördlicheren Regionen.

Baldrian

Die Wurzeln dieses stark duftenden Krauts fehlten früher in keinem Medizinbeutel der kriegerischen Thompson-Indianer, die daraus verschiedene Mittel zur Behandlung von Wunden herstellten. Frische Wurzeln wurden zwischen Steinen zermahlen und direkt auf die verletzte Stelle aufgetragen. Aus den getrockneten Wurzeln gewann man einen antiseptischen Puder. Manchmal wurden die frischen Blätter auch gekaut und die breiige Masse dann auf Schnittverletzungen und Wunden aufgetragen.

Der Stamm der Thompson-Indianer in British Columbia kannte den Wert dieser Pflanze wahrscheinlich schon lange vor Ankunft der Europäer. Man weiß, daß manche Indianerstämme Antiseptika benützten, lange bevor der englische Chirurg Lister grundlegende Untersuchungen über die Wundheilung anstellte.

Der im südlichen Kanada heimische amerikanische Baldrian kommt im Süden der USA auch noch im Gebiet der Rocky Mountains in New Mexico vor.

In Europa wird die dort heimische Baldrian-Art *(Valeriana officinalis)* schon seit langem für medizinische Zwecke verwendet. Sie wird in Holland, England und Deutschland kommerziell angebaut. Bei Epilepsie und anderen Störungen des Nervensystems wirkt sie krampflösend und beruhigend. Woodville beschreibt den europäischen Baldrian in seinem 1832 in London erschienenen Buch ›Medical Botany‹ auf sehr interessante Weise: »Seine krampflösende Wirkung ist eindeutig nachgewiesen, und ich halte vieles von dem, was über seine Wirksamkeit geschrieben wurde, für wahr. Und wenn das Mittel nicht wirkt, so scheint mir die Erklärung dafür zu sein, jedenfalls in den meisten Fällen, daß man es in einer größeren Dosis als der üblichen geben sollte. Ich habe festgestellt, daß er bei Epilepsie, Hysterie und anderen mit Krämpfen verbundenen Leiden hilfreich ist... die Wurzel ist höchst wirksam und wird normalerweise in Pulverform in einer Dosis von einem Skrupel [= 1,296 g; Anm. d. Übers.] bis zu einem Dram [= 3,888 g; Anm. d. Übers.] gegeben. Den unangenehmen Geruch kann man durch Zugabe von etwas Muskatblüte überdecken. Das Londoner Arzneibuch gibt eine Baldriantinktur in Normalalkohol und ätherischem Alkohol an.«

Obwohl die Thompson-Indianer die Wurzel des Amerikanischen Baldrian als Antiseptikum verwendeten, wird die europäische Art als wirksames krampflösendes Mittel geschätzt. Wir haben hier ein Beispiel dafür, wie zwei Kulturkreise, die Welten voneinander entfernt waren, sich die Pflanzen ihrer Umgebung zunutze machten.

Augenleiden

Mesquitebaum

Reizungen der Augen waren bei den Indianern sehr häufig, denn es gab meist viel Rauch in den Tipis. Zeitgenössischen Berichten zufolge litten viele an Bindehautentzündung.

Die im Südwesten lebenden Indianer verwendeten lange Zeit hauptsächlich ein aus einem Teil des Mesquitebaums hergestelltes Augenwasser. Das Wissen um die heilkräftige Wirkung haben diese Stämme wahrscheinlich von den Indianern Mittelamerikas übernommen, denn nach Vogel nannten die Azteken den Baum ›mizquitl‹ und bereiteten aus den Blättern eine Medizin für die Augen. Die Mescaleros, Apachen, Pima und Maricopa verwendeten jeweils verschiedene Teile dieses Baums zur Behandlung von entzündeten, schmerzenden Augen. Die Apachen gaben Wasser zu den zerstoßenen Blättern und preßten diese Masse durch ein Tuch, so daß die Flüssigkeit direkt auf die Augen tropfte. Bei einem anderen Stamm trug man den Pflanzensaft direkt auf die entzündeten Augenlider auf.

Der große Strauch oder niedrigwachsende Baum hat krumme Äste und gezackte Blätter. Die zarten Blüten bilden kleine Ähren, und die charakteristischen Hülsen werden 5 bis 15 cm lang. Der Baum ist überall im Südwesten zu finden, wo das in den zusammengepreßten Hülsen enthaltene Fruchtmark als Nahrungsmittel in Notzeiten geschätzt wird. Dieses süße Mark besteht zu 30% aus Traubenzucker und wurde von den in diesem Gebiet lebenden Indianern frisch oder in Wasser gekocht gegessen.

Fichtenspargel

Die wie abgestorben aussehende, bläulich-wächserne Moderpflanze regte die Fantasie eines Medizinmanns an, und er kam auf die Idee, den Pflanzensaft mit Wasser vermischt als Mittel bei ›entzündeten Augen‹ zu verwenden. Er hatte damit offensichtlich ›ins Schwarze getroffen‹, denn bald wurde diese Arznei überall dort, wo die Pflanze wächst, zur Behandlung von Reizungen der Augen verwendet.

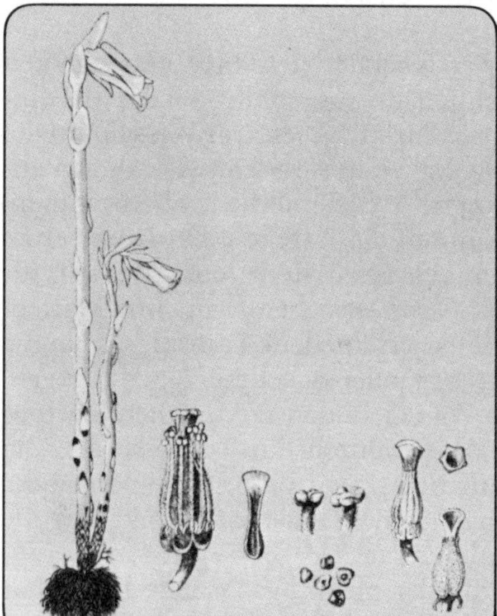

Fichtenspargel
Mit dem Saft dieser wächsernen, bläulichen Pflanze behandelte man oft Augenreizungen.

Der Fichtenspargel wurde auch Totenpflanze genannt, weil er wie abgestorben aussieht. Er fühlt sich kalt und feucht an, und wenn man die Pflanze berührt, wird sie schwarz und stirbt sofort ab. Sie enthält kein Chlorophyll und ernährt sich von vermodernden Pflanzenteilen in der Erde. Man könnte sie fast als ›Leichenschänder‹ der Pflanzenwelt bezeichnen. Zwischen Juni und Oktober bildet sich eine einzige Blüte. Die Pflanze wächst hauptsächlich in den dichten Wäldern von Florida bis Mississippi, man findet sie aber auch vereinzelt bis Alaska.

Zur Behandlung von Augenleiden verwendete man die aus den zerquetschten Stengeln austretende klare Flüssigkeit. Ein Dr. Kunze beschreibt 1878 in der ›Botanical Gazette‹ seine Erfahrungen mit diesem Gewächs:

»Vor vierzehn Jahren ging ich mit zwei Freunden in der Nähe von Hackensack, N. J., Waldschnepfen jagen. Wir nahmen in einem Buchenwäldchen am Saddle River gerade einen kleinen Imbiß zu uns, als ich eine Stelle entdeckte, auf der eine große Gruppe Fichtenspargel in voller Blüte stand. Die schneeweißen Stengel mit den nickenden Blüten waren wunderschön anzusehen. Ich begann also meine Jagdtasche damit zu füllen und antwortete auf die Frage, wozu die Pflanze gut sei: ›für Augenentzündungen‹, ohne daran zu denken, daß einer meiner Begleiter an einer chronischen Entzündung der Augenlider litt; die Augenränder waren feuerrot... Er machte davon guten Gebrauch... Nach vier Wochen war die Entzündung völlig abgeheilt... durch das Auftragen des frischen Pflanzensaftes der Stengel...«

Die Schwarzfuß-Indianer behandelten Augenentzündungen mit verschiedenen anderen pflanzlichen Mitteln, zum Beispiel mit einem Aufguß aus *Schafgarbenblättern und -blüten* in frischem Wasser.

Man gewann auch Augenwässer aus den Blättern der *Schneebeere* oder den Blüten der *Pferdeminze.* Eine Abkochung aus den Wurzeln einer Nelkenwurzart wurde bei den Schwarzfuß-Indianern verwendet.

Die einzelnen Stämme hatten ihre eigenen Heilmittel, von denen wir hier nur einige nennen. Bei den Gosiute-Indianern wurden die Blätter der *Ausdauernden Ambrosie* aufgebrüht; die Paiute und Shoshonen machten einen Breiumschlag aus frischen, zerdrückten Blättern des *Blauen Flachs* und bei den Indianern im Gebiet des Missouri brühte man die Blätter der *Korallenbeere* auf

Beruhigungs- und Schlafmittel

Passionsblume

Die Houma-Indianer gaben die pulverisierte Wurzel der in Amerika heimischen Pflanze in ihr Trinkwasser, weil sie glaubten, daß es anregend auf den Körper wirken würde. Die Pflanze wurde zwar in gewissem Umfang von den Indianern in Südamerika verwendet, in den medizinischen Kreisen Nordamerikas fand sie jedoch vor der zweiten Hälfte des 19. Jahrhunderts wenig Aufmerksamkeit. Erst dann wurden die Blüten als Mittel gegen Schlaflosigkeit und zur Beruhigung der Nerven erkannt.

Über die pharmakologische Wirkung des Kletterstrauches ist wenig bekannt, er ist jedoch Bestandteil verschiedener industriell hergestellter Heilmittel.

Die Passionsblume hat ihren Namen von den großen Blüten, die für die frühen spanischen Entdecker dieses Kontinents vermutlich ein Sinnbild für die Passion Christi waren. Die überall im Süden der USA wachsende Pflanze blüht von Mai bis Juli. Für medizinische Zwecke wird die Droge gesammelt, wenn sich die gelblichen, hühnereigroßen Früchte gebildet haben. Die getrockneten Blüten waren von 1916 bis 1936 im ›National Formulary‹ verzeichnet.

Lederblume

Die in Amerika heimische Pflanze galt bei den Menominee als heilige Medizin. Sie mischten die Wurzelrinde auch in andere Arzneien, um ihre Wirkung noch zu steigern.

Die Lederblume wird in der medizinischen Literatur erstmals von Rafinesque im Jahr 1830 in seinem Werk ›Medical Botany‹ erwähnt. Er bezeichnete die Blätter als wirksames Mittel zur Behandlung von Wunden und gegen Würmer im Darm. Die Lederblume wurde aber auch bei einer ganzen Reihe anderer Krankheiten angewendet. Wir haben sie deshalb unter der Überschrift ›Sedativa‹ erwähnt, weil man annahm, daß sie mit dem Hopfen verwandt ist, dessen beruhigende Wirkung ja offiziell anerkannt ist.

Hopfen

Jeder weiß, daß Hopfen bei der Bierherstellung gebraucht wird. Weniger bekannt ist die Tatsache, daß die Fruchtzapfen dieser Kletterpflanze sowohl in Europa wie in den USA für Beruhigungsmittel verwendet werden.

Der wildwachsende Hopfen ist in Europa, Asien und Nordamerika heimisch. Auf allen drei Kontinenten wird er für medizinische Zwecke verwendet. Als König Georg III. von England im Jahr 1787 schwer erkrankt war, füllten die Hofärzte sein Kopfkissen mit Hopfen statt mit Opiaten, um seine Nerven zu beruhigen und ihm zu einem gesunden Schlaf zu verhelfen. Die nordamerikanischen Indianer haben – unabhängig von den Europäern – den medizinischen Wert des Hopfens erkannt. Die Mohegan zum Beispiel bereiteten aus den Fruchtzapfen ein Beruhigungsmittel; bei Zahnschmerzen verwendeten sie die weiblichen Blüten, die sie vorher erhitzten. Auch bei den Meskwaki gab es einen Medizinmann, der Schlaflosigkeit mit Hopfen behandelte. Beim Stamm der Dakota trank man zur Linderung von Schmerzen der Verdauungsorgane einen Tee aus den aufgebrühten Fruchtzapfen. Für die Menominee war eine mit dem Hopfen verwandte Pflanze ein Allheilmittel.

Gegen Ende des vergangenen Jahrhunderts wurde Hopfen von den amerikanischen Ärzten sehr häufig wegen seiner tonisierenden, harntreibenden und beruhigenden Wirkung verschrieben. Man ging davon aus, daß Hopfen sowohl auf das Herz als auch auf das Nervensystem beruhigend wirkt. Als Nebenwirkungen wurden Koliken und Verstopfung genannt.

Hopfen
Die Fruchtzapfen dieser bekannten, zu den Maulbeergewächsen gehörenden Pflanze wurden bei mehreren Stämmen für Beruhigungsmittel verwendet. Die Ärzte König Georgs III. von England ließen sein Kopfkissen mit Hopfen füllen, um seine Nerven zu beruhigen und ihm einen gesunden Schlaf zu verschaffen.

Die wirksamen Stoffe des Hopfens kommen nicht aus den Fruchtzapfen, sondern von den Lupulindrüsen des Fruchtstandes. Die beruhigende und schlaffördernde Droge Lupulin war von 1831 bis 1916 im ›U.S. Pharmacopoeia‹ verzeichnet.

Bei der Bierherstellung wird der Hopfen wegen seiner Bitterstoffe und konservierenden Wirkung verwendet. Früher kochte man die jungen Triebe und aß sie wie

Spargel. In Gerards Pflanzenbuch von 1633 heißt es, daß »die Knospen oder die ersten jungen Triebe im Frühjahr in Salaten gegessen werden. Allerdings sind sie, wie schon Plinius gesagt hat, wenig nahrhaft, dafür aber wohlschmeckend.«

Hopfen dient nicht nur medizinischen Zwecken. Die Stengel werden für bestimmte Fasern verarbeitet, und Hopfenöl wird bei der Herstellung einiger Parfüms verwendet.

Hopfen wird in großem Maßstab angebaut, man findet ihn über die Anbaugebiete hinaus auch wildwachsend in Dickichten und auf feuchtem Boden an Flußufern. Der Gattungsname *Humulus* kommt von *humus*, was Erde bedeutet. Weil diese Kletterpflanze das Gewächs, an dem sie sich emporrankt, erstickt, nannte man sie *lupulus*, wegen des wolfähnlichen Verhaltens. Die englische Bezeichnung *hops* kommt von dem Angelsächsischen *hoppan*, das ›klettern‹ bedeutet. Man kann die Pflanze leicht an den Fruchtzapfen erkennen, die im September für die Bierherstellung geerntet werden, wenn die Schuppen goldfarben sind. Hopfen gehört, ebenso wie Marihuana, zur Hanffamilie.

Wilder Lattich

Schon seit der Antike werden verschiedene Arten des Wilden Lattich, dessen milchiger Saft und Geruch dem des Opium ähnelt, für schlaffördernde und beruhigende Mittel verwendet. Ob die Wirkung real oder nur eingebildet ist, ist immer noch umstritten. Man weiß, daß bei den amerikanischen Indianern Lattichpflanzen als Heilmittel galten.

Die Meskwaki-Frauen tranken nach der Geburt einen Tee aus den Blättern des Giftlattich, um die Milchbildung zu fördern; bei den Flambeau-Ojibwa wurde für den gleichen Zweck eine andere Lattichart verwendet. Die Menominee behandelten mit dem milchigen Saft des

Wilden Lattich Hautausschläge, die durch den Giftsumach verursacht waren.

Aus dem in Nordamerika heimischen Wilden Lattich wurden in der frühen amerikanischen Medizin Beruhigungsmittel gegen nervöse Leiden zubereitet. Der milchige Saft linderte Husten.

Wilder Lattich
Schon seit der Antike werden verschiedene Latticharten für schlaffördernde Mittel verwendet. Der milchige Saft ähnelt auch im Geruch dem des Opiums.

Lactuacarium, der getrocknete Milchsaft des Giftlattich und anderer Latticharten, ist in schlaffördernden, beruhigenden und harntreibenden Mitteln enthalten. Diese Substanz wird durch Abschneiden der Stengelspitzen gewonnen. Dann tritt ein Milchsaft aus, der gesammelt und in Tassen getrocknet wird. Die wirksamen chemischen Bestandteile dieser Pflanze sind nicht auf den Milchsaft allein beschränkt. Hyoscamin, ein besonders auf das parasympathische Nervensystem wirkendes, starkes Beruhigungsmittel, das ähnlich wie Belladonna wirkt und das auch in relativ großer Menge im Stechapfel (*Datura stramonium*) vorkommt, ist auch in zwei Latticharten zu finden (*L. sativa* und *L. virosa* oder Giftlattich). *Lactuacarium* war von 1820 bis 1926 wegen seiner beruhigenden und harntreibenden Wirkung im ›U.S. Pharmacopoeia‹ verzeichnet.

Der hier illustrierte Lattich findet sich in ganz Nordamerika in feuchten Wäldern und auf Lichtungen. Die Pflanze wird 90 cm bis 3 m hoch und trägt von Juni bis Oktober viele kleine, gelbe Blüten. Obwohl der Wilde Lattich zur gleichen Gattung wie der Gartenlattich oder Kopfsalat gehört, haben sie nur zwei Dinge gemeinsam: den Milchsaft und den Stengel, an dem Blätter und Blüten wachsen.

Rebhuhnbeere

Diese Pflanze wurde von den Indianern zwar hauptsächlich zur Erleichterung der Geburt angewendet, bei den Menominee aber wurde ein Tee aus den aufgebrühten Blättern bei Schlafstörungen getrunken.

Die immergrüne Kriechpflanze enthält einen Bitterstoff und Tannin, das das Gewebe austrocknet. Sie wurde als adstringierendes, tonisierendes und harntreibendes Mittel verwendet. Die Pflanze war von 1926 bis 1947 im ›National Formulary‹ verzeichnet.

Frauenschuh

Der Frauenschuh wurde von mehreren Stämmen zuerst als Beruhigungs- und Nervenmittel verwendet. Später wurde er von der amerikanischen Medizin als Mittel gegen Schlafstörungen anerkannt. Ein auch medizinisch bewanderter Botaniker hat diese Pflanze in der ersten Hälfte des 19. Jahrhunderts folgendermaßen in medizinische Kreise eingeführt:

»Von dieser schönen Pflanzengattung sind alle Arten gleichermaßen für medizinische Zwecke geeignet; die Indianer wissen das schon seit langem... Sie wirken beruhigend, nervenstärkend, krampflösend etc. ... Sie haben bei allen Nervenkrankheiten und hysterischen Leiden eine heilsame Wirkung, denn sie lindern Schmerzen, beruhigen die Nerven und fördern den Schlaf. Man

Frauenschuh
Diese hübsche Blume aus der Familie der Orchideen wurde bei mehreren Stämmen für Beruhigungs- und Nervenmittel verwendet und wurde später von amerikanischen Ärzten als Medizin gegen Schlaflosigkeit verabreicht.

wendet sie auch bei... Epilepsie, Zittern, Nervenfieber etc. an..., da sie keine nachteilige oder narkotische Wirkung haben. Als Dosis nehme man einen Teelöffel voll des Pulvers (der Wurzel), das man in Zuckerwasser auflöst oder in anderer Form verabreicht, die einem angebracht erscheint.«

Abkochungen der Wurzel wurden bei den Menominee und den Pillager-Ojibwa bei ›Frauenleiden‹ angewendet. Die Penobscot tranken einen Tee aus einer verwandten Art, um die Nerven zu beruhigen.

Mit dem Frauenschuh scheinen wir wieder eines der Mittel zu haben, die früher in der Medizin häufig Verwendung fanden, inzwischen aber von synthetischen Präparaten verdrängt worden sind. Während der Zeit, als die Wurzeln im ›U.S. Pharmacopoeia‹ verzeichnet waren, von 1863 bis 1916, wurden sie vorwiegend für krampflösende und nervenstärkende Mittel eingesetzt. Dr. Millspaugh schrieb im Jahr 1878:

»Cypripedium wirkt allgemein beruhigend auf die Nerven, führt zu geistiger Ruhe und Mattigkeit und dämpft nervöse und geistige Irritation. Er scheint auch bei Krämpfen der willkürlichen Muskeln zu wirken und auch bei hysterischen Anfällen, besonders bei Frauen. Dies ist eine der Drogen, die man nicht ausreichend erforscht hat. Es wäre angeraten, sich mit ihr näher zu beschäftigen...« Dies ist aber bis zum heutigen Tag nicht geschehen!

Die schöne, zur Familie der Orchideen gehörende Pflanze wächst in Feucht- und Sumpfgebieten von Nova Scotia bis Nebraska, im Süden findet man sie auch in Mississippi und Alabama. Ihr gerader Stengel wird 30 bis 60 cm hoch. Die großen, ovalen Blätter haben parallele Blattvenen mit Härchen, die bei manchen Menschen einen ähnlichen Hautausschlag wie bei Giftsumach auslösen. Zwischen Mai und Juni trägt die Pflanze eine einzige, gelbe, endständige Blüte. Für medizinische Zwecke wurden die Wurzeln und der Wurzelstock im Herbst ausgegraben, mit Wasser gereinigt und im Schatten getrocknet.

Schwarzer Nachtschatten

Die einjährige Pflanze wächst in Europa, Nord- und Südamerika und auf einigen Inseln im Pazifik. Die ursprüngliche Heimat des Nachtschattens ist nicht bekannt; er wurde aber schon im Jahr 1825 in der Gegend des Columbia River gesammelt.

Man weiß nicht, ob die Indianer den medizinischen Wert dieser Pflanze von sich aus erkannten. Sie findet schon seit der Zeit des griechischen Arztes Dioskorides (1. Jh. n. Chr.) Anwendung, insbesondere bei Augenentzündungen. In arabischen Ländern legte man die zerdrückten Blätter auf Verbrennungen, in anderen Ländern wurde die Pflanze als schlafförderndes Mittel gegeben.

Schwarzer Nachtschatten
Die Rappahannock in Virginia tranken bei Schlafstörungen einen Tee aus den Blättern dieses Krauts.

In Berichten aus Nordamerika heißt es, daß die Comanchen und Houma mit diesem Kraut Tuberkulose behandelten und gegen Wurmbefall einsetzten. Die Rappahannock beseitigten Schlafstörungen mit einer Abkochung, bei der einige wenige Blätter mit viel Wasser aufgebrüht wurden.

Manche Fachleute sagen zwar, daß man die schwarzen Beeren des Nachtschattens ruhig essen kann; sie führen als Beweis an, daß die Dakota die Pflanze in großem

Maßstab als Ersatz für Heidelbeeren anpflanzen. Andere behaupten aber, daß manche dadurch schon zu Schaden gekommen sind und daß es 1901 einen Todesfall gab, als ein Kind die unreifen Früchte aß. Wie kann es sein, daß manche Menschen die Beeren als Kuchenbelag und als Eingemachtes essen, was für andere schädlich und sogar tödlich ist? Das ›Dispensatory of the United States‹ gibt uns hier einen Fingerzeig. »Wahrscheinlich ist der Gehalt an *Solanin* in den reifen Beeren geringer als in den unreifen, und es könnte sein, daß die Giftigkeit durch den Kochvorgang reduziert wird.«

Wie dem auch sei, man darf diese Pflanze jedenfalls nicht mit der *Schlaf- oder Tollkirsche* verwechseln, aus der die starke Droge Atropin gewonnen wird. Der botanische Name ›Belladonna‹ setzt sich aus zwei italienischen Wörtern zusammen, nämlich *bella* = schön und *donna* = Dame. Manche Autoren meinen, daß die schwarzglänzenden Beeren von italienischen Damen als kosmetisches Mittel und zur Vergrößerung der Pupille verwendet wurden, um ihnen ein verführerisches Aussehen zu verleihen.

Skrupellose oder unwissende Sammler von Heilpflanzen haben oft statt der Blätter des Schwarzen Nachtschattens die des Belladonnastrauches geliefert; in frühen Werken über Heilpflanzen wurden deshalb Bilder mit mikroskopischen Details veröffentlicht, um die Großhändler zu warnen.

Tollkirsche
Aus dieser Pflanze wird die starke Droge Atropin gewonnen.

Bewußtseinsverändernde Pflanzen

Sophora secundiflora

Diese Schnurbaumart spielte zwar im täglichen Leben der Indianer keine große Rolle, seine Samen wurden jedoch von etwa einem Dutzend Stämmen in den USA und in Mexiko bei Initiationsriten gekaut, um Visionen zu erzeugen. Bei vielen Prärie-Indianern waren sie wichtig für rituelle Tänze. Die Comanchen und Kiowa tragen auch heute noch bei bestimmten Zeremonien Halsbänder aus den Samen.

Die Samen dieser Pflanze enthalten das hochgiftige Alkaloid Cytisin, das auch als Sophorin bekannt ist. Dieses kristalline Alkaloid ist pharmakologisch mit dem Nikotin verwandt und hat eine sehr starke Wirkung auf den menschlichen Organismus. Professor Richard Evan Schultes, die größte Autorität auf dem Gebiet der halluzinogenen Drogen, sagt, daß auf dieses Narkotikum die Ureinwohner verzichteten, »als der Peyote-Kaktus sich durchsetzte, der um vieles sicherer und in der Wirkung viel intensiver ist«.

Ilex vomitoria

Verschiedene Indianerstämme im Südosten der USA verwendeten einen Aufguß aus den Blättern dieses kleinen Baumes für zeremonielle Zwecke. Die Blätter wurden zuerst in einem Tongefäß über dem Feuer geröstet, dann mit Wasser mehrere Stunden gekocht, bevor man die schwarze Flüssigkeit trank. Das darauf folgende sofortige Erbrechen war ein Reinigungsritus, den man vor der Jagd oder einer kriegerischen Unternehmung vollzog. Die Creek nahmen das schwarze Getränk bei wichtigen Ratssitzungen und Stammeszeremonien zu sich, besonders bei der alljährlichen Erntezeremonie.

Bei den Cultachiches, die das Gebiet westlich der Mündung des Mississippi bewohnten, waren die Frauen von den Zeremonien ausgeschlossen. Von einem der ersten spanischen Forscher 1564 ist folgender Bericht überliefert, den W. E. Safford 1916 im ›Annual Report of the Smithsonian Institution‹ veröffentlicht hat:

»(Die kochenden Blätter blieben zugedeckt) und wenn sie zufällig aufgedeckt sein sollten und währenddessen eine Frau daran vorbeigeht, trinken sie nichts davon, sondern schütten alles weg. Auch wenn es abkühlt oder zum Trinken ausgeteilt wird, darf es keine Frau umrühren oder eine Bewegung machen, sonst würden sie alles auf den Boden schütten und das, was sie schon getrunken haben, wieder erbrechen, und die Frau müßte einige Schläge einstecken. Sie rufen die ganze Zeit: ›Wer trinkt davon?‹, und wenn die Frauen das hören, dürfen sie sich nicht mehr bewegen, ob sie sitzen oder auf Zehenspitzen stehen oder mit einem Fuß in der Luft: Sie dürfen ihre Haltung so lange nicht verändern, bis die Männer das Getränk abgekühlt und verteilt haben. Der Grund dafür ist ebenso töricht und unvernünftig wie der Brauch selbst. Sie sagten, wenn die Frauen bei diesem Ruf nicht bewegungslos stehenblieben, würde sich etwas Böses auf das Getränk senken, und sie, die Männer, müßten sterben.«

Warum wurde dieses Getränk von vielen weißen Siedlern in Florida, Georgia, North und South Carolina übernommen? Eine Möglichkeit wäre die Tatsache, daß die in Florida lebenden Indianer nur ihren tapfersten Kriegern erlaubten, das Getränk zu sich zu nehmen. Vielleicht wollten manche der frühen weißen Siedler den Indianern ihre Stärke beweisen, indem sie es auch tranken, und es wurde eine Gewohnheit daraus.

Peyote-Kaktus, Meskal-Agave

Der Peyote-Kaktus gehört zur Familie der Kakteen, ist botanisch gesehen aber einzigartig, da er keine Stacheln hat. Die Mittelstücke dieser niedrigwachsenden Art werden abgeschnitten und getrocknet, bevor man sie ißt oder mit Wasser aufgießt und die Flüssigkeit dann trinkt.

Die Pflanze wird bei über dreißig Indianerstämmen verwendet. Sie hat fast alle Pflanzen ersetzt, die früher für therapeutische Zwecke verwendet wurden, und wird von vielen, die sie nehmen, als Allheilmittel betrachtet. Professor Schultes hat verschiedene Aspekte des Peyote-Kultes zusammengefaßt, und er führt seinen Einzug in die USA auf die Überfälle der Comanchen und Kiowa in Mexiko zurück. Er faßt die Geschichte des Peyote-Kultes wie folgt zusammen:

»Die Eroberer Mexikos begegneten noch einer anderen heiligen Pflanze, die eine enge Verbindung zu religiösen Praktiken hat, nämlich dem inzwischen berühmten Peyote-Kaktus, *Lophophora Williamsii*. Die dornenlosen Mittelstücke dieses kleinen, graugrünen Kaktus mit langen, mohrrübenähnlichen Wurzeln werden abgeschnitten und getrocknet. Sie enthalten acht Anhalonium-Alkaloide des Isoquinolin-Typs, die alle auch synthetisch hergestellt werden. Der durch das Essen dieser ›mescal buttons‹ herbeigeführte Rauschzustand ist der komplizierteste von allen, die uns bekannt sind. Er wurde in der einschlägigen Literatur schon zu oft und fachmännisch beschrieben, als daß ich es hier näher ausführen wollte. Die spektakulärste Phase dieses Rauschzustandes besteht im kaleidoskopartigen Spiel sehr farbenprächtiger visueller Halluzinationen, und für diese Phase ist nur eines der Alkaloide verantwortlich, nämlich das *Mescalin*. Die mexikanischen und nordamerikanischen Indianer wurden hauptsächlich durch diese außergewöhnliche Phase der Ekstase darin bestärkt, daß die Pflanze ein Botschafter zwischen Gott und den Menschen ist und daß der, der sie einnimmt, mit Gott ohne das Medium eines Priesters kommunizieren kann. Seit einigen Jahren beschäftigen sich auch experimentelle Psychologen ernsthaft damit.

Der Peyote-Kult reicht weit in die mexikanische Geschichte zurück. In den Chroniken der spanischen Eroberer wird der Peyote-Kult als Teufelswerk geschmäht; die Missionare bekämpften ihn und verglichen den Genuß der ›mescal buttons‹ mit Kannibalismus.

Dennoch hat der Peyote-Kult als therapeutisches Mittel und religiöses Halluzinogen im Nordwesten Mexikos überlebt. Der Forscher Lumholtz hat im Jahr 1892 bei den Huichol und Tarahumare die Einnahme bei zeremoniellen Tänzen festgestellt. Er schickte Proben an die Harvard-Universität, worauf eine genaue botanische Bestimmung gemacht wurde.

Während der letzten Hälfte des vergangenen Jahrhunderts brachten nordamerikanische Indianerstämme das Wissen um den Peyote-Kult von ihren Überfällen im nördlichen Mexiko zurück. Nach 1880 wurde er sehr schnell von vielen in den USA lebenden Stämmen als zentraler heiliger Ritus übernommen, in dem sowohl christliche wie auch Elemente der Religion der Ureinwohner vertreten waren. Im Jahr 1922 zählte der Peyote-Kult bereits 13300 Anhänger. Um sich gegen heftige Angriffe aus Missionars- und Regierungskreisen zu schützen, wurden sie in die Amerikanische Kirche der Ureinwohner übernommen. Inzwischen praktizieren viel mehr Stämme diesen Kult, der sich sogar schon bis zum Norden von Saskatchewan ausgebreitet hat.«

Für die Interessierten stellen wir die chemische Struktur des Meskalins dar:

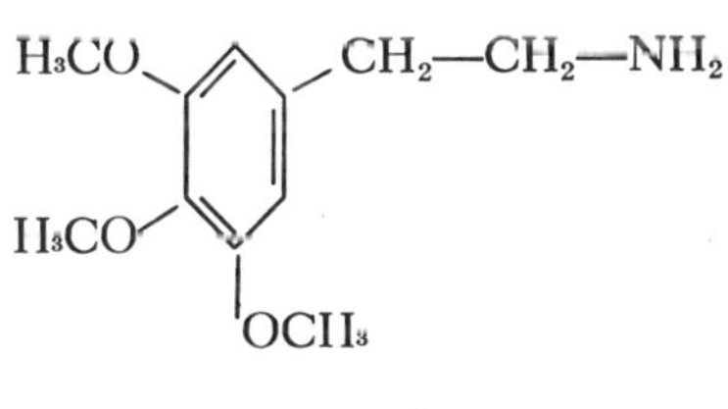

Stechapfel

Verschiedene Arten dieser Pflanzengattung wurden wegen ihrer narkotisierenden Wirkung von Stämmen in Kalifornien, dem Südwesten der USA, Mexiko, Zentral- und Südamerika eingenommen. Im allgemeinen sammelte man die Blätter, Stengel und Wurzeln, die dann gemahlen und mehrere Stunden in Wasser eingeweicht

Stechapfel
Bei den Stämmen in Kalifornien und im Südwesten der USA stellte man aus dieser Pflanze einen narkotisierenden Tee her. Die Blätter enthalten Hyoscyamin und Atropin und wurden für Beruhigungsmittel und bei asthmatischen Beschwerden verwendet.

wurden. Anschließend wurde das Ganze abgeseiht und getrunken. Die Anwendung war bei den Stämmen unterschiedlich, normalerweise ging es jedoch um Prophezeiungen.

Harold E. Driver, der sich sein ganzes Leben lang mit den nordamerikanischen Indianern befaßt hat, gibt einen allgemeinen Überblick über die Verwendung dieser Pflanze:

»In Kalifornien wurde die Droge normalerweise von Pubertierenden oder einer Gruppe von jungen Leuten unter der Aufsicht von älteren genommen... Wo es männliche Initiationsriten gab, war auch das Trinken von *Datura* ein Bestandteil davon... Viele der in Kalifornien ansässigen Stämme benützten es als Narkosemittel, um gebrochene Knochen einzurichten oder den Verletzten auf andere Weise zu behandeln. Medizinmänner nahmen die Droge auch zu sich, um ›die Krankheit zu sehen‹... In der Oase machte man häufig Gebrauch davon..., um bei der Jagd Erfolg zu haben, Erbrechen und Schwindelanfälle zu lindern, zukünftige Ereignisse vorhersagen zu können oder einfach deshalb, weil die dadurch hervorgerufenen Träume und Visionen so angenehm waren. Für die Zuñi war *Datura* eine Medizin, die von den Göttern kam, und deshalb durften nur die Regenpriester und die Hüter des Kleinen Feuers davon Gebrauch machen... Wenn ein Mann bestohlen worden war und den Dieb finden wollte, gaben ihm die Priester etwas *Datura*. Auch bei den Zuñi verwendete man die Pflanze als Narkotikum, um Knochen einzurichten oder einen Patienten zu operieren.« (Driver, ›Indians of North America‹, S. 103–104)

Bei den Mohave und Paiute wurde die Pflanze in ähnlicher Weise verwendet. Bei den Mariposa-Indianern galt sie als Aphrodisiakum; sie gaben den jungen Frauen ihres Stammes die Flüssigkeit zu trinken, wenn eine solche Wirkung erwünscht war.

Einen originellen Bericht über die Wirkung des Stechapfels finden wir bei Robert Beverly in seinem Buch über die Geschichte des Staates Virginia. Ein Trupp Soldaten, der nach Jamestown geschickt worden war, um den Bacon-Aufstand niederzuschlagen, sammelte junge Schößlinge dieser Pflanze und kochte sie als Gemüse, und »daraus wurde eine wirklich sehr vergnügliche Komödie, denn sie benahmen sich tagelang wie die größten Narren. Der eine bläst Federn in die Luft, der andere wirft wutentbrannt Strohhalme auf ihn, der dritte sitzt splitterfasernackt in einer Ecke wie ein Affe, feixt und schneidet Grimassen. Wieder ein anderer küßt und betätschelt seine Kameraden, grinst ihnen ins Gesicht und führt sich auf wie ein Hanswurst. In diesem Zustand des Wahnsinns mußte man sie einsperren, damit sie sich nicht aus lauter Dummheit umbrachten, obwohl man sagen muß, daß sie sich wie unschuldige, gutherzige Kinder benahmen. Allerdings waren sie nicht sehr reinlich, und wäre man nicht eingeschritten, hätten sie sich in ihren eigenen Exkrementen gewälzt. Tausende solcher Streiche ließen sie sich einfallen. Nach elf Tagen waren sie wieder normal und konnten sich an nichts erinnern, was vorgefallen war.« (Beverly, ›History of Virginia‹, S. 121)

Das war aber nicht das erste Mal, daß ein Trupp Soldaten mit dieser Pflanze Bekanntschaft geschlossen hat. Als im Jahr 37 und 38 v. Chr. die Legion von Marcus Antonius auf dem Rückzug war, aßen die Soldaten ebenfalls davon, was ähnlich komische Wirkung hatte.

Dr. Millspaugh beschreibt diese pflanzliche Droge aus medizinischer Sicht. Seiner Meinung nach ist sie ein wirksames Mittel zur Behandlung von Tollwut!

»Die homöopathische Anwendbarkeit bei Tollwut wird sofort deutlich, wenn man die Symptome betrachtet, die den Genuß dieser Droge begleiten. Keine uns bis heute bekannte Pflanze verdiente es eher als Stramonium (Stechapfel), in Hinblick auf diese schreckliche Krankheit gründlich und sorgfältig untersucht zu werden. Folgende Informationen aus einem Brief des katholischen Bischofs von Singapur an die *Straits Times* sind mir gerade zur Kenntnis gelangt. Der Bischof sagt, daß er es für seine Pflicht hält, zu veröffentlichen, welche Heilmittel man in den Missionsstationen in Tongking zur Behandlung der Tollwut anwendet. Zuerst, sagt er, wird dem Kranken soviel Sternanissamen gegeben, wie auf eine Ein-Cent-Münze geht. Dann gibt man ihm etwas von dem Wasser zu trinken, mit dem man eine Handvoll

Stramonium oder Stechapfelblätter aufgebrüht hat. Dadurch werden Krampfanfälle oder Delirium ausgelöst und man muß den Patienten festbinden. Wenn die Anfälle nachlassen, ist er geheilt. Sollte die Wirkung des Mittels zu stark sein – entweder weil zuviel davon verabreicht wurde oder es sich nicht wirklich um Tollwut handelt –, kann man sie abschwächen, indem man dem Patienten einen Aufguß aus Süßholzwurzel zu trinken gibt, was das beste Gegenmittel bei einer Stramoniumvergiftung ist. Der Bischof berichtet, daß im Jahr 1869 ein sehr ehrenwertes Mitglied der Gemeinde in Paris von seinem Schoßhund gebissen wurde, der dreißig Stunden später unter für die Tollwut charakteristischen Krämpfen starb. Am nächsten Tag spürte er selbst die ersten Symptome dieser Krankheit, die von Tag zu Tag stärker wurden. Der Priester wendete sofort alle möglichen bekannten Mittel an, seien es althergebrachte oder moderne, und verabreichte auch eine sehr kleine Dosis Stramonium. Nach jeder Stramoniumgabe kam die Krankheit für einige Stunden, manchmal sogar Tage, zum Stillstand und setzte dann mit noch größerer Intensität als vorher wieder ein. Auf dem Höhepunkt der Krankheit, als man mit dem Tod des Kranken rechnen mußte, brachte er es mit fast übermenschlicher Energie fertig, eine Prise getrocknete Stramoniumblätter zu kauen und den Saft zu schlucken. Die Wirkung ließ nicht lange auf sich warten. Nach einer halben Stunde hatte die Krankheit ihren Höhepunkt erreicht, der Patient begann unter Krämpfen zu delirieren. Am folgenden Tag jedoch war er völlig geheilt. ›Das gleiche Mittel‹, sagt der Bischof abschließend, ›wird auch in Indien angewendet, und zwar immer mit Erfolg.‹« (Millspaugh, ›Medicinal Plants,‹ 1887, S. 127–5 bis 127–6)

Vom gleichen Autor erfahren wir, daß die Thug, »eine Bande diebischer, fanatischer Mörder in Indien«, verschiedene Stechapfelarten dazu benützten, »ihre Opfer bewußtlos zu machen«.

Zur Zeit von Dr. Millspaugh rauchte man in Amerika Stechapfelblätter, um Asthmaanfälle zu lindern, und man gab sie in Salben, die man auf Brandwunden auftrug. Zu Beginn unseres Jahrhunderts waren die Blätter wegen ihrer narkotisierenden, harntreibenden, krampflösenden und schmerzlindernden Wirkung bekannt.

Die chemischen Hauptbestandteile sind bei Stechapfelblättern die gleichen wie in den Blättern der Tollkirsche, nämlich Hyoscyamin und Atropin. Sie enthalten auch Spuren von Scopolamin, einem hochwirksamen, die Nervenimpulse blockierenden Halluzinogen, das in der Medizin zur Ruhigstellung erregter, schizoider Patienten und bei sehr schweren Geburten gebraucht wird, um einen mit Amnesie verbundenen Schlaf herbeizuführen.

Hyoscyamin und Atropin hemmen das parasympathische Nervensystem. Charakteristisch dafür ist, daß die Schleimhäute in Mund, Bronchien und Magen trocken werden, sich die Muskeln des Verdauungskanals und des Bronchialbaums entspannen. Im ›Dispensatory of the United States‹ heißt es 1942, daß die Blätter bei der Behandlung von Asthma verwendet werden und »die günstige Wirkung zweifellos auf dem Atropin beruht, das die Nervenenden des Vagus lähmt und so zur Linderung von Bronchialkrämpfen führt...«

Die Blätter und Blüten des Stechapfels waren von 1820 bis 1950 im ›U.S. Pharmacopoeia‹ und von 1950 bis 1965 im ›National Formulary‹ verzeichnet. Sie wurden hauptsächlich zur Behandlung asthmatischer Beschwerden verwendet.

Bevor wir uns einem anderen Thema zuwenden, möchte ich noch einmal auf einen Arzt früherer Zeit zu sprechen kommen. Es soll ein Versuch sein, unsere heutigen Pharmakologen und Psychologen dazu anzuregen, die Pflanzenwelt nach einer Droge abzusuchen, mit der man einem ›Verrückten‹ seine Gesundheit wiedergeben kann.

Der in Wien lebende Baron Störck hat den Stechapfel im Jahr 1762 in die ärztliche Praxis eingeführt. Er behandelte mit dieser Droge Epilepsie und Geisteskrankheit und stellte folgende Frage:

»Wenn Stramonium bei einem gesunden Menschen Symptome von Verrücktheit hervorruft, wäre es dann nicht wünschenswert, daß Experimente angestellt würden, ob diese Pflanze... nicht diejenigen wieder gesund machen kann, die an geistiger Verwirrung leiden?«

In Südamerika, im Süden der Sowjetunion und in Asien wächst der Stechapfel als Unkraut, in den USA findet man ihn häufig in der Nähe von Schutthaufen, wo der Boden fett und locker ist. Bei den Indianern wurde er ›Pflanze des Weißen Mannes‹ genannt nach dem Standort: den Müllhalden.

Dieses Mitglied der Familie der Nachtschattengewächse hat kräftige, gelbgrüne Stengel, die 60 cm bis 1,5 m hoch werden, und große, gezähnte Blätter, die an der Oberseite dunkelgrün und unten hellgrün sind. Von Mai bis September zeigen sich große, weiße Trichterblüten. Auf sie folgen die Samenhülsen mit schwarzen, giftigen Samen. Für medizinische Zwecke werden die Blätter und Blüten zur Blütezeit gesammelt und sorgfältig getrocknet.

Man sollte immer daran denken, daß jede Pflanze für den einen ›sicher‹ und für den anderen giftig, ja sogar tödlich sein kann.

Neben den oben erwähnten Narkotika und in Mexiko vorkommenden Pilzarten, die Psilocybin enthalten, gibt es noch andere, weniger bekannte Pflanzen, die eine narkotisierende Wirkung haben sollen und von den Indianern ebenfalls für therapeutische und zeremonielle Zwecke verwendet wurden.

Bei den im Nordwesten der USA lebenden Indianerstämmen kaute man die Farnart *Lycopodium selago* wegen ihrer narkoseähnlichen Wirkung. Das Kauen von drei Pflanzenstengeln hatte einen leichten Rauschzustand zur Folge, acht Pflanzenstengel sollen zu Bewußtlosigkeit geführt haben.

Für die im nördlichen Kalifornien lebenden Calpella-Indianer hatte die Wurzel der Ritterspornart *Delphinium nudicaule* eine ›stark narkotische Wirkung‹, und sie nannten sie deshalb Schlafwurzel.

Roßkastanie

Zum Abschluß dieser kurzen Zusammenfassung pflanzlicher Narkotika wollen wir noch eines aus der Generation unserer Großväter erwähnen. Dr. Millspaugh führt die Roßkastanie als Narkotikum auf und sagt, daß »0,65 g davon etwa 2,9 g Opium entsprechen«. Interessanterweise mischten die Indianer die pulverisierten

Roßkastanie
Die Früchte dieser Kastanienart wurden im 19. Jahrhundert als Narkotikum angewendet. Nach Meinung einiger Ärzte erzielt man damit die gleiche Wirkung wie mit Opium.

Kastanien mit Schweinefett und behandelten damit Hämorrhoiden. Bei einigen in Kalifornien lebenden Stämmen wurde eine verwandte Art dazu benützt, Selbstmord zu begehen. Wie man sieht, werden in jedem Kulturkreis die zur Verfügung stehenden Narkotika auf eigene Art verwendet.

Aphrodisiaka

Sexuelle Erregung ist abhängig von der Stimmung und von anderen zufälligen Gegebenheiten. Wie die meisten subjektiven Empfindungen kann das Verlangen nach körperlicher Liebe von fast allem ausgelöst werden; das hängt von den eigenen in der Vergangenheit gemachten Erfahrungen und den momentanen Umständen ab.

Die amerikanischen Indianer kannten in diesem Zusammenhang die Wirkung süßduftender Blumen, von Zauberformeln und Ritualen. Sie wandten diese Mittel bei Mannbarkeitsriten, bei der Brautwerbung und Hochzeit an.

Eine detaillierte Schilderung all der Pflanzen, die bei den Meskwakis für Liebestränke verwendet wurden, gibt uns Huron H. Smith in seinem Bericht. Dieser Stamm lebt in Wisconsin und gehört zum Fox-Clan. Ihr richtiger indianischer Name ist Meshkwa Kihug, was soviel heißt wie ›Menschen roter Erde‹, denn sie glauben, aus roter Erde erschaffen worden zu sein.

Wasserdost

Diese Pflanze ist im Amerikanischen nach einem indianischen Arzt, Joe Pye (yoe pye weed), benannt, der damit Typhus behandelte. Für die Meskwaki ist sie »ein Liebeskraut, an dem man knabbern sollte, wenn man mit Frauen spricht, die für das Werben des Freiers empfänglich sind«.

Die Pflanze, die zur Familie der Korbblütler gehört, wird zwischen einem und drei Meter hoch. Sie besteht aus festen Stengeln, die an der Stelle, wo die grob gezackten Blätter ansetzen, purpurn sind. Je drei oder sechs Blätter bilden einen Quirl.

Wenn man die Pflanze zerdrückt, kann man einen vanilleähnlichen Duft wahrnehmen. Die zahlreichen Blüten sind weiß bis rosa oder purpurrot. Die Pflanze blüht zwischen Juli und Oktober und kommt auf feuchten Böden von New Brunswick bis Manitoba und im Süden bis Texas und South Carolina vor.

Rote und Blaue Lobelie

Die Meskwakis verwendeten auch die Rote und Blaue Lobelie als Aphrodisiakum. Dafür wurden die Wurzeln fein gemahlen und heimlich in das Essen eines sich streitenden Paares gegeben. Bei diesem Stamm glaubte man, daß man mit diesem Mittel »eine Trennung verhindern und die Liebe der beiden zueinander neu entfachen kann«.

Blaue Lobelie
Die Wurzeln dieser Pflanze wurden ganz fein gemahlen und in das Essen streitender Paare gemischt, um sie wieder zusammenzubringen.

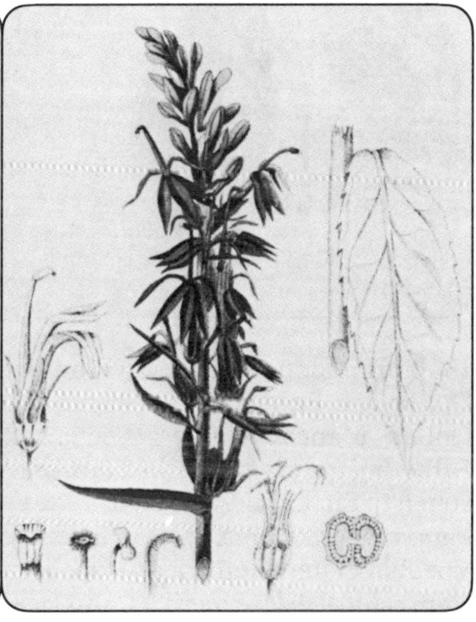

Ginseng

Die Meskwaki wie auch viele andere Stämme sammelten Ginseng und verwendeten ihn als normales Heilmittel. Sie schrieben ihm nicht die magischen Kräfte zu, die er für die Chinesen, Franzosen und Engländer hat. Besonders lebhaft war der Handel mit Ginseng im 16. Jahrhundert; damals waren ganze Indianerdörfer damit beschäftigt, die Wurzeln aus der Erde zu holen. Gegen Ende des

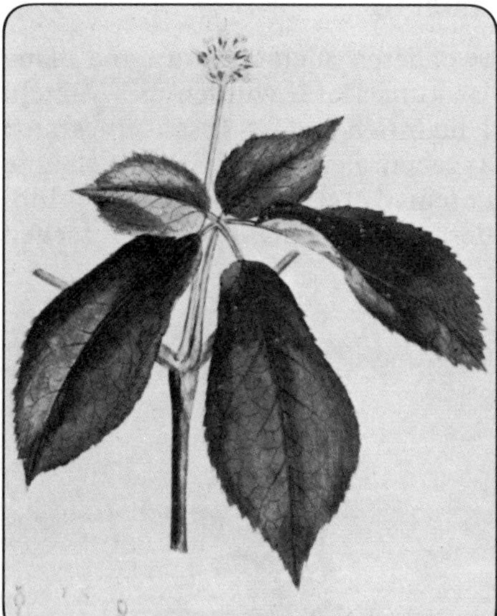

Ginseng
Bestandteil eines Liebestranks der Meskwaki.

18. Jahrhunderts kostete ein Pfund Ginsengwurzel einen Dollar; gut hundert Jahre später kostete das Pfund fünf Dollar. Manche Chinesen schätzen diese Pflanze als Allheilmittel (da für sie die Form der Wurzel am wichtigsten ist). Ein kleines Stück, das wie ein Mensch aussieht, kann einen höheren Preis erzielen als ein ganzer Ballen. Vor dem Ersten Weltkrieg war Ginseng einer der wichtigsten Feldfrüchte Amerikas, mit denen man gutes Geld

machen konnte. 1906 wurden 160949 Pfund davon exportiert, die damals 1175844 Dollar wert waren.

Die in Nordamerika heimische Art kam früher sehr häufig auf feuchten Böden in Laubwäldern von Quebec bis Ontario und im Süden bis zu den Bergen von Georgia und Arkansas vor. Da man Ginseng sehr intensiv gesammelt hat, ist er wildwachsend kaum mehr zu finden. Er wird heute angebaut. Ginseng ist ein aufrecht wachsendes winterhartes Kraut, das 20 bis 40 cm hoch wird und drei Blätter hat, von denen jedes aus fünf dünnen, ovalen, sich zuspitzenden Blättern besteht; die Ränder sind gezackt. Im Juli und August erscheinen sechs bis zwanzig grüngelbe Blüten, die Beeren sind hellrot.

Bei den Meskwaki gab es einen Liebestrank, der aus Ginsengwurzel, Glimmer, Gelatine und Schlangenfleisch bestand. Die Frauen des Stammes machten davon Gebrauch, um einen Gefährten zu finden. Ein Meskwaki meinte, es sei »ein Mittel, das sie verwenden, wenn sie sich einen Ehemann einfangen wollen«.

Die Pawnee mischten Ginseng mit der wilden Akelei, der Kardinalsblume und der krausblättrigen Petersilie, um ein starkes Liebes-Zaubermittel herzustellen. Wie wir von dem Anthropologen M. R. Gilmore erfahren, war es »für die ersehnte Frau unmöglich, der Anziehungskraft zu widerstehen, und sie gab dem, der den Zauber besaß, bald nach, wenn darin ein Haar von ihrem Kopf war, an das der Freier durch den Freundesdienst einer dritten Person gekommen war«.

Commeline

Liebestränke gab es nicht nur bei den Meskwaki. Die Navajo im Südwesten der USA bereiteten einen Aufguß aus der Commeline zu, den ältere Männer und Frauen tranken, um ihre Potenz zu steigern. Als Beweis für die Wirksamkeit verabreichte dieser Stamm dasselbe Getränk auch den männlichen Zuchttieren.

Wilde Akelei

Die Samen der Wilden Akelei wurden von den Männern der Omaha und Ponca als Aphrodisiakum verwendet. Es war wieder Gilmore, der uns dies als erster berichtet:

»Zur Verwendung als Liebeszauber werden die pulverisierten Samen zwischen den Handflächen verrieben, und der Freier versucht, die Hand der Frau zu schütteln, die er erobern will. Die Mädchen der Omaha hatten deshalb ein bißchen Angst vor der Pflanze, und auch deshalb, weil man glaubte, daß ein zu starker Schwall des Duftes Nasenbluten verursachen könnte. Die Verehrer bei den Omaha machten sich deshalb einen Spaß daraus, den Mädchen dieses Pulver ganz plötzlich ins Gesicht zu werfen.«

Diabetes

Mohrrübe, Karotte

Botanisch gesehen ist die Mohrrübe eng verwandt mit *Echinopanax horridum*. Während die letztgenannte Pflanze zur Ginseng-Familie gehört (wie die Amerikanische Narde und Sarsaparilla), ist die Mohrrübe in die Familie der Ammiaceae einzureihen.

Die Mohegan tranken zur Behandlung von Diabetes einen Aufguß aus den Blüten der Wilden Mohrrübe, die sie mit warmem Wasser aufbrühten. Bei den Crow wurde

Wilde Mohrrübe
Die Mohegan brühten die Blüten dieser Wildform unserer Gartenmohrrübe mit warmem Wasser auf und tranken diese Art Tee zur Behandlung von Diabetes.

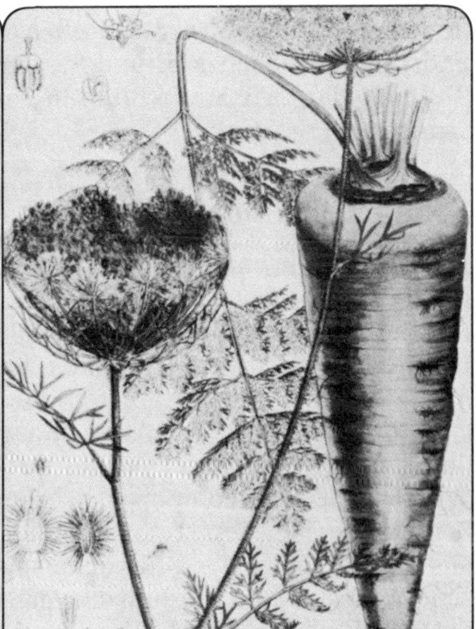

diese Pflanze für zeremonielle Zwecke und auch als Heilmittel verwendet, worüber aber nichts Näheres bekannt ist.

Das Kraut mit den hübschen Blüten ist auch in Europa heimisch. Die Wurzeln aß man gegen Fadenwürmer, und die Samen schätzte man wegen ihrer harntreibenden Eigenschaft.

Die Mohrrübe wird auf vielerlei Art verwendet: der rötliche Saft als natürlicher Farbstoff für Nahrungsmittel, der Sirup für Süßmittel. Französischen Likörsorten wird manchmal ein Aufguß aus Karottensamen in Alkohol beigegeben. Und schließlich wird das Öl der Karottensamen in der Parfümherstellung benützt. In Notzeiten mußten geröstete Karotten sogar als Ersatz für Kaffee herhalten.

Die wilde Art der uns allen bekannten Gartenkarotte ist überall auf Feldern und Brachland in Nordamerika zu finden. Die Pflanze wird zwischen 30 und 90 cm hoch und trägt zwischen Mai und September schöne weiße Blütendolden, wobei die Blüte in der Mitte oft purpurfarben ist.

Echinopanax horridum

Es ist nicht bekannt, ob es bei den amerikanischen Indianern schon Diabetes gab, bevor die Weißen auf den Kontinent kamen. Daß viele »Vollblut«-Indianer in den USA heute an dieser Krankheit leiden, ist eindeutig nachweisbar. Vielleicht folgten die Indianer in British Columbia der alten ›Lehre der Kennzeichen‹, wenn sie die Auswirkungen von Diabetes mit einem Tee aus der Wurzelrinde von Echinopanax horridum behandelten. Beim klinischen Test stellte sich heraus, daß ein Extrakt aus dieser Pflanze den Blutzuckerspiegel bei Kaninchen senkte. Wie waren die Indianer darauf gekommen, die Stoffwechselkrankheit Diabetes mit Echinopanax horridum zu behandeln?

Die Pflanze wurde bei den Thompson-Indianern in British Columbia lange Zeit zur Blutreinigung und als Tonikum verwendet. Das weist darauf hin, daß sie sich der Wirkung der Pflanze auf die Leber bewußt gewesen sein könnten. Andere an der Küste lebende Indianerstämme schätzten das strauchartige, dornige Gewächs wegen der Rinde, von der sie einen Aufguß als Brechmittel verwendeten. Sie reinigten sich nämlich durch Erbrechen vor einer Zeremonie oder einer wichtigen Reise.

Daß die Indianer Diabetes mit Echinopanax horridum behandelten, stellte sich um das Jahr 1935 heraus, als ein Arzt in British Columbia einen Indianer vor einer Operation untersuchte. Obwohl der Patient alle Symptome dieser Krankheit aufwies, hatte er viele Jahre lang ohne ärztliche Behandlung gelebt. Als der Arzt nachfragte, erfuhr er, daß sein indianischer Patient sich durch einen Tee aus der Wurzelrinde dieser interessanten Pflanze bei so guter Gesundheit gehalten hatte. Das führte zu heißen Diskussionen in medizinischen Kreisen und schließlich zu den Experimenten mit Kaninchen.

Echinopanax horridum war das zweitwichtigste pflanzliche Heilmittel bei den an der Küste lebenden Indianerstämmen. Es spielte auch eine wichtige Rolle in ihrem überlieferten Wissen. Sie stellten Haken zum Fischen aus den Wurzeln der Hemlocktanne her und banden ein Stück Rinde von Echinopanax horridum daran, um sich einen guten Heilbuttfang zu sichern. Um das Wohlwollen der Götter zu erringen, trugen Medizinmänner Amulette aus diesem Holz. Die Hütten von Medizinmännern wurden ganz aus Echinopanax horridum gebaut, teilweise auch deshalb, weil die stacheligen Stengel diese heiligen Männer vor Eindringlingen schützten.

Epilepsie

Wie ein Forscher nachgewiesen hat, gab es bei den Indianern sehr selten Fälle von Epilepsie. Es sind zwar verschiedene ›Heilmittel‹ dafür überliefert, die die indianischen Heiler aber normalerweise nur weißen Patienten verabreichten. Mit Ausnahme der Herkulesstaude oder Bärenwurz werden die anderen zur Behandlung von Epilepsie verwendeten Pflanzen bei anderen Krankheiten näher behandelt und deshalb hier nur kurz erwähnt.

Herkulesstaude, Bärenwurz

Die Wurzeln dieser Pflanze haben einen starken, unangenehmen Geruch. Berührt man die Haut damit, wird sie rot und entzündet sich. Sie sehen ähnlich wie die Wurzeln der Petersilie aus. Die Ojibwa, Menominee und Meskwaki wendeten sie äußerlich bei Entzündungen und Wunden, bei Krämpfen und Kopfschmerzen an und benützten sie schließlich auch für rituelle Zwecke.

Manche Ärzte behandelten damit auch die Epilepsie. Im ›Dispensatory of the United States‹ wird jedoch nur die anregende und windtreibende Eigenschaft erwähnt. Die als Eklektiker bezeichneten Ärzte wählten für den jeweiligen Patienten immer die Therapieform aus, die sie in diesem Fall am geeignetsten hielten und änderten die Behandlung im Verlauf der Krankheit nicht. Diese Gruppe von Ärzten, die hauptsächlich pflanzliche Heilmittel verwendeten, haben in dieser Hinsicht sehr viel von den Indianern übernommen.

Die robuste, zur Familie der Doldenblütler gehörende Pflanze wächst auf feuchten Böden wie den sumpfigen

Wäldern, die man von den Nordstaaten der USA bis nach North Carolina findet. Sie wird 1,8 bis 2,4 m hoch und trägt große weiße Blütendolden. Der dicke Stiel teilt sich in drei Hauptstengel mit rauhen, großen Blättern, die an der Oberseite flaumig sind.

Die Creek bereiteten aus den Wurzeln des *Wasserhanfs* mit kochendem Wasser ein Bad und hielten den an Epilepsie Leidenden in den aufsteigenden Dampf.

Obwohl die *Passionsblume* unter ›Beruhigungsmittel‹ näher beschrieben wird, wollen wir auch hier erwähnen, daß sie in einer Liste von in Amerika heimischen Heilpflanzen aufgeführt wird, die ein europäischer Arzt nach seinem Besuch im Jahr 1783 zusammenstellte. Der Arzt erwähnt nur, daß mit dieser Pflanze auch die Epilepsie behandelt wurde, ohne etwas über die Wirkung etc. zu sagen. Die Indianer verwendeten die Passionsblume bei Geschwüren, Augenentzündungen und als Brechmittel. Man hat festgestellt, daß ein Extrakt dieser Pflanze hemmend auf die Bewegungsnerven im Rückenmark wirkt.

Erbrechen

Die nordamerikanischen Indianer behandelten im allgemeinen die Symptome einer Krankheit, ohne nach ihren Ursachen zu suchen. Gegen Übelkeit und Erbrechen, sofern sie nicht vor Zeremonien willentlich herbeigeführt wurden, gab es verschiedene pflanzliche Mittel.

Pentstemon acuminatus

Die Schwarzfuß-Indianer gossen die Blätter dieser winterharten Pflanze mit warmem Wasser auf und tranken diesen Tee als Mittel gegen Erbrechen.

Rubus procumbens

Um starkes Erbrechen zum Stillstand zu bringen, tranken die auf Vancouver Island, British Columbia, lebenden Kwakiutl eine adstringierende Flüssigkeit, die sie aus den gekochten, geschälten Wurzeln und Stielen der Pflanze hergestellt hatten.

Rocky Mountain Ahorn

Die in British Columbia lebenden Thompson-Indianer behandelten Übelkeit mit einer Abkochung aus der Rinde und dem Holz dieser Ahornart, besonders wenn Erbrechen durch den Geruch eines Leichnams hervorgerufen worden war.

Diese Ahornart wird selten mehr als 10 m hoch. Die Blätter bestehen aus drei bis fünf Lappen mit gezackten Rändern; die Blüten sind gelblich-grün. Diese niedrigwachsende Ahornart gedeiht an Flüssen und Berghängen in der Gegend der Rocky Mountains, von Arizona im Süden bis nach Montana im Norden.

Wilde (Kanadische) Minze

Die Cheyenne stellten aus den zerstoßenen Blättern und Stengeln dieser Minze eine Abkochung her und tranken sie, um Erbrechen zu stillen. Aus dem Öl der Wilden Minze werden Pulegon und Thymol gewonnen.

Dies ist die einzige in Nordamerika heimische Minzenart. Die Grüne Minze und Pfefferminze stammen aus Europa.

Die Wilde Minze ist von anderen Minzenarten leicht durch die Blütenquirle zu unterscheiden, die an den Blattachseln sitzen. Bei den anderen Arten sitzen die Blüten am oberen Teil der Stengel. Der Duft der Wilden Minze erinnert an den der Pfefferminze. Man findet sie überall in Nordamerika an Flußufern. (Aus den Blättern kann man übrigens einen hervorragenden Tee machen.)

Es war bei vielen Stämmen üblich, sich jeden Tag einmal willentlich zu erbrechen. Man betrachtete es als reinigenden Akt und auch als Mittel, um vor der Jagd oder einem kriegerischen Überfall Kraft zu schöpfen. Dazu kitzelte man sich entweder ganz hinten im Hals mit einer Feder oder man trank sehr viel warmes, gesalzenes Wasser.

Erfrierungen

Über Erfrierungen bei den Indianern liegen nur wenige Berichte vor. Das ist leicht verständlich, denn die, die sich weit vom Stamm entfernten und sich Erfrierungen zuzogen, starben mit größter Wahrscheinlichkeit. Was nach unseren Begriffen ein großes persönliches Unglück ist, wurde vielleicht von den Indianern als Schicksal akzeptiert, und man sprach nicht weiter darüber.

Die Indianer schützten sich gegen Erfrierungen durch tierische Fette und Öle und kannten darüber hinaus auch einige wenige pflanzliche Heilmittel. Manchmal goß man über die betroffenen Teile einen Aufguß aus den Blättern der *Großblättrigen Buche* oder des *Scharlachsumach.* Auf das von einer Erfrierung betroffene Glied wurde auch ein Pflaster mit dem Harz verschiedener Kieferarten gegeben.

Die Chippewa amputierten durch schwere Erfrierungen brandig gewordene Gliedmaßen und trugen auf die Stümpfe dann einen Brei aus der zerstoßenen Rinde der *Späten Traubenkirsche* auf.

Alant, Schlangenwurz

Der einzige Bericht darüber, daß die Indianer diese auffallend schöne Pflanze verwendet haben, findet sich in einem Buch über Heilmittel, das im Jahr 1870 von dem Heilkundigen John Goodale Briante geschrieben wurde. Seinen eigenen Angaben nach hat er mehrere Jahre bei den Potawatomi und dem ›Stamm der St. Francis in

Alant
Klinische Experimente haben gezeigt, daß ein Extrakt aus dieser Pflanze ein starkes Antiseptikum und Bakterizid ist, das besonders wirksam gegen die Erreger von Tuberkulose eingesetzt werden kann.

Green Bay‹ gelebt. Eine Autorität auf diesem Gebiet (Vogel) glaubt, daß das ›Heilmittel‹ von Briante nicht indianischen Ursprungs ist, denn die Indianer haben selten mehr als drei Pflanzen für ein Heilmittel verwendet, und dieser bestimmte Sirup wurde aus neun Kräutern hergestellt, von denen eines der Alant war. Wir wollen den Alant hier trotzdem näher behandeln, weil er lange Zeit in Europa für medizinische Zwecke verwendet wurde und später auch von der amerikanischen Schulmedizin als Mittel zur Behandlung von Erkrankungen der Atemwege anerkannt wurde.

Hippokrates, von manchen als Vater der Medizin bezeichnet, sagte, daß Alant eine anregende Wirkung auf Gebärmutter, Nieren, Magen und Gehirn hat. Es könnte sich dabei auch um das Kraut *Helenium foliis verbasci* bei Dioskorides und um *Inula* bei Plinius handeln. Auch in England wurde der Alant früher als harn- und schweißtreibendes Mittel angewendet, geriet dann aber in Vergessenheit.

Klinische Experimente haben gezeigt, daß ein Extrakt aus dieser Pflanze antiseptisch und bakterientötend wirkt und mit ihm insbesondere die Tuberkulose wirksam bekämpft werden kann. Die getrocknete Wurzel ist im ›U.S. Pharmacopoeia‹ verzeichnet und wurde bei Atemwegserkrankungen, Hautkrankheiten, Verdauungs- und Leberstörungen angewendet. In einem Lehrbuch über pflanzliche Drogen aus dem Jahr 1936 heißt es, daß Alant als schleimlösendes, schweiß- und harntreibendes Mittel gegeben wurde.

Die ursprünglich aus Europa stammende Kulturpflanze ist inzwischen auch in den USA heimisch. Sie wächst im Osten der USA und westlich bis nach Missouri und Minnesota an Straßenrändern, auf feuchten Weiden und Äckern. Sie ähnelt der Sonnenblume, wird aber nur 90 cm bis 1,8 m hoch. Die gelben Blüten erscheinen zwischen Juli und September. Für medizinische Zwecke wurden die Wurzeln von zweijährigen Pflanzen im

Herbst gesammelt (auf keinen Fall später). Zu diesem Zeitpunkt konnte der Heilpflanzenhändler sichergehen, für die glatten, kräftigen Wurzeln den besten Preis zu bekommen.

Santakraut

»Keine Pflanze wird von den Stämmen im Gebiet von Mendocino mehr geschätzt als diese.« Das schrieb V. K. Chestnut in seiner interessanten Arbeit über die pflanzlichen Heilmittel der in dieser Gegend lebenden Indianerstämme. Er fährt fort:

»Es ist in jedem Haushalt zu finden, entweder getrocknet oder als Extrakt in Whisky. Es wurde bald von den spanischen Missionaren übernommen..., da es besonders wirksam war als Mittel bei chronischer Entzündung der Bronchien und um den Geschmack von Chinin zu überdecken... Die Indianer wenden dieses Heilmittel in verschiedener Weise für unterschiedliche Zwecke an. Es werden nur die Blätter verwendet. Die hier lebenden Weißen und Indianer betrachten es als besonders gutes Mittel für Erkältungen und Asthma. Im Winter des Jahres 1897/98 wurde es im Round Valley sehr oft und mit großem Erfolg als Grippemittel verabreicht, als diese Krankheit fast jeden in dieser Gegend ereilt hatte. Es wird allgemein als Blutreinigungsmittel, als Mittel bei Rheuma, Schwindsucht und Katarrh geschätzt... Für die beiden zu Anfang genannten Zwecke nimmt man den Tee über mehrere Tage hinweg nach Belieben zu sich.«

Das Santakraut wurde im Jahr 1875 von Dr. J. H. Bundy in medizinische Kreise eingeführt. Wenig später wurde es von Parke-Davis & Co. näher untersucht und 1894 als offizielle Droge im ›U.S. Pharmacopoeia‹ aufgenommen, wo es bis 1905 verzeichnet blieb. 1916 wurde es wieder aufgenommen und im Jahr 1947 erneut gestrichen. Seit 1947 ist das Santakraut im ›National Formulary‹ als wirksames schleimlösendes Mittel verzeichnet.

Die Blätter enthalten ein bitteres Harz, etwas ätherisches Öl und Tannin.

Der immergrüne Strauch wächst überall auf trockenen Berghängen im Gebiet von Mendocino. Die Pflanze wird 90 cm bis 1,2 m hoch, die Stengel scheiden eine gummiartige Substanz aus. Die dunkelgrünen, länglichen, gezähnten Blätter sind 7 bis 10 cm lang. Die weißen bis zartblauen Blüten bilden büschelförmige Trauben.

Johanniskraut

Die Menominee brühten das winterharte Johanniskraut zusammen mit der Brombeere auf und tranken diesen Tee zur Behandlung der Tuberkulose.

Das Johanniskraut kam von Europa in die USA. In der Alten Welt war es seit der Antike als Heilmittel bekannt. Schon Galen und Dioskorides empfahlen es als harntreibendes und menstruationsförderndes Mittel und zur

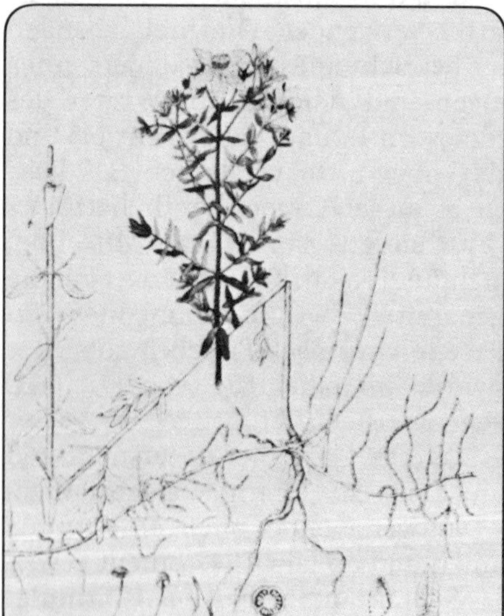

Johanniskraut
Die Menominee kochten dieses winterharte Kraut mit den Wurzeln einer Brombeerart in Wasser und tranken diesen Tee zur Behandlung von Tuberkulose.

Abtötung innerer Würmer. Gerarde, ein berühmter Pflanzenkenner, sagt: »Das Johanniskraut ist, wenn man seine Blüten und Samen kocht und trinkt, ein harntreibendes Mittel und gut gegen Blasensteine...« Der Name der Pflanze kommt daher, daß abergläubische Bauern in Europa der Pflanze magische Kräfte zuschrieben und sie für bestimmte Zwecke am Johannistag sammelten. Im letzten Jahrhundert wendete man die Pflanze oft bei Wunden an, wo die Nerven freigelegt waren. Millspaugh sagte: »Das Johanniskraut bedeutet für das Nervensystem das gleiche wie *Arnica* für die Muskeln.«

Dr. Eric Stone, ein Arzt, der ein maßgebendes Buch über die Medizin der nordamerikanischen Indianer verfaßt hat, sagt, daß die indianischen Ärzte nur zwischen Schnupfen und anderen Erkrankungen der Atemwege unterschieden. Bronchitis, Rippenfellentzündung und Lungenkrankheiten wurden alle mit dem gleichen Mittel behandelt, hauptsächlich der *Knolligen Seidenpflanze*, dem *Santakraut, Mesquitebaum*, der *Sonnenblume* und *Rot-Zeder*. Dr. Stone fährt fort: »Eine Ausnahme waren die Sac und Fox, die die Rippenfellentzündung als solche erkannten und ihrer Zeit so weit voraus waren, daß sie die Rippenfellentzündung schon im Jahr 1750 durch einen Einschnitt behandelten, um das Wasser abfließen zu lassen.«

ASTHMA

Spathyema foetida

Diese Sumpfpflanze wurde von den Stämmen der Winnebago und Dakota dazu verwendet, den Schleimausstoß bei Asthma anzuregen. Die Wurzel davon wurde im ›U.S. Pharmacopoeia‹ von 1820 bis 1882 aufgeführt; damals wurde sie für Störungen des Atem- und Nervensystems, bei Rheuma und Wassersucht angewendet.

Königskerze

Die auf Weideland als Unkraut wachsende Königskerze kam aus Europa; dort war sie schon seit langem als Heilmittel verwendet worden. Offensichtlich lernten die Indianer von den frühen Siedlern, wie hilfreich diese Pflanze bei Atemproblemen ist. Die Stämme sollen die Königskerze auf vielerlei Art verwendet haben. Die Menominee rauchten bei Erkrankungen der Atemwege die getrockneten, pulverisierten Wurzeln; die Wald-Potawatomi, Mohegan und Penobscots rauchten die getrockneten Blätter, um asthmatische Beschwerden zu lindern. Da die amerikanischen Indianer die einzelnen Erkrankungen der Atemwege wie Bronchitis, Asthma und Husten nicht klar voneinander unterschieden, haben sie diese Pflanze für jedes dieser Leiden verwendet. Von den

Königskerze
Bei mehreren Stämmen wurden die Blätter dieses in Europa heimischen Krauts geraucht, um die Symptome von Asthma zu lindern.

Catawba wird uns eine andere Zubereitung überliefert; gesüßten Sirup aus den gekochten Wurzeln, den sie den Kindern gegen Husten gaben.

Dr. Millspaugh notiert, daß die Königskerze um das Jahr 1887 vorwiegend als Mittel bei schmerzhaftem, mit Schleimbildung verbundenem Husten angewendet wurde. Er beschreibt auch eine ›Kur‹ für Hämorrhoiden mit einem fettigen Öl, das sich bildete, wenn man die in Flaschen gefüllten Blüten der Sonne aussetzte.

Im Jahr 1913 war die Pflanze in Amerika als Mittel bei Husten und Halsentzündungen sehr beliebt. Die goldgelben Blüten wurden gesammelt, wenn sie sich ganz geöffnet hatten; sie erbrachten einen Großhandelspreis von 70 bis 80 Cents für das Pfund. Die Blüten duften nach Honig und schmecken süß.

Die Pflanze wird gut zwei Meter hoch und hat dicke, samtige, wechselständige Blätter; die Blüten bilden dichte ährige Trauben. Die Königskerze wächst auf Weideland, Schuttplätzen und Kahlschlägen; sie blüht von Juli bis September.

Indianischer Tabak, Lobelienkraut

Der Indianische Tabak wurde von mehreren Stämmen als Heilmittel verwendet, wenn auch zu unterschiedlichen Zwecken. Erst gegen Ende des 18. Jahrhunderts wurde er auch in der amerikanischen Medizin häufig als Mittel gegen Asthma angewendet. Das scheint auch Hand und Fuß zu haben, denn die in den Blättern dieser Pflanze enthaltenen Alkaloide wurden in Arzneien gemischt, mit denen man die Atemwege von Schleim befreite. Wenn man die Blätter kaut, bekommt man Kopfschmerzen, man wird schwindlig und muß sich übergeben. Hat man zuviel von der Pflanze zu sich genommen, treten Koma und Tod ein. Ebenso wie Nikotin wirkt das Alkaloid Lobelin anfangs anregend, dann dämpfend auf das autonome Nervensystem. Es ruft

Brechreiz hervor und wirkt in hohen Dosierungen wie Curare, das die Muskeln lähmt.

Im ›Dispensatory of the United States‹ heißt es: »Der wichtigste Anwendungsbereich ist der als schleimlösendes Mittel bei Bronchitis... (und) in hoher Dosierung kann es die Asthmaanfälle auch manchmal zum Stillstand bringen.«

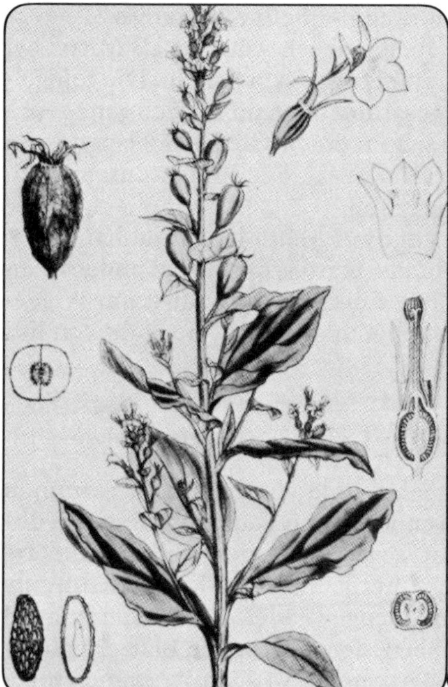

Indianischer Tabak
Dieses von den Indianern übernommene Heilmittel wurde bald in der amerikanischen Medizin allgemein zur Behandlung von Asthma akzeptiert. Es wird gegenwärtig bei vielen Präparaten zur Raucherentwöhnung eingesetzt.

Der Indianische Tabak wird gegenwärtig sehr genau untersucht. Das in ihm enthaltene Alkaloid Lobelin kommt in einer ganzen Reihe von Präparaten zur Anwendung, die Rauchern das Rauchen verleiden sollen. Die Wissenschaftler versuchen, die Pflanze im großen Maßstab anzubauen.

Man kann den Indianischen Tabak an den violetten bis weißen Blüten erkennen, die unten oval sind; sie schwellen an und werden hohl, sobald sich die Früchte bilden. Es handelt sich um eine einjährige Pflanze, die 30 bis 90 cm hoch wird und zahlreiche lanzettliche oder ovale Blätter hat, die zwei bis gut fünf Zentimeter lang sind. Zwischen Juli und Oktober bilden sich an den Spitzen der Zweige Büscheln von Blüten. Die Pflanze ist in den östlichen und zentral gelegenen Staaten der USA und in Kanada heimisch.

Andere Pflanzen, von denen Erfolge bei der Behandlung von Asthma berichtet werden, sind: *Immergrüner Sumach,* dessen Blätter man rauchte; die *Drachenwurzel,* die gekaut wurde; und die *Heckenkirsche,* die getrocknet und dann geraucht wurde.

Und schließlich sollten wir auch noch das *Santakraut* nennen, das die Indianer in der Gegend von Mendocino in Kalifornien zur Linderung von Asthma und Erkältung rauchten. (Die medizinische und volkstümliche Anwendung dieses Krauts wird ausführlich unter ›Erkrankungen der Atemwege‹ beschrieben und auch kurz unter der Überschrift ›Mundwässer‹ behandelt.)

BRONCHITIS

Indianernessel

Beim Stamm der Flambeau Ojibwa kochte man die getrockneten Wurzeln, um das Bergamottöl zu gewinnen, das zur Linderung von bronchialen Beschwerden inhaliert wurde. Die Pflanze wurde auch von den Menominee, Meskwaki und Koasati bei Erkältungen angewendet. Überraschenderweise ist diese recht wirksame Pflanze wenig untersucht worden. Die Chemiker haben aus den Blättern und Blüten Thymol extrahiert; die Ärzte verschrieben das ätherische Öl als Stimulans und zur

Beseitigung von Gasansammlungen im Magen-Darm-Trakt. Es ist erstaunlich, daß die ursprüngliche Anwendung gegen Erkältung und Bronchitis nicht mehr Aufmerksamkeit gefunden hat.

Die Indianernessel wächst auf trockenen Hügeln und im Dickicht der Wälder von Maine bis Ontario und Minnesota, im Süden bis Florida, Louisiana und Kansas. Die Pflanze besteht aus einem dünnen, 60 bis 90 cm hohen Stengel, von dem Zweige ausgehen. Die dünnen, lanzettlichen Blätter werden zweieinhalb bis vier Zentimeter lang. Die Blüten sind lila bis rosa und haben haarige Büschel auf der Oberseite. Die Staubgefäße entwickeln sich außerhalb der Blüte. Die Tewa-Indianer kochten die Blätter und aßen sie mit Fleisch. Die Omaha und Ponca bereiteten aus der gekochten Pflanze eine Haarpomade.

Balsampappel

Die Pillager-Ojibwa sammelten die Blattknospen der Balsampappel wegen der harzigen Absonderung, die ein stärkendes, heilendes Aroma ausströmt. Sie vermischten die Knospen mit Bären- oder Hammelfett und preßten diese Salbe in die Nasenlöcher, um so durch den stimulierenden Balsamduft Linderung bei Erkältung und Bronchitis zu erfahren.

Pappelknospen waren im ›National Formulary‹ von 1916 bis 1965 offiziell aufgeführt. Sie werden jetzt sehr selten in der Medizin verwendet, sind aber als schleimlösendes Mittel bei schwerer oder chronischer Bronchitis anerkannt. Wir haben hier ein schönes Beispiel für ein indianisches Heilmittel, das sich über Jahrhunderte bewährt hat.

Die Balsampappel wird gut 24 m hoch und hat eine weiche, graue Rinde. Der Stamm erreicht einen Durchmesser von gut zwei Metern. Die breiten, ovalen Blätter sind 8 bis 13 cm lang und dunkelgrün. Die Oberseite ist glänzend, die Unterseite mattgrün. Der Baum wächst besonders häufig an Flüssen und Seen von Neufundland bis Alaska und im Norden der Vereinigten Staaten. Die harzhaltigen Knospen widerstehen auch dem Winter. Das weiche Holz wird u. a. zur Herstellung von Schachteln und Holzwolle verwendet.

Knollige Seidenpflanze

Mit dieser Pflanze wurden verschiedene Erkrankungen der Atemwege behandelt und nicht nur Rippenfellentzündung, wie man aus dem in Amerika im Volk gebräuchlichen Namen ›Pleuritis-Wurzel‹ schließen könnte. Man kaute die getrocknete Wurzel auch, um Tuberkulose, Rheuma und Bronchitis zu behandeln. Die Natchez-Indianer tranken einen Tee aus den gekochten Wurzeln als Heilmittel bei Lungenentzündung und die

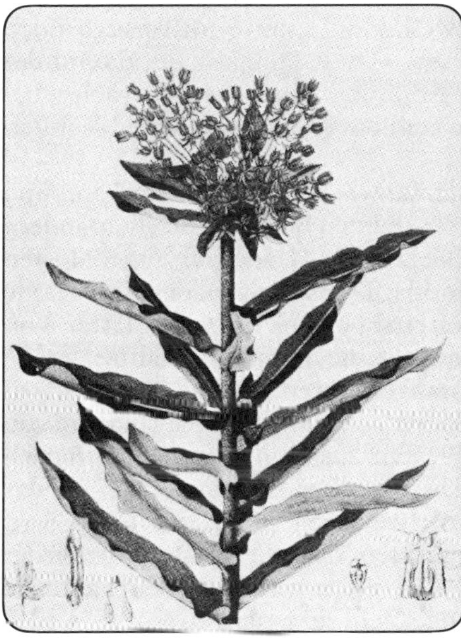

Knollige Seidenpflanze
Die Omaha kauten die frischen Wurzeln der Pflanze zur Behandlung von Bronchitis und anderen Erkrankungen der Atemwege. Gegen Ende des 19. Jahrhunderts wurde die Pflanze in der amerikanischen Medizin oft für schleimlösende Mittel verwendet.

Catawba wandten das gleiche Mittel bei Ruhr an. Die Omaha kauten die frischen Wurzeln bei Bronchitis und anderen Erkrankungen der Atemwege.

Gegen Ende des 19. Jahrhunderts wurde diese in Amerika heimische Pflanze in medizinischen Kreisen sehr geschätzt und häufig als schleimlösendes Mittel angewandt. Dr. Millspaugh hielt die Erfahrungen eines Kollegen fest (1887): »Da er die Knollige Seidenpflanze 25 Jahre mit Erfolg angewandt hat, ist er völlig von ihrer Wirkung überzeugt und preist ihre besondere Eigenschaft, auf die Atmungsorgane einzuwirken, den Schleimauswurf hervorragend zu fördern und dadurch Patienten mit Rippenfellentzündung, auch in fortgeschrittenem Stadium, das Atmen zu erleichtern. Dieses Heilmittel hat sich in seiner Praxis auch als sehr wirkungsvoll bei fiebriger Lungenentzündung, Erkältungen, Katarrh und Erkrankungen im Brustraum erwiesen.«

Obwohl manche Ärzte in jener Zeit die Wirksamkeit des Heilkrauts bezweifelten, zitierte Millspaugh noch einen anderen Kollegen: »Diese Pflanze kann als eine der nützlichsten der in Amerika heimischen Gewächse betrachtet werden und verdient es, umfassend und sachlich geprüft zu werden.«

Die attraktive Pflanze wächst auf offenem Land und bevorzugt trockenen, sandigen Boden an Straßenrändern und den Ufern von Bächen. Man findet sie vom Südosten Kanadas bis nach Florida, Texas und Arizona. Der gerade Stengel wird 30 bis 60 cm hoch und hat viele Blätter. Von Juni bis September zeigt die Pflanze auffällige, große Dolden leuchtend-oranger Blüten. Auf die Blüten folgen 10 bis 12 cm lange Samenkapseln, die eßbar sind und von den Indianern im Westen zusammen mit Büffelfleisch gekocht wurden. Die Knollige Seidenpflanze ist das einzige der Wolfsmilchgewächse ohne milchigen Saft. Man sollte nicht vergessen, daß die meisten Mitglieder dieser Familie giftig sind und es gefährlich sein kann, die Wurzeln roh und ungekocht zu essen.

Beifuß

Die Yokia-Indianer in der Gegend von Mendocino tranken zur Behandlung von Bronchitis einen Tee aus den gekochten Blättern einer in Amerika heimischen Beifußart. Eine andere in Amerika heimische Art (*A. frigida*) wurde zwar nicht häufig in der Medizin verwendet, jedoch wurde aus ihr Kampfer gewonnen.

Die Kiowa, ein in der Prärie lebender Stamm, kaute die Blätter der Beifußart *Artemisia mexicana* bei Halsentzündung, die Tewa-Indianer kauten die Blätter einer anderen Art, *Artemisia tridentata*, zur Beseitigung von Gasansammlungen im Magen-Darm-Trakt.

Die bekannteste Pflanze dieser Art ist in Europa heimisch (*A. absinthium*). Sie wurde früher zur Herstellung des französischen Likörs Absinth verwendet.

Beifuß
Die Yokia-Indianer in der Gegend von Mendocino behandelten Bronchitis mit einer Abkochung aus Beifußblättern. Die in Europa heimische Art (siehe Abbildung) wurde früher bei der Herstellung von Branntwein verwendet.

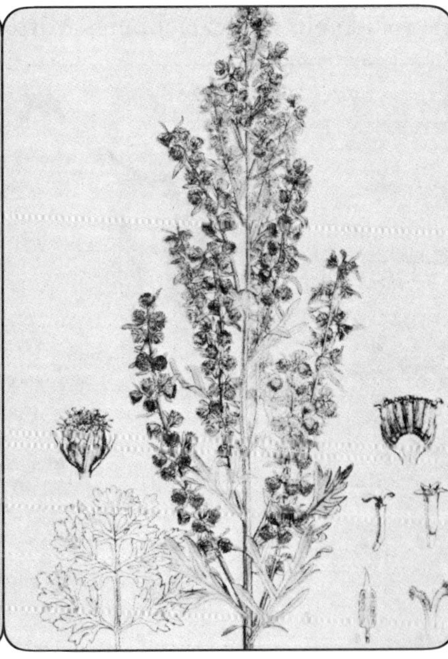

Die europäische Art des Beifuß, Absinth oder Wermut, kennt man schon seit der Antike. Zur Zeit von Dioskorides und Plinius behandelte man damit Wurmkrankheiten, wodurch die Pflanze auch ihren Volksnamen ›Wurmkraut‹ bekam. Sie wurde im Laufe der Zeiten bei vielerlei Krankheiten angewendet wie Skorbut, Gicht und Epilepsie. Das ätherische Öl ist ein wirksames narkotisches Gift, das jedoch nicht mehr verwendet wird.

HUSTEN

Zitterpappel

Für die Cree-Indianer war die innere Rinde dieses schönen Baumes ein Nahrungsmittel; ein Aufguß daraus gab aber auch ein ausgezeichnetes Mittel gegen Husten.

Zitterpappel
Die Cree behandelten Husten mit einem Tee aus der inneren Rinde dieses schönen Baumes.

Pappelrinde enthält, wie die Rinde der Weide, Salizin, von dem man annimmt, daß es im menschlichen Körper in eine aspirinähnliche Substanz zerfällt, die Salicylsäure. Obwohl die Ärzte zur Zeit unserer Großväter das nicht wußten, scheinen sie sich doch auf die Pappelrinde zur Behandlung fiebriger Krankheiten, zur Verwendung in Tonika, als schweißtreibende und harntreibende Mittel verlassen zu haben. Heute empfehlen viele Ärzte Aspirin für manche der obengenannten Zwecke. Es ist interessant, wie manches unseres heutigen Wissens mit der ›Erfahrungsmedizin‹ der Ärzte des 19. Jahrhunderts zusammenhängt. Die Indianer waren natürlich die eifrigsten ›Studenten‹ dieser ›Erfahrungsmedizin‹.

Wildkirsche

Die Rinde der Wildkirsche war früher einmal eine der beliebtesten Zutaten für Hausmittel gegen Husten und Erkältung. Man nimmt an, daß sie eine beruhigende Wirkung auf die Nerven der Atemwege hat. Die getrocknete Rinde der Wildkirsche ist deshalb auch seit 1820 im ›U.S. Pharmacopoeia‹ verzeichnet.

Bei den Flambeau-Ojibwa trank man einen Tee aus der Rinde der Wildkirsche bei Husten und Erkältung, bei anderen Stämmen wurde er zur Behandlung von Durchfall oder Lungenleiden verwendet.

Weymouths-Kiefer

Die innere Rinde dieser großen, immergrünen Kiefernart wird auch heute noch als Zutat für einen industriell hergestellten Hustensaft verwendet. Mehrere Indianerstämme nutzten die Rinde in ihrer Medizin für ähnliche Zwecke. Aus den meisten Gegenden, in der die Weymouths-Kiefer zu finden ist und die Ureinwohner Nordamerikas lebten, sind uns Berichte über deren medizinische Verwendung überliefert. Die Ojibwa, Mohegan,

Montagnais, Menominee und Potawatomi machten sich alle Teile dieses Baumes für verschiedene Zwecke zunutze: die Rinde als Tee bei Husten und Erkältung, das Harz bei Entzündungen und Wunden oder, in Wasser gekocht, bei Erkältung und Erkrankungen der Atemwege.

Die getrocknete innere Rinde enthält bis zu 10% Tannin, etwas Pflanzenschleim, Fettharz, ein Glycosid und ein ätherisches Öl. Sie wird in Hustensaft verarbeitet, um die Atemwege von Schleim zu befreien. Die Rinde der Weymouths-Kiefer war im ›National Formulary‹ von 1916 bis 1965 verzeichnet.

Der Nadelbaum wird bis zu 60 m hoch. Solange der Baum jung ist, hat er eine weiche, graugrüne Rinde; später wird sie dunkel und rauh. Die Nadeln dieser Kiefernart sind normalerweise zu fünft gebündelt und werden gut sieben bis zwölf Zentimeter lang. Die nach unten hängenden Kiefernzapfen sind walzenförmig, manchmal etwas gekrümmt, und 12 bis 25 cm lang. Im Frühherbst öffnen sich die Schuppen und die Samen fallen heraus.

Wilde Sarsaparilla

Diese Pflanze wurde von den Indianern ausgiebig genutzt; später wurde sie auch von den Weißen verwendet. Die Penobscots pulverisierten getrocknete Sarsaparilla-Wurzeln und mischten sie in warmem Wasser mit Kalmuswurzeln. Die daraus resultierende dunkle Flüssigkeit wurde dann als Mittel gegen Husten getrunken. Die an der nördlichen Pazifikküste lebenden Kwakiutl-Indianer bereiteten eine Hustenmedizin aus den pulverisierten Wurzeln und einem nicht näher bestimmten Öl. Die Pillager-Ojibwa tranken bei schlimmem Husten einen Aufguß der pulverisierten Wurzel, die sie in Wasser kochten.

Die Pflanze gehört zur Ginseng-Familie und ist sowohl botanisch als auch chemisch eng mit der *Amerikani-*

schen Narde verwandt, die unter der Überschrift ›Rükkenschmerzen‹ näher beschrieben wird. Dort findet sich auch eine Illustration. Beide Pflanzen wurden wegen ihrer anregenden und schweißtreibenden Wirkung verwendet. Sarsaparilla war im ›U.S. Pharmacopoeia‹ von 1820 bis 1882 offiziell vermerkt.

Diese in Amerika heimische, winterharte Pflanze hat nur ein auf einem langen Stengel sitzendes dreigeteiltes Blatt, von denen sich wieder jedes in fünf ovale, gezähnte Blättchen von fünf bis zwölf Zentimetern Länge unterteilt. Der nackte Blütenstengel trägt von Mai bis Juni drei Büschel aus kleinen, grünlich-weißen Blüten. Auf diese folgen runde, dunkelrote, fast schwarze Beeren. Der schwach duftende Wurzelstock wird im Herbst gesammelt. Die Wilde Sarsaparilla wächst in feuchten Wäldern von Neufundland bis Manitoba und im Süden bis North Carolina und Missouri.

Wilde Sarsaparilla
Bei mehreren Stämmen wurden die Wurzeln in Wasser gekocht und dieser Tee dann als Hustenmittel getrunken.

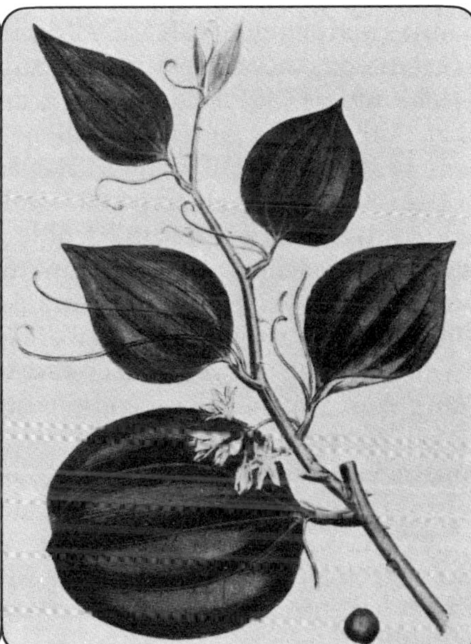

Senega, Klapperschlangenwurzel

Mit dieser kleinen Wurzel behandelten die Indianer hauptsächlich Schlangenbisse (worauf die volkstümliche Bezeichnung schon hindeutet). In der amerikanischen und europäischen Medizin wurde sie aber für Hustenmittel verwendet. Dr. Millspaugh beschreibt, wie es zu diesem Wandel in der Anwendung kam:

»Der schottische Arzt John Tennent stellte um das Jahr 1735 fest, daß die Seneca-Indianer für die Bisse der Klapperschlange ein ausgezeichnetes Mittel gefunden hatten. Mit viel Mühe und Bestechung brachte er sie dazu, ihm die Wurzeln zu zeigen, die sie Klapperschlangenwurzel nannten. Er beobachtete, daß die Symptome nach dem Schlangenbiß in gewisser Hinsicht denen von Rippenfell- und Lungenentzündung im fortgeschrittenen Stadium ähnelten. Das brachte ihn auf die Idee, die Wurzel auch für diese Krankheiten zu verwenden. Er war damit so erfolgreich, daß er Dr. Mead in London von den Ergebnissen seiner Experimente berichtete. Sein langer Brief wurde 1738 in Edinburgh gedruckt und die neue Droge in ganz Europa wohlwollend aufgenommen. Im Jahr 1739 wurde sie bereits in England angebaut.«

Die Klapperschlangenwurzel galt als anregendes, schleimlösendes Mittel und wurde bei Lungenentzündung, Asthma und anderen Erkrankungen der Atemwege verordnet. In der 23. Ausgabe des ›Dispensatory of the United States‹ ist vermerkt, daß die Pflanze bei Bronchitis und Asthma angewendet wird und ihr therapeutischer Wert in den Saponinen besteht, die in der getrockneten Wurzel enthalten sind. Es wird aber auch darauf hingewiesen, daß die Wurzel giftig ist, wenn sie in einer Überdosis verabreicht wird.

Die folgenden Pflanzen sind als Mittel gegen Husten wenig bekannt, werden aber der Vollständigkeit halber angeführt.

Die im Gebiet des Missouri lebenden Indianerstämme kochten die Früchte und Blätter der *Rot-Zeder* und tranken das dunkle Getränk bei Erkältung und Husten. Beim gleichen Stamm inhalierte man den Rauch der glimmenden Zweige und Blätter bei Schnupfen.

Die Mohegan stellten ein für sie ›hervorragendes Hustenmittel‹ aus den Blättern der *Königskerze* her, die sie in Melasse tauchten. Man brühte auch die Blätter der *Amerikanischen Narde* oder einer dort heimischen Kastanienart mit warmem Wasser auf und nahm die Flüssigkeit zur Beruhigung der Nerven der Atemwege und zur Schleimlösung.

KEUCHHUSTEN

Amerikanische Kastanie

Die Amerikanische Kastanie ist die einzige Pflanze, von der man weiß, daß sie von einem Indianerstamm bei Keuchhusten verwendet worden ist. Vermutlich haben die Mohegan es von den Weißen übernommen, diesen ansteckenden Husten mit einem Tee aus Kastanienblättern zu behandeln. Wie die Weißen zu diesem Heilmittel kamen, ist unbekannt. Obwohl Dr. Millspaugh den Kastanienblättern bei Keuchhusten »eine beruhigende Wirkung auf die Nerven der Atemwege« zuschrieb, wird diese Aussage im Jahr 1942 im ›Dispensatory of the United States‹ als Aberglaube bezeichnet und hinzugefügt, »daß... es keinen Nachweis dafür gibt, daß diese Blätter irgendeinen therapeutischen Wert haben außer dem, leicht adstringierend zu wirken«. Unter diesem Verwendungszweck waren die Blätter auch von 1873 bis 1905 im ›U.S. Pharmacopoeia‹ verzeichnet. Die getrockneten Blätter, die 9 Prozent Gerbsäure enthalten, wurden wegen ihrer adstringierenden Wirkung im Frühherbst gesammelt.

Die Amerikanische Kastanie ist für die Medizin zwar nur von geringem Wert, ihre eßbaren Früchte werden aber sehr geschätzt. Näheres dazu finden Sie im zweiten Teil über ›natürliche Nahrungsmittel‹. Der in den USA heimische Baum wird selten mehr als 24 m hoch, der Stammdurchmesser beträgt normalerweise 1,2 m. Es gibt auch Ausnahmen: Am Ende des 19. Jahrhunderts gab es einen Baum in New York Harbor, dessen Alter auf fünfhundert Jahre geschätzt wurde. Er war so groß, daß er ›der Elefant‹ genannt wurde.

Aus einem Bericht aus dem Jahr 1880 geht hervor, daß ein außergewöhnlich dicker Kastanienbaum mit etwa 6,7 m Durchmesser in der Nähe von Seymour, Indiana, stand.

Amerikanische Kastanie
Die Mohegan behandelten Keuchhusten, der durch die weißen Siedler eingeschleppt worden war, mit einem Tee aus den Blättern der Amerikanischen Kastanie.

Fieberkrankheiten

Wachsgagel

Dieses Gewächs ist allgemein bekannt durch das Wachs, das man von den Beeren gewinnt und das zur Herstellung von Kerzen dient. Obwohl die Rinde wegen ihrer adstringierenden und tonisierenden Wirkung von den Ärzten gern verordnet wurde, war die Wurzelrinde im ›National Formulary‹ nur von 1916 bis 1936 verzeichnet.

Das Wachs, das sich um die Beeren bildet, wurde auch für medizinische Zwecke verwendet. Es wurde gekocht und »ein Extrakt daraus gewonnen, mit dem man die schlimmsten Fälle von Ruhr auf bestimmte Art behandelte«. Manche Ärzte des 18. Jahrhunderts betrachteten dieses Wachs sogar als Betäubungsmittel!

Zur Kerzenherstellung werden die Beeren so lange in Wasser gekocht, bis sich das Wachs ablöst. Dann wird es mit einem Löffel abgeschöpft und abgeseiht, um Verunreinigungen zu entfernen. Anschließend wird es ein zweites Mal gekocht. Millspaugh stellte fest:

»Aus diesem Wachs gemachte Kerzen sind zwar sehr brüchig, werden bei warmem Wetter aber weniger weich; sie verbreiten ein zartes Aroma und rauchen nicht, wenn man sie auslöscht, sind also viel angenehmer als Kerzen aus anderem Wachs oder Talg. Eine Seife aus diesem Wachs liefert einen aromatischen Rasierschaum, der die Haut schön weich macht, und ist außerdem eine gute Grundsubstanz für die Seifenpflaster von Wundärzten.«

In der Indianermedizin wurde der Wachsgagel sehr begrenzt verwendet. Nur bei einem Stamm, den Choctaw in Louisiana, fand er als Fiebermittel Anwendung:

Sie kochten die Blätter und Stengel und tranken dann diesen Tee.

Der Wachsgagel wächst in den Sumpfgebieten im Südosten der USA. Er wird unterschiedlich hoch, je nach Standort. Im Süden ist er ein immergrüner kleiner Baum, der maximal 12 m hoch wird, etwas weiter nördlich ist es

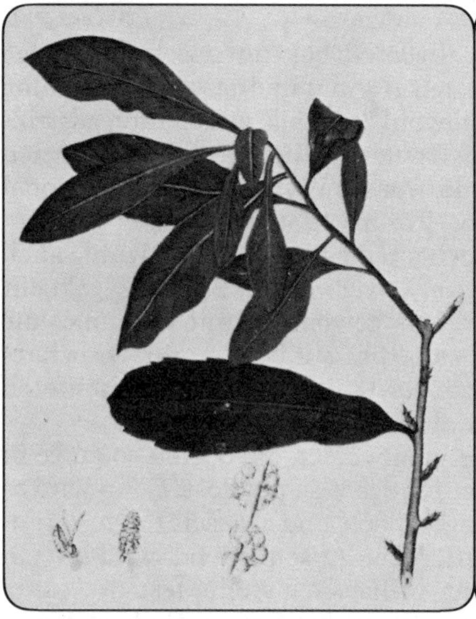

Wachsgagel
Die Choctaw in Louisiana tranken als Fiebermittel einen Tee aus den Stengeln und Blättern dieser Pflanze.

nur ein kleiner Strauch, der knapp 1 m Höhe erreicht. Er hat eine weiche, graue Rinde und trägt gelbliche Blüten. Die Blätter verbreiten ein wohlriechendes Aroma, wenn man sie zerdrückt. Die bläulich-weißen Beeren, von denen das grünlich-weiße Wachs gewonnen wird, bleiben jahrelang an den Zweigen.

Hartriegel

Der Hartriegel ist ein altes Heilmittel der Indianer bei Fieberkrankheiten. Die Delaware-Indianer, die den

Baum ›Hatta-wa-no-min-schi‹ nannten, kochten die innere Rinde in Wasser und wendeten diesen Tee zur Fiebersenkung an. Indianerstämme in Alabama und die Houma in Louisiana gebrauchten die Rinde des blühenden Hartriegels in ähnlicher Weise.

Das wirksamste Mittel gegen Malaria war im vergangenen Jahrhundert die *Chinarinde,* aus der das Chinin gewonnen wird. Sie wurde aus Peru importiert und war für die meisten Bewohner der Südstaaten während des Amerikanischen Bürgerkriegs nicht zu bekommen. Damals wurde als Ersatz für die Rinde aus Peru die des blühenden Hartriegels als Fiebermittel genommen.

In verschiedenen Ausgaben des ›U.S. Pharmacopoeia‹ sind auch verschiedene Arten des Hartriegels aufgeführt. Dem in der Rinde enthaltenen Glukosid Cornin wird jetzt aber nur eine adstringierende Wirkung zuerkannt.

Der kleine Baum wird zwischen 3 und 9 m hoch. Die Rinde am Stamm ist grau, die an den Zweigen eher rötlich. Auf die im Frühjahr erscheinenden schneeweißen Blüten folgen einige wenige rote, beerenähnliche Früchte, die eine zweisamige kleine Nuß enthalten.

Götterbaum

Der hochwachsende Götterbaum fand in der Indianermedizin zwar keine Anwendung, löste aber bald, nachdem er aus China eingeführt worden war, heiße Dikussionen aus. Wir behandeln ihn in diesem Buch wegen der sehr interessanten Eigenschaften, die ihm die Bevölkerung zuschrieb. Es kann vielleicht als Beispiel für den Stand unserer ›wissenschaftlich fundierten Medizin‹ vor nur 150 Jahren dienen. Millspaugh hat darüber in seinem Werk ›American Medicinal Plants‹ folgendes geschrieben.

»Der *Ailanthus* kam 1751 nach England und gedieh gut; um das Jahr 1800 wurde er in Amerika eingeführt und wurde bald ein beliebter Zierbaum in Gärten und an

Straßen. Später war er noch gefragter, weil man annahm, daß er das Gift der Malaria aus der Luft absorbieren würde. Aufgrund dieser neuen Vorstellung wurde der Baum bevorzugt in größeren Städten angepflanzt, besonders da er auch schnell wuchs und sein dekoratives Blattwerk schön anzusehen war. Da es aber, besonders in größeren Städten, auch zu mehreren größeren Epidemien

Hartriegel
Die ebenfalls in Louisiana lebenden Alabama und Houma kochten die innere Rinde dieses kleinen Baumes und tranken den Tee als fiebersenkendes Mittel.

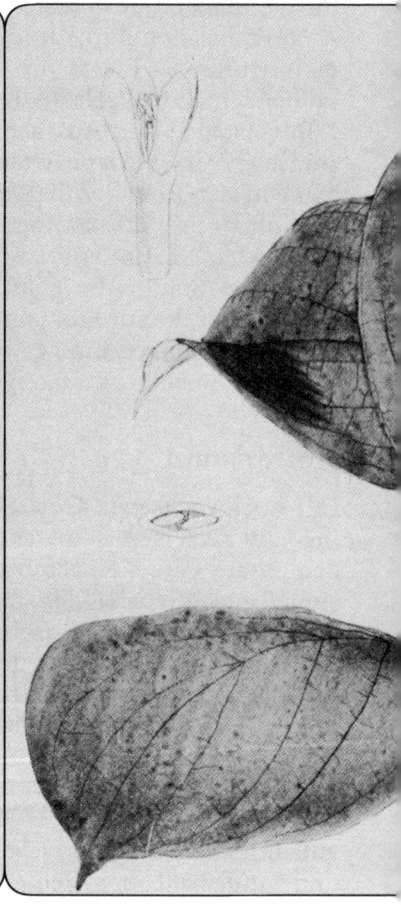

kam, dachten die Menschen, daß der Baum, der das Gift so völlig absorbiert, vielleicht auch giftige Ausdünstungen haben könnte. Vielleicht nahm er die giftigen Gase auf und setzte sie dann während der nächsten Blüte frei? Es folgte ein richtiger Krieg um diesen Baum, sowohl in Worten als auch in Taten, so daß er fast völlig von diesem Kontinent verschwand.«

Weide

Schon seit der Zeit von Dioskorides, einem griechischen Arzt des 1. Jahrhunderts n. Chr., werden viele Weidenarten in der Medizin wegen ihrer schmerzlindernden und fiebersenkenden Eigenschaft verwendet. Dioskorides untersuchte und beschrieb sechshundert Pflanzenarten und ihre medizinische Anwendung. Im Jahr 1763 wurde die Rinde besonders zur Behandlung fiebriger Erkrankungen empfohlen und erfreute sich in Amerika großer Beliebtheit. Die frische Rinde enthält Salicin, das sich im menschlichen Körper wahrscheinlich in Salicylsäure umwandelt. Aspirin, ein sehr bekanntes Schmerz- und Fiebermittel, ist der Salicylsäure chemisch sehr ähnlich. Hier die chemische Formel der beiden:

Aspirin
(Acetylsalicylsäure)

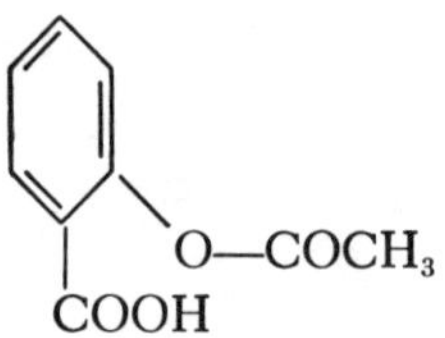

Salicylsäure
(aus Weidenrinde)

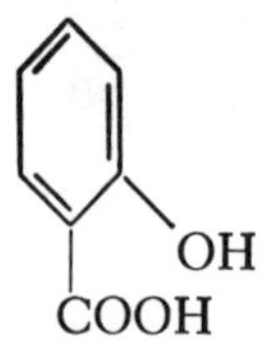

Es ist nicht bekannt, ob die Indianer von sich aus darauf kamen, die in Amerika heimische *Schwarze Weide* als Heilmittel anzuwenden, oder ob sie das Wissen um die Heilkraft der *Silberweide* von den später eingewanderten Europäern übernommen haben.

Beim Stamm der Pomo wurde die innere Rinde einer in Kalifornien weit verbreiteten Weidenart gekocht. Bei Schüttelfrost tranken sie einen sehr starken Tee daraus, um das Schwitzen zu fördern. Die im Süden der USA lebenden Natchez stellten ihr Fiebermittel aus der Rinde einer anderen Weidenart her, die Alabama- und Creek-Indianer bereiteten für ihre Kranken Dampfbäder, für die sie die Wurzeln der Weide verwendeten. Auch die Pima in Arizona, die Houma in Mississippi, die Mohegan in Conneticut, die Penobscot in Maine, die Montagnais im Südosten Kanadas und andere Indianerstämme machten sich die Weide zunutze.

Das in verschiedenen Weidenarten enthaltene Glukosid Salicin war von 1882 bis 1926 im ›U.S. Pharmacopoeia‹ verzeichnet. Es ist inzwischen aber durch Aspirin und andere synthetische Präparate verdrängt worden.

Silberweide
Schon seit der Zeit von Dioskorides, dem berühmten Arzt der griechischen Antike, machen sich die Menschen die fiebersenkende Wirkung der Weide zunutze. Auch bei vielen nordamerikanischen Indianerstämmen kochte man die innere Rinde und trank diesen Tee als schmerzlinderndes und fiebersenkendes Mittel.

Die *Silberweide*, die aus Europa in die USA kam, wächst an Flußufern in den nordöstlich gelegenen Staaten. Sie wird bis zu 27 m hoch, hat eine rauhe, silbrig-graue Rinde und lanzettliche Blätter. Im Frühjahr bilden sich zusammen mit den Blättern die Weidenkätzchen. In Notzeiten wurde der Bast, das holzige Zellgewebe, zu Mehl gemahlen und zu einer Art ›Brot‹ verbacken.

Die *Verschiedenfarbige Weide*, eine im Osten der USA heimische Art, hat eine rauhe, dunkelbraune oder schwarze Rinde und gelbliche, leicht zu brechende Zweige. Sowohl die Rinde als auch die Weidenkätzchen dieser Art sind für medizinische Zwecke verwendet worden. Im Frühjahr, wenn der Pflanzensaft zu steigen beginnt, läßt sich die Rinde leicht ablösen. Das war auch die Zeit, zu der man sie für Heilzwecke sammelte.

Fieberwurz

Bei den Cherokee trank man zur Behandlung von Fieber eine Abkochung dieses zähen winterharten Krauts. Der

Fieberwurz
Die Cherokee tranken bei Fieber einen Tee aus den Blättern dieses Krauts.

Wurzelstock und die Wurzeln, die ein Alkaloid enthalten, wurden als Abführmittel verwendet.

Das in den USA heimische Kraut, das im Juni blüht, bevorzugt schattige Wälder und Kalksteinboden. Es ist in den ganzen Oststaaten verbreitet bis nach Nebraska im Westen.

Verschiedene Stämme kannten noch andere Pflanzen zur Fiebersenkung. Bei den Cheyenne trank man einen Tee aus den fein gemahlenen Blättern und Stengeln einer *Psoralea-Art*, die man mit kochendem Wasser aufbrühte. Die Cherokee und Natchez bevorzugten eine *Pfeifenblumen-Art*, wobei die Cherokee die Wurzeln kochten und bei den Natchez die ganze Pflanze aufgebrüht wurde.

Die im Nordwesten der USA lebenden Schwarzfußindianer tranken zur Fiebersenkung einen Tee aus der weißen Rinde der *Waldrebe*. Manchmal wurde für diesen Zweck auch die Wurzelrinde der *Kriechenden Berberitze* verwendet.

ERKÄLTUNGSKRANKHEITEN

Eine Erkältung kann man durch die Symptome beschreiben, die sie mit sich bringt. Für Husten, Schnupfen, Abgeschlagenheit etc. gibt es viele Mittel. Im folgenden werden Heilmittel aufgeführt, die dann angewendet wurden, wenn die genannten Symptome zusammen auftraten. Wenn Sie mehr über die Behandlung bestimmter Beschwerden wie Husten wissen wollen, sollten Sie unter dem entsprechenden Kapitel nachschlagen.

Wasserhanf

»Es gibt in Amerika wahrscheinlich keine Pflanze, die für medizinische Zwecke umfassender oder häufiger als diese verwendet wurde (Wasserhanf).« Das schrieb Dr.

C. F. Millspaugh im Jahr 1887, und er fährt fort, die Heilkräfte dieses allgemein bekannten Krauts zu loben:

»An den Dachsparren fast jedes Bauernhauses oder Holzschuppens sieht man das ganze Jahr über Bündel des getrockneten Krauts hängen, so daß man es jederzeit zur Hand hat, wenn sich ein Mitglied der Familie oder ein Nachbar erkälten sollte. Wie viele Kinder haben sich mit Händen und Füßen gewehrt, wenn die Mutter befahl: ›Trink den Wasserhanf, er wird dir guttun.‹ Und wie viele ältere Menschen haben den Kopf zurückgebogen, um die widerliche Arznei möglichst schnell zu schlucken! Die frühen Siedler haben den Gebrauch eines heißen Aufgusses aus den Spitzen und Blättern als schweißtreibendes Mittel von den Ureinwohnern übernommen...«

Die Indianer machten sich den Wasserhanf auf vielerlei Weise zunutze. Die Menominee senkten damit das Fieber; die Alabama linderten Magenschmerzen; die

Wasserhanf
Wasserhanf-Tee war eines der beliebtesten Hausmittel im vergangenen Jahrhundert. Die Indianer tranken ihn bei Erkältung, als Mittel zur Fiebersenkung und bei Körperschmerzen.

Creek tranken den Aufguß bei Körperschmerzen, die Irokesen und Mohegan gegen Fieber und Erkältung.

Dr. Millspaugh fährt fort mit dem Bericht eines Freundes, der Arzt war und an schubweisen Fieberanfällen litt (wahrscheinlich Malaria):

»Er wurde als junger Mann über drei Jahre hinweg von Wechselfieber geplagt. Da er von Natur aus recht reizbar, obendrein sehr schnell gewachsen war, war er blaß und mager und hatte fast keine Kraft. Als er sich eines Tages am Wegrand hingesetzt hatte, um sich auszuruhen, sagte ihm eine ältere Dame aus der Nachbarschaft, er solle nach Hause gehen und etwas Wasserhanf nehmen, das würde ihm sicher helfen. (Während seiner Krankheit, die schon Jahre andauerte, hatte man ihm Chinin, Chinarinde, alle möglichen Derivate davon und jedes andere Mittel gegeben, das den allgemeinen Ärzten bekannt war, jedoch ohne Erfolg. Die Anfälle kamen zuletzt zweimal täglich.) Als er sich nach Hause geschleppt hatte, ... nahm er einen Eßlöffel voll einer Abkochung von Wasserhanf zu sich, die man so lange hatte eindicken lassen, bis sie fast sirupartig war, und ging anschließend sofort zu Bett. Er hatte sich kaum niedergelegt, da überkamen ihn schon Empfindungslosigkeit und Betäubung, die in einen tiefen Schlaf übergingen. Als er am Morgen aufwachte, fühlte er sich entschieden besser, und er erholte sich von diesem Augenblick an ohne andere Arzneien sehr schnell, wurde täglich kräftiger und stärker. Zwanzig Jahre lang bekam er keinen Fieberanfall mehr. Er erlitt nur noch einen kurzen Anfall, als er einmal beim Jagen auf sumpfigem Land lag.«

Wasserhanf war mindestens schon hundert Jahre, bevor davon in irgendeinem medizinischen Text die Rede war, ein beliebtes Heilmittel gegen Fieber und Erkältungskrankheiten. In England wurde Wasserhanf als Heilpflanze im Jahr 1699 eingeführt; zu der Zeit, als das Werk von Dr. Millspaugh veröffentlicht wurde (1887), fand man ihn in jedem Buch, das sich mit der Botanik der nordamerikanischen Heilpflanzen beschäftigte. Die getrockneten Blätter und Blüten waren im ›U.S. Pharmacopoeia‹ von 1820 bis 1916 aufgeführt und im ›National Formulary‹ von 1926 bis 1950.

Wasserhanf ist normalerweise auf feuchten Böden zu finden, an Flüssen und in der Nähe von Sümpfen von Kanada bis Florida, im Westen von Texas bis Nebraska. Wie aus der Illustration ersichtlich, sind die Bätter gegenständig, am Blattansatz jedoch zusammengewachsen. Deshalb sieht es aus, als ob die zwei Blätter eines wären, durch die der Stengel hindurchgeht. Wasserhanf wird zwischen 30 cm und 1,5 m hoch und trägt von etwa Juli bis September Büschel kleiner weißer, röhrenförmiger Blüten. Wenn sie als Heilmittel verwendet werden sollten, sammelte man die Blätter und Blüten im August, wenn die Pflanze in voller Blüte stand.

Knospen des Balsamstrauchs

Diese Knospen stammen von einer bestimmten Pappelart. Sie sind von einem harzigen Saft bedeckt, der terpentinartig riecht und einen bitteren Geschmack hat. Die Menominee kochten die Knospen in Tierfett und bereiteten daraus ein Inhalationsmittel zu. War die Nase verstopft, trug man diese Salbe auf. Der terpentinartige Geruch des Harzes regt das Gewebe der Atemwege an und stärkt sie.

Die Knospen sind reich an Salizin, einem Glukosid, das sich im menschlichen Körper wahrscheinlich in Salicylsäure aufspaltet. Da Aspirin aus einer Kombination von Salicylsäure und Essigsäureanhydrid besteht, kann man annehmen, daß die Wirkung des in den Knospen des Balsamstrauches enthaltenen Salizins dem von Aspirin in mancher Hinsicht ähnlich ist. Hier haben wir ein weiteres Beispiel der empirischen Methode. Der Indianer, der in den Wäldern nach Heilmitteln suchte, probierte verschiedene Pflanzen aus, wobei er sich nur auf spärliche mythologische Hinweise verlassen konnte. Geriet er an eine giftige Pflanze und kaute daran, ohne die Wirkung zu kennen, war das vielleicht das Ende eines zukünftigen Arztes. Wenn er jedoch nicht auf die giftige Art traf, sondern eine andere Pflanze kaute und fühlte, daß es ihm besserging, berichtete er wahrscheinlich in seinen Erzählungen von der heilsamen Wirkung der Pflanze, und so wurde sie schließlich bei diesem Stamm als zusätzliches Heilmittel aufgenommen. Das war auch bei den Knospen des Balsamstrauches der Fall. Wer wegen einer Erkältung eine verstopfte Nase hatte und diesen Balsam inhalierte, konnte bald freier atmen, und so wurden diese kleinen Blattknospen bei den Indianern zu einem anerkannten Heilmittel.

Diese Knospen waren von 1916 bis 1965 im ›National Formulary‹ aufgeführt. Man verwendete sie als schleimlösendes Mittel und wegen ihrer anregenden Wirkung.

Der zur Familie der Pappeln (lateinischer Gattungsname *Populus*) gehörende Balsamstrauch wird manchmal bis 30 m hoch mit einem Stammdurchmesser von fast 2 m. Die breiten, ovalen Blätter des Baumes sind 5 bis 15 cm lang. Die Oberseite ist dunkelgrün, die Unterseite hellgrün. Man findet den Baum an Flußufern und Straßenrändern von Newfoundland bis Virginia und im Norden bis Michigan, South Dakota und Alaska.

Amerikanisches Wintergrün

Man hat vielen Pflanzengattungen den Namen Wintergrün gegeben. Die hier beschriebene und abgebildete Art *Gaultheria* wurde als Heilmittel bei den Indianern und in der amerikanischen Medizin am häufigsten verwendet. Es gibt eine Beschreibung der Pflanze von Thoreau, dem sein indianischer Führer einen Tee aus den Blättern zubereitete.

Bei Dampfdestillation geben die Blätter ein Öl ab, das ein wertvoller Geschmacksstoff ist und auch eine antirheumatische Wirkung haben soll. Wintergrünöl oder Methyl-Salizylat war früher ein Hausmittel bei Körperschmerzen. Man tauchte ein Stück Stoff in die aromatische Flüssigkeit und band es um schmerzende Gelenke. Methyl-Salizylat ist eng verwandt mit Acetyl-Salicyl-Säure oder Aspirin. Die Blätter des Wintergrün waren von 1820 bis 1894 im ›U.S. Pharmacopoeia‹ aufgeführt,

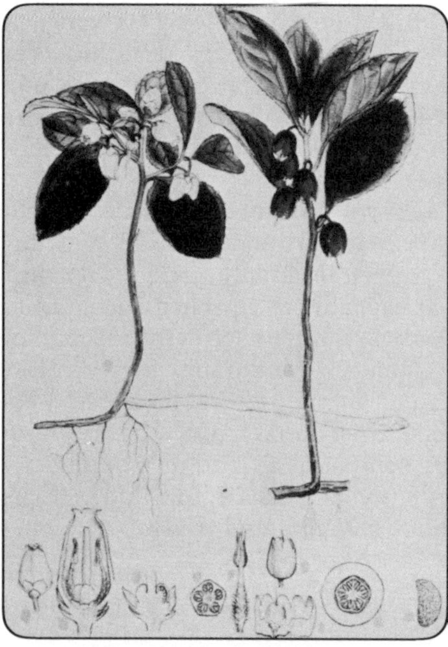

Wintergrün
Wintergrün-Öl war früher ein Hausmittel gegen Körperschmerzen. Es wurde auch in der indianischen Medizin verwendet. Auch von Thoreau, dem sein indianischer Führer einen Tee aus den Blättern machte, wird die Pflanze beschrieben.

während das daraus gewonnene Öl noch heute wegen seiner adstringierenden, harntreibenden und anregenden Wirkung verzeichnet ist.

Die hellroten Beeren und jungen Blätter dieser kleinen winterharten Pflanze sind eßbar. Sie sind im Spätherbst das wichtigste Futtermittel für Wild, Reb- und Moorhühner. Die Pflanze wächst in kühlen, feuchten Wäldern, besonders unter immergrünen Bäumen in Kanada und im Nordosten der Vereinigten Staaten. Sie wird selten höher als 15 cm und hat wechselständige Blätter, deren Oberseite glänzend und dunkelgrün ist und die sich dick und ledrig anfühlen. Die Pflanze trägt von Juni bis September weiße Blüten, auf die dann die hellroten Beeren folgen, die im Herbst reifen und den Winter über an der Pflanze bleiben. Für medizinische Zwecke werden die Blätter im Herbst gesammelt und getrocknet.

Beifuß

Diese Pflanze wurde auch schon unter dem Abschnitt ›Bronchitis‹ erwähnt. Es ist außerdem bekannt, daß die Zuñi-Indianer im westlichen Neu-Mexiko bei Erkältung einen aus den Blättern zubereiteten Tee tranken. Bei den Thompson-Indianern in British Columbia machte man für den gleichen Zweck einen Aufguß aus den gekochten Stengeln, Blättern und Zweigen einer anderen Beifußart. Die zerdrückten Blätter dieser Pflanze verströmen einen starken Duft. Bei den Thompson-Indianern stopfte man sie sich deshalb manchmal in die Nasenlöcher, damit die Atemwege wieder frei wurden. Die Pflanze wurde bei diesem Stamm auch verwendet, wenn die Männer bereits verwesende Leichname begraben mußten. Sie stopften die Blätter in die Nasenlöcher und entgingen so dem unangenehmen Geruch.

Die Beifußart *Artemisia frigida* enthält Kampfer. Diese Substanz ist heute noch im ›U.S. Pharmacopoeia‹ als anregendes und krampflösendes Mittel aufgeführt.

Die folgenden Pflanzen werden entweder an anderer Stelle in diesem Buch ausführlich beschrieben oder sind als indianische Heilmittel für Erkältungskrankheiten nicht genügend bekannt, um eine ausführliche Behandlung zu rechtfertigen.

Die Cherokee brühten die Blätter einer Kastanienart (*Castanea pumila*) auf und verwendeten die Flüssigkeit zur äußerlichen Waschung bei Fieber, wie es bei Erkältungskrankheiten auftritt.

Die Navajo tranken einen aus einer *Indianernesselart* gemachten Tee, um Fieber zu senken, Halsentzündungen, Kopfschmerzen und Erkältung zu lindern. Man kaute bei Husten und Erkältung auch manchmal die Wurzel einer Steinsamenart (*Lithospermum incisum*) oder steckte den Patienten in ein Bad mit *Artemisia bigelovi*, einer weiteren Beifußart. Die Hopi behandelten Erkältungen mit einem Tee aus *Wildem Rhabarber*, der in den Wäldern lebende Stamm der Potawatomi machte einen Tee aus den Wurzeln des *Sonnenhuts*.

Manche Stämme kauten *Kalmuswurzeln* und tranken bei Erkältung einen Aufguß daraus. Bei den Potawatomi inhalierte man die pulverisierte Wurzel, um weniger unter einer ständig laufenden Nase zu leiden. Die Pillager-Ojibwa tranken bei einer mit Halsschmerzen verbundenen Erkältung einen aus Kalmus zubereiteten Tee. Und schließlich kommen wir wieder zu einer nützlichen Kiefernart, der *Weymouths-Kiefer*. Die Mohegan brühten die innere Rinde mit warmem Wasser auf und tranken diesen Tee zur Behandlung von Erkältungen.

Die bei den Indianern am weitesten verbreitete Behandlungsform war das Schwitzbad. Man wendete es bei fast jedem Leiden an, besonders bei Erkältung, Erkrankungen der Atemwege und Rheuma. Eine detaillierte Beschreibung verschiedener indianischer Schwitzbäder finden Sie unter ›Rheuma‹.

GRIPPE

Man darf natürlich nicht davon ausgehen, daß die Indianer klar zwischen den Symptomen einer Erkältung und der mit Fieber, Glieder- und Kopfschmerzen verbundenen Grippe unterschieden. Vermutlich haben die Indianer beide Krankheiten mit den gleichen Pflanzen behandelt: mit den Knospen des Balsamstrauchs, mit Wasserhanf, verschiedenen Arten des Wintergrün, Beifuß und anderen, unter der Überschrift ›Erkältungskrankheiten‹ bereits beschriebenen Heilmitteln. In diesem Kapitel befassen wir uns näher damit, wie die in unserem Jahrhundert lebenden Indianer am häufigsten Grippe kurierten.

Hemlocktanne

Die Hemlock- oder Schierlingstanne ist in den USA heimisch. Damit der Name ›Schierling‹ nicht zur Verwechslung mit dem aus Europa stammenden ›Gefleckten Schierling‹ verleitet, wird dieses Gewächs im Anschluß an dieses Kapitel besprochen. Wenden wir uns also der medizinischen Anwendung der ›guten‹ Schierlingsart durch die amerikanischen Ureinwohner zu.

Hemlocktanne
Bei mehreren Stämmen trank man zur Linderung grippeähnlicher Symptome einen Tee aus der inneren Rinde dieses Nadelbaums.

Die Menominee bereiteten einen Tee aus der inneren Rinde der Hemlocktanne und tranken ihn zur Linderung von Erkältungssymptomen; die Potawatomi nahmen ihn als schweißtreibendes Mittel ein und brachten Erkältungen und fiebrige Erkrankungen zum Abklingen. Der von den Irokesen gebraute Hemlocktee könnte das an Vitamin C reiche Getränk sein, das die ersten europäischen ›Entdecker‹ Kanadas vor Skorbut bewahrte.

Dr. Millspaugh beschreibt treffend die Verwendung der Hemlocktanne:

»Ein müder Jäger erhebt sich frisch und gestärkt von seinem Lager aus Hemlockzweigen. Der Patient des Arztes in der Stadt, der bei uns im Norden gesunden will, fühlt sich höchst erquickt durch ein Bad, in dem einige Stunden lang Hemlocknadeln aufgebrüht wurden, und den erfrischenden Schlummer, der ihn dann auf einem Bett aus weichen Zweigen erwartet.«

Das Harz der Hemlocktanne war von 1831 bis 1894 im ›U.S. Pharmacopoeia‹ verzeichnet. Es wurde als mildes Gegenmittel bei chronisch-rheumatischen Schmerzen einmassiert. Das durch Destillation der jungen Zweige gewonnene Hemlocköl fand in der tierärztlichen Praxis als Einreibemittel Verwendung.

In Kanada und im Norden New Englands kommt die Hemlocktanne häufig vor. Der Baum wird 18 bis 24 m hoch. Man findet ihn auch in den bergigen Regionen der zentral gelegenen Staaten der USA; eine verwandte Art, die Westamerikanische Hemlock- oder Schierlingstanne, wächst an der Pazifikküste. Deren Nadeln sind an der Spitze rund oder flach. Die Oberseite der Nadeln reflektiert sehr stark, so daß sich darin oft die Bläue des Himmels spiegelt. Die kleinen rotbraunen Zapfen an den Zweigen sind im Herbst voll entwickelt.

Wem der folgende Abschnitt über den Gefleckten Schierling zu sehr vom Thema des Buches abweicht, der möge ihn doch überschlagen und sich gleich mit dem Kapitel ›Halsentzündung‹ beschäftigen.

Der **giftige Schierling** wurde von den nordamerikanischen Indianern *nicht* verwendet. Seine Früchte enthalten den tödlichen Stoff Coniin, der früher von amerikanischen Ärzten in geringer Dosierung als krampflösendes, beruhigendes und schmerzlinderndes Mittel gegeben wurde. Es wird heute aber überhaupt nicht mehr verwendet.

Die jungen Blätter des Gefleckten Schierlings ähneln den Blättern der Petersilie, und deshalb ist dieses Kraut doppelt gefährlich (siehe Illustration). Seitdem es aus Europa in die USA kam, wurde es leider oft mit diesem Küchenkraut verwechselt, was die Betreffenden mit dem Tod bezahlen mußten. Der Gefleckte Schierling wächst an Straßenrändern oder auf Brachland und wird von 60 cm bis 1,5 m hoch. Im Juni oder Juli erscheinen Büschel kleine weiße Blüten, auf die im August graugrü-

Gefleckter Schierling
Diese giftige Pflanze wurde in der indianischen Medizin nicht verwendet. Die Früchte enthalten das tödliche Coniin, das früher in kleiner Dosierung als schmerzlinderndes Mittel verabreicht wurde. Aus der Geschichte ist bekannt, daß Sokrates an diesem Gift starb.

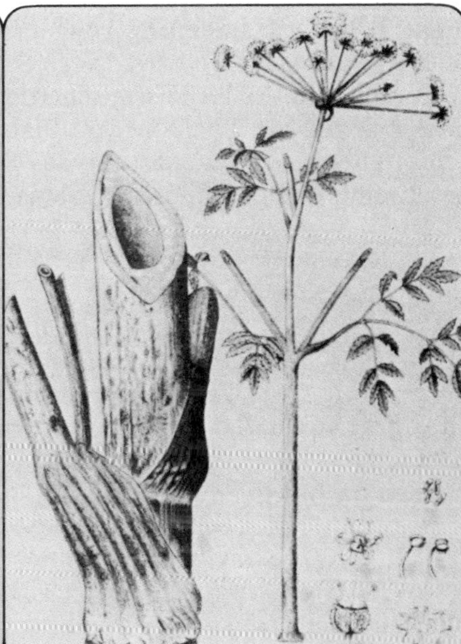

ne Früchte folgen. Die Pflanze verbreitet einen unangenehmen Geruch – der mit Katzen- oder Mäuse-Urin verglichen worden ist –, der besonders penetrant ist, wenn die Pflanze verletzt wird. Die giftige Wirkung des Krauts variiert je nach Temperatur, Bodenbeschaffenheit und Klima. Am giftigsten ist der Gefleckte Schierling, der in tropischer Umgebung in heißem, trockenem Klima wächst.

Das giftigste Alkaloid in der Pflanze ist das Coniin. Es lähmt die Enden der Bewegungsnerven und wirkt nur wenig auf die für die Wahrnehmung wichtigen Nerven ein. Deshalb blieb der Geist von Sokrates auch klar, während seine Muskelkraft durch die tödliche Dosis an Coniin allmählich schwand. Der Parapsychologe Dr. Lawrence LeShan hat oft gesagt, daß er lieber die Werke großer Schriftsteller liest, um eine genaue Beschreibung der Krankheiten aus der Sicht des Patienten zu bekommen. Tolstojs Schilderung von einem Magenkrebs in seinem Buch ›Der Tod Iwans des Schrecklichen‹ übertrifft sogar die beste ›wissenschaftliche‹ Beschreibung. Gleiches gilt für ›Phaidon‹ von Platon, wo er die fortschreitende Coniin-Vergiftung des Sokrates so perfekt beschreibt, daß man dieses Werk ganz lesen sollte.

HALSENTZÜNDUNG

In der einschlägigen Literatur gibt es viele Mittel zur Behandlung einer gewöhnlichen Halsentzündung. Wie auch bei Durchfall oder Ruhr kannten die Indianer viele Kräuter mit adstringierender Wirkung. Einige hiervon werden nachstehend aufgeführt.

Berberitze

Bald nachdem sie in Amerika eingeführt worden war, wurde die europäische Verwandte der Akeleiblättrigen

Berberitze von verschiedenen Stämmen für medizinische Zwecke verwendet. Die in Maine lebenden Penobscot behandelten Mundgeschwüre oder Halsentzündung mit einem Brei aus den zerquetschten Wurzeln oder der Rinde.

Berberitze
Die Penobscot in Maine behandelten Geschwüre im Mund und Halsentzündung mit einem Brei aus den Wurzeln oder der Rinde.

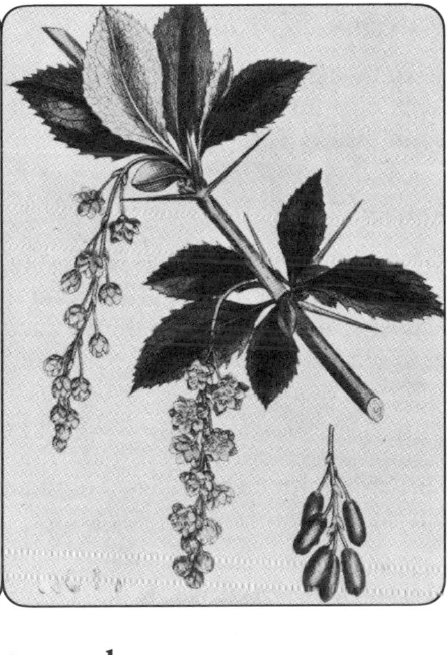

Kanadische Blutwurzel

Die Pillager-Ojibwa träufelten den Wurzelsaft dieser Pflanze auf ein Stück Ahornzucker, das sie im Mund zergehen ließen.

Ulmus fulva

Die Pillager-Ojibwa behandelten Halsentzündung mit einem Tee, den sie aus der inneren Rinde dieser Ulmenart bereiteten.

Kanadische Goldrute

Die Zuñi kauten bei Halsentzündung die Blüten der Kanadischen Goldrute und schluckten den so erhaltenen Saft langsam.

Weymouths-Kiefer

Verschiedene im Norden lebende Stämme kochten die jungen, grünen Nadeln dieser Kiefernart und tranken dann diesen Tee.

Senna

Senna wird heute meist wegen seiner abführenden Wirkung genommen. Die Meskwaki behandelten damit Halsentzündungen; sie nahmen dazu die in Wasser eingeweichten Samen ein.

Fichte

Die Cree nahmen bei Halsentzündung junge Fichtenzapfen zu sich.

Hirschkolbensumach

Die Micmac tranken bei Halsentzündung einen Tee aus den Beeren des Hirschkolbensumach. Ein aus einer damit verwandten Art, dem *Scharlachsumach*, hergestelltes Gurgelmittel wurde früher häufig von Landärzten bei Halsentzündungen verschrieben.

Perideridia gairdneri

Die im Nordwesten lebenden Schwarzfuß-Indianer kauten bei Halsentzündung die Wurzel dieser Pflanze und schluckten langsam den Saft hinunter.

OHRENSCHMERZEN

Da alle im folgenden genannten Pflanzen an anderer Stelle näher besprochen werden und die in diesem Kapitel beschriebenen Behandlungsmethoden wahrscheinlich von geringem therapeutischem Wert waren, wollen wir sie nicht sehr ausführlich beschreiben.

Wilder Ingwer

Bei den Meskwaki brühte man zerstoßene Ingwerwurzeln auf und goß diese Flüssigkeit in das Ohr. Der getrocknete Wurzelstock und die Wurzeln dieser Pflanze waren von 1820 bis 1873 im ›U.S. Pharmacopoeia‹ verzeichnet. In dieser Droge sollen zwei antibiotische Substanzen gefunden worden sein.

Amerikanisches Süßholz

Die Schwarzfuß-Indianer behandelten Ohrenschmerzen mit einem Aufguß aus den Blättern des Amerikanischen Süßholzes.

Weiße Kreuzblume

Die Sioux schabten die Wurzeln dieser Pflanze ab, kochten sie in Wasser und gossen diese Flüssigkeit dann in das schmerzende Ohr.

Schafgarbe

Bei den Winnebago wurde die ganze Pflanze aufgebrüht und diese Flüssigkeit in das Ohr gegeben. Die getrockneten Blätter und die Blüten der Schafgarbe waren von 1863 bis 1882 im ›U.S. Pharmacopoeia‹ wegen ihrer menstruationfördernden und anregenden Wirkung aufgeführt.

Tabak

Bei den Rappahannock, Mohegan und Malecite-Indianern blies man Tabakrauch ins Ohr. Tabakblätter waren als Narkose- und Beruhigungsmittel von 1820 bis 1905 im ›U.S. Pharmacopoeia‹ verzeichnet. Wie man sieht, ändern sich nicht nur die Zeiten, sondern auch die Anwendungsformen von Pflanzen!

Tabak
Bei mehreren Stämmen wurden Ohrenschmerzen damit behandelt, daß man Tabakrauch in die Ohren blies.

Frauenheilkunde

MITTEL ZUM ABBRUCH DER SCHWANGERSCHAFT

Abtreibungen gab es nur bei den Stämmen, die Kontakt mit den Weißen hatten. Der Grund dafür war, daß die Mischlingsbabys normalerweise viel größer waren als die rein indianischen. Deshalb war die Entbindung oft problematisch und das Leben der Mutter gefährdet. Zur Abtreibung wurden nicht nur pflanzliche Mittel benutzt. Bei manchen Stämmen versetzte man der Frau einen kräftigen Tritt in den Unterleib, bei anderen führte man einen glatten Ulmenzweig in den Gebärmutterhals ein. Im folgenden nennen wir einige Pflanzen, die zur Abtreibung benützt wurden.

Baumwolle

Beim Stamm der Koasati und in Alabama kochten die Frauen Wurzeln der Baumwolle in Wasser und nahmen diesen Tee zu sich, um die Wehen zu erleichtern. Man nahm an, daß dieser Sud die Geburtswehen unterstützte und in hoher Dosierung zum Abbruch einer Schwangerschaft führen würde.

Der französische Schriftsteller Bouchelle berichtet im Jahr 1840, daß Negersklaven in Amerika die Rinde der Wurzel zur Abtreibung benutzten. Die Wirkung dieser Rinde auf die weiblichen Organe wurde auch vom ›U.S. Pharmacopoeia‹ anerkannt. Deshalb kann man annehmen, daß die Eigenschaften, die der Rinde von den indianischen Stämmen zugeschrieben wurden, eher auf Tatsachen als auf Fantasie beruhen.

Laborstudien an Tieren haben gezeigt, daß diese Wurzel eine ähnliche Wirkung wie Mutterkorn hat, wenn auch viel schwächer; daß sie die Gebärmutter stimuliert und Kontraktionen hervorruft. Interessanterweise enthält die Rinde der Wurzel sehr viel Vitamin E.

Baumwolle
Der Tee aus der Wurzelrinde der Pflanze wurde bei mehreren Stämmen dazu verwendet, die Geburtswehen zu erleichtern oder eine Abtreibung einzuleiten.

Für medizinische Zwecke wurde die Rinde der Baumwollwurzeln gesammelt, bevor der Frost einsetzte, manchmal erst im Dezember. Die Wurzeln wurden gewaschen, die Rinde dann entfernt und getrocknet.

Die Baumwollpflanze gehört zur Familie der Malven; sie wird zwischen 30 cm und 1,2 m hoch. Die Blätter bestehen aus drei oder fünf spitzen Lappen. Die Blüten sind weiß, wenn sie sich öffnen, und werden am zweiten Tag purpurfarben.

Die anfänglich grünen Baumwollkapseln werden braun, wenn sie reifen, und platzen schließlich auf. Die darin enthaltenen Fasern sind das Rohmaterial für die Baumwolle, die wir alle kennen.

Amerikanische Mistel

Indianerstämme im Bezirk Mendocino bereiteten einen Tee aus den Blättern dieser Pflanze, die in Nordkalifornien als Parasit auf Eichen und anderen Bäumen lebt. In großen Mengen getrunken soll er zum Abbruch der Schwangerschaft geführt haben. Dr. W. H. Long, der wahrscheinlich als erster von der Verwendung dieser Pflanze bei den Indianern erfuhr, empfahl sie als Hausmittel wegen ihrer Wirkung auf die Gebärmutter und weil man mit ihr Blutungen nach der Geburt stoppen konnte. Es ist klinisch erwiesen, daß Mistelextrakt die Kontraktionen der Gebärmutter verstärkt und den Blutdruck erhöht, wenn man ihn in den Blutkreislauf spritzt. Aus Tennessee wird berichtet, daß es um die Jahrhundertwende zu einem Vergiftungsfall durch Essen der Beeren dieser Pflanze kam.

Goldenes Kreuzkraut

Bei verschiedenen Stämmen wurde diese Kreuzkrautart auch ›Squawkraut‹ genannt, weil es oft bei Problemen der weiblichen Fortpflanzungsorgane und für eine schnellere Geburt verwendet wurde. Bei den Catawba-Indianern, den Ureinwohnern des heutigen North Carolina, wurde die ganze Pflanze mit Wasser aufgebrüht und der Tee dann getrunken. Das Kreuzkraut war Ersatz für Mutterkorn und galt als Gegenmittel für Giftpfeile. Pharmakologen berichten zwar nichts von den Wirkungen dieser Pflanze auf die Gebärmutter, sie enthält jedoch ätherische Öle, Inulin, die Alkaloide Senecin und Senecionin, die für Vieh giftig sind.

Goldenes Kreuzkraut
Diese Pflanze wurde bei mehreren Stämmen auch ›Squawkraut‹ genannt. Man behandelte damit häufig Krankheiten der weiblichen Fortpflanzungsorgane.

Rainfarn

Der Rainfarn wurde von den Indianern erst für medizinische Zwecke verwendet, nachdem die Europäer die Pflanze nach Nordamerika gebracht hatten. In England wurde die Pflanze offiziell zum Einleiten der Menstruation angewendet. Die Catawbas in Amerika tranken Tee aus der ganzen Pflanze zu demselben Zweck, aber auch zur Abtreibung, was sie offensichtlich von den ersten weißen Siedlern übernommen haben. Menschen sprechen auf Medikamente verschieden an. In der medizinischen Literatur finden sich daher auch mehrere Todesfälle durch Vergiftung mit Rainfarntee.

Zu den Pflanzen, die zur Abtreibung benutzt wurden, gehören auch *Kalmus* und die *Klapperschlangenwurzel*, die später noch behandelt werden. Bei den Indianern in

Rainfarn
Bald nachdem diese Pflanze von den Europäern nach Nordamerika gebracht worden war, verwendeten die Catawba den Tee daraus, um eine Abtreibung einzuleiten.

Montana kochte man *Kalmuswurzeln* in Wasser und trank den Tee, um die Abtreibung zu bewirken. Die Frauen bei den Stämmen der Ottawa und Chippewa verwendeten dazu die Rinde der *Klapperschlangenwurzel*. Ein Hausmittel zur Abtreibung war in früherer Zeit auch ein Tee aus *Flohkraut* mit Bierhefe.

EMPFÄNGNISVERHÜTENDE MITTEL

Die Gründe dafür, eine Schwangerschaft zu verhindern, sind wahrscheinlich die gleichen, die Devereux für einen bewußten Schwangerschaftsabbruch zusammengetragen hat. Harold E. Driver hat die Daten von Devereux über 90 nordamerikanische Indianerstämme ausgewertet und die Gründe für einen Schwangerschaftsabbruch auf folgende allgemeine Fomel gebracht: »...unehelich empfangenes Kind; der Wunsch, sich die Sorge und Arbeit zu ersparen, die mit dem Aufziehen eines Kindes verbunden sind; die Angst vor Schmerzen oder daß die eigene Gesundheit darunter leidet, oder davor, bei der Geburt zu sterben; ärmliche Lebensverhältnisse der Eltern; der Wunsch, dem Kind die moderne Welt von heute und die Diskriminierung der Indianer und Mischlinge zu ersparen; Streitereien zwischen beiden Elternteilen; das Verlassen der schwangeren Frau durch den Ehemann oder Geliebten; der Wunsch, dem Kind ein Dasein als Sklave, Kriegsgefangener oder Angehöriger eines anderen unerwünschten Standes zu ersparen; der Wunsch, keine Nachkommen aus einer ehebrecherischen Verbindung zur Welt zu bringen.« (Aus ›Indians of North America‹, von H. E. Driver, S. 434.)

Es folgen einige Pflanzen, die als empfängnisverhütende Mittel galten:

Zerteiltes Wollblatt

Die Frauen der Navajo tranken als empfängnisverhütendes Mittel einen Tee aus den Wurzeln dieser Pflanze, die dreißig Minuten in Wasser gekocht wurden. Sie behandelten mit diesem Kraut auch Arthritis. Das zerteilte Wollblatt wächst im Grand Canyon und blüht von Juli bis November.

Fliegenfängerwurzel

Die Indianer betrachteten sie als ›Medizin für Nieren und Herz‹. Die Fliegenfängerwurzel ist auch in einer Liste der ›Pflanzen, die von primitiven Völkern zur Steuerung der

Fruchtbarkeit verwendet werden‹ zu finden, die von DeLaszlo und Henshaw zusammengestellt wurde. Ohne einen bestimmten Stamm zu nennen, schrieben diese Wissenschaftler, daß die Fliegenfängerwurzel in Nordamerika als empfängnisverhütendes Mittel eingesetzt wurde. Man kochte die Wurzeln in Wasser und trank den Aufguß einmal wöchentlich.

Gefleckter Schierling

Die Frauen der Cherokee kauten und schluckten die Wurzel des Gefleckten Schierling an vier aufeinanderfolgenden Tagen, um sich vor einer unerwünschten Schwangerschaft zu schützen. Interessanterweise stellt ein Botaniker des 18. Jahrhunderts fest, daß »die Wurzeln von den Indianern gegessen wurden, die des Lebens müde waren und sich einen schnellen Tod wünschten«. Die Pflanze ist äußerst giftig, und es wird von vielen

Gefleckter Schierling
Cherokee-Frauen kauten die Wurzel dieser hochgiftigen Sumpfpflanze und schluckten den Saft hinunter, um dauerhaft unfruchtbar zu werden.

Todesfällen nach ihrem Verzehr berichtet. Der giftige Grundstoff des Wasserschierling, Cicutoxin, ist mit Picrotoxin verwandt, das das zentrale Nervensystem stark anregt. Die winterfeste Sumpfpflanze ist in Amerika auch unter dem Namen ›Menschentod‹ bekannt.

Dr. C. F. Millspaugh beschreibt die Wirkung bei einem der Opfer: »Ein Junge hatte auf einem frisch gepflügten Acker Wurzelknollen gesammelt und davon gegessen, weil er sie für Artischocken gehalten hatte. Es waren aber Wurzeln der Cicuta maculata, des Gefleckten Schierling. Das erste Symptom waren Schmerzen in den Eingeweiden, worauf er erfolglos versuchte, sie zu entleeren. Dann erbrach er etwa eine Teetasse voll der kurz vorher zerkauten Wurzel und verfiel sofort wieder in Krämpfe, die nicht mehr aufhörten, bis er schließlich starb.«

Seidenpflanze

Die Navajo-Frauen tranken nach der Geburt einen aus der ganzen Pflanze zubereiteten Tee. Um vorübergehend unfruchtbar zu sein, tranken die Indianerfrauen in Quebec, Kanada, einen Aufguß aus den zerstoßenen Wurzeln der *Syrischen Seidenpflanze (A. syriaca)*.

Amerikanische Mistel

Bei den Indianern in der Gegend von Mendocino, Kalifornien, tranken die Frauen zur Empfängnisverhütung einen Tee aus den Blättern der Amerikanischen Mistel.

Smilacina racemosa und Smilacina stellata

Die Indianerfrauen in Nevada tranken zur Behandlung von Menstruationsstörungen einen Tee aus den Wurzeln des ›*Falschen Salomonssiegel*‹. Zur Empfängnisverhütung wurde eine Woche lang jeden Tag eine halbe Tasse Tee aus den Blättern dieser Pflanze getrunken.

Steinsamen

Die Frauen der in Nevada lebenden Shoshonen sollen, um keine Kinder mehr zu bekommen, über sechs Monate hinweg jeden Tag einen kalten Aufguß aus Steinsamenwurzeln getrunken haben. Virgil J. Vogel berichtet, daß ein von Clellan Ford mit Mäusen durchgeführtes Experiment gezeigt hat, daß die alkoholischen Extrakte dieser Pflanze den weiblichen Zyklus unterbrechen und das Gewicht der Eierstöcke, der Thymusdrüse und der Hypophyse verringern. Der Wissenschaftler war von der Wirkung des Steinsamen so beeindruckt, daß er vorschlug, die »Grade der Wirksamkeit bei Lithosperma in P. P. U. auszudrücken (›Papoose Preventative Units‹ = Einheiten nicht geborener Indianerbabys).

Feuerkolben

Bei den Hopi verwendete man diese in Amerika heimische Art des Feuerkolbens dazu, eine zeitweise oder ständige Unfruchtbarkeit herbeizuführen, was von der Dosis abhing. Man glaubte mit einem Teelöffel voll der getrockneten pulverisierten Wurzel in einem halben Glas kalten Wassers, das man abseihte, die Empfängnis eine Woche lang zu verhindern. Zwei Teelöffel voll eines heißen Aufgusses sollten ständige Unfruchtbarkeit garantieren.

ENTZÜNDETE BRUSTWARZEN

Balsamtanne

Die Indianer verwendeten das Harz der Balsamtanne zur Behandlung von Verbrennungen, Schnittwunden und ähnlichen Verletzungen. Das manchmal auch als Kanada-Balsam bezeichnete Harz wurde früher als kühlendes

Mittel auf entzündete Brustwarzen aufgetragen. (Die Balsamtanne wird unter der Überschrift ›Brandwunden‹ ausführlicher behandelt.) Der im Nordosten der USA häufige Baum ist leicht an seinen Nadeln zu erkennen, die an der Oberseite dunkelgrün und unten weißlich sind. Die jungen Zapfen sind violett oder purpurrot und haben eine zylindrische Form.

Dreißig Prozent aller Weihnachtsbäume, die jedes Jahr in den USA geschnitten und verkauft werden, sind Balsamtannen.

Euphorbia hypericifolia

Die Cherokee bereiteten aus diesem Wolfsmilchgewächs eine Salbe (wahrscheinlich mischten sie dazu die zerdrückten Wurzeln mit tierischem Fett) und verrieben sie auf entzündeten Stellen der Haut und der Brustwarzen. Aus Pflanzen dieser Gattung wurden auch Brechmittel hergestellt. In hoher Dosierung waren mit der Einnahme Schwindelgefühle, Sehstörungen und Hitzewallungen verbunden. Wolfsmilchgewächse reizen im allgemeinen die Schleimhäute und können wie ein ätzendes Gift wirken.

Das einjährige Kraut wird zwischen 20 und 45 cm hoch, enthält einen milchigen Saft und trägt zahlreiche weiße oder rote Blüten. Es ist in Nordamerika heimisch und wächst auf trockenen Böden und Berghängen. Die Blütezeit ist von Juli bis September.

Trillium grandiflorum

Die im Staat Michigan lebenden Potawatomi zerstießen die Wurzel dieser hübschen, weißblühenden Lilienart und gossen die breiige Masse mit Wasser auf. Mit dieser Flüssigkeit wurden dann die entzündeten Brustwarzen gewaschen. Die Menominee machten bei Augenentzündungen einen feuchten Umschlag aus frisch gegrabenen

Wurzeln. Die frühen weißen Siedler nannten diese Lilienart Geburtswurzel, weil die Indianer damit die Geburtswehen einleiteten. Bei den in Kanada und Missouri lebenden Indianerstämmen fanden die Wurzeln Anwendung zur Behandlung von Ausfluß, bei zu starker Menstruation und Blutstillung nach der Geburt. Später wurden alle gängigen Sorten dieser Lilienart in der

Trillium grandiflorum
Die Potawatomi stellten aus der Wurzel dieser hübschen Lilienart ein Heilwasser her, mit dem stillende Frauen ihre entzündeten Brustwarzen wuschen.

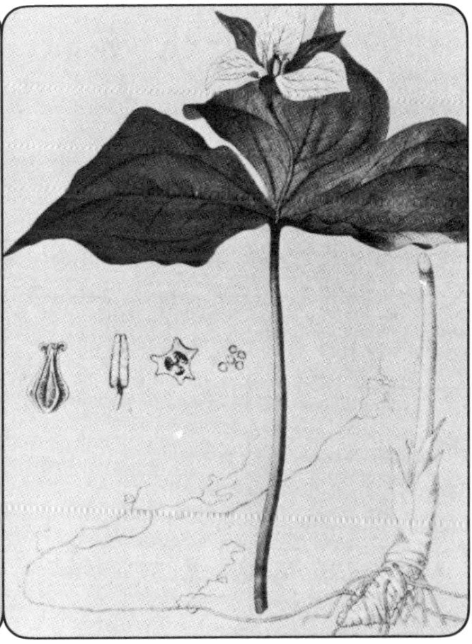

amerikanischen Medizin häufig angewendet: innerlich bei Blutungen der Gebärmutter und äußerlich für tonisierende, adstringierende und antiseptische Mittel. Die getrockneten Wurzeln und der Wurzelstock der Waldlilie (*Trillium erectum*) waren von 1916 bis 1947 im ›National Formulary‹ verzeichnet.

Zu jener Zeit verwendete man die Teile dieser Pflanze für verschiedene Zwecke, was heute nicht mehr der Fall ist.

GEBURT

Um dieses Kapitel übersichtlicher zu machen, haben wir es in vier Abschnitte unterteilt: 1. um die Geburt zu beschleunigen; 2. um den Ausstoß der Plazenta zu beschleunigen; 3. um Blutungen nach der Geburt zu stoppen; 4. um die Schmerzen zu lindern.

1. Um die Geburt zu beschleunigen:

Rebhuhnbeere

Wie immer, wenn es um Pflanzen für ›Frauenleiden‹ ging, lieferten die Indianer nur ungern Informationen über die Zubereitung und die genaue Anwendungsform der Rebhuhnbeere, die sie auch ›Squaw-Wein‹ nannten.

Rebhuhnbeere
Cherokee-Frauen tranken einen Tee aus den Blättern als wehenförderndes Mittel.

Die Cherokee sagten einem Forscher, daß sie einen Tee aus den in Wasser gekochten Blättern gaben. Die gleiche Art der Zubereitung wurde später von den in Maine lebenden Penobscot bestätigt. Einige Wochen lang vor dem voraussichtlichen Geburtstermin wurde dieser Tee häufig getrunken. Diese Pflanze, von 1926 bis 1927 im ›National Formulary‹ aufgeführt, wurde schnell zu einem beliebten Hausmittel, um die Geburt zu beschleunigen. Die Blätter wurden auch wegen ihrer tonisierenden, adstringierenden und harntreibenden Eigenschaft verwendet. Man findet dieses hübsche, immergrüne kleine Kraut im Moos am Fuß von Bäumen und vermodernden Baumstümpfen. Es wird zwischen 15 und 35 cm hoch und hat dicke, glänzende, dunkelgrüne, gegenständige Blätter, die einen guten Zentimeter lang sind. Manchmal haben sie weißliche Blattadern. Von April bis

Juni trägt die Pflanze duftende, weiße, trichterförmige Blüten. Die auffallenden scharlachroten Früchte bleiben den ganzen Winter über an der Pflanze. Sie sind zwar eßbar, haben aber keinen Geschmack.

Blauer Hahnenfuß

Die Anwendung des heimischen Blauen Hahnenfuß zur Unterstützung der Geburt war weit verbreitet, zuerst bei den Indianern und dann auch bei den weißen Siedlern, die die Pflanze ›Squaw-Wurzel‹ und ›Indianerbaby-Wurzel‹ nannten. Zur Unterstützung für eine schnelle Geburt wurde ein oder zwei Wochen lang vor dem voraussichtlichen Geburtstermin ein Aufguß der Wurzel mit warmem Wasser als Tee getrunken. Das gleiche Mittel verwendeten verschiedene Stämme auch für andere Zwecke. Bei den Menominee, Ojibwa, Meskwaki und

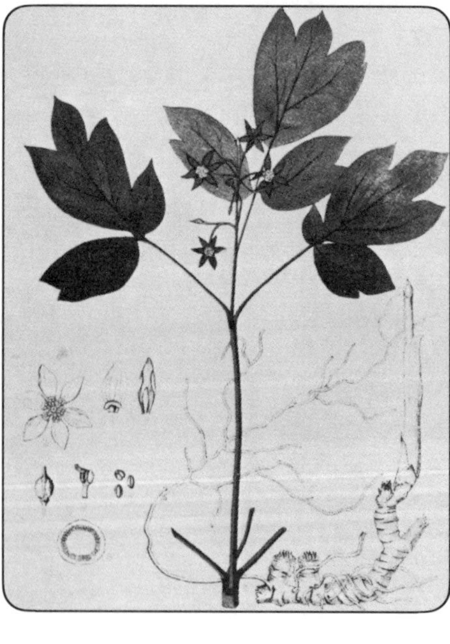

Blauer Hahnenfuß, Frauenwurzel
Diese in Nordamerika heimische Pflanze wurde bei vielen Indianerstämmen als wehenförderndes Mittel verwendet. Die Siedler, die es von den Indianern übernahmen, nannten es ›Squaw-Wurzel‹.

Potawatomi war dies ein Trank gegen ›Frauenleiden‹, bei den Omaha galt der Absud der Wurzel als wirksames Mittel gegen Fieber.

Um das Jahr 1909 wurde die Wurzel des Blauen Hahnenfuß häufig gesammelt und gehandelt. Sie brachte einen Großhandelspreis von zweieinhalb bis vier Cent das Pfund. Die getrocknete Wurzel war von 1882 bis 1905 im ›U.S. Pharmacopoeia‹ offiziell aufgeführt und wegen ihrer krampflösenden, harntreibenden und die Menstruation fördernden Eigenschaft angewendet. Ein Klinikarzt fand heraus, daß der Wurzelextrakt eine stark anregende Wirkung auf den Gebärmuttermuskel hat.

Das winterfeste Kraut meidet offenes Land und Straßenränder. Man findet es versteckt in den tiefen Wäldern von New Brunswick bis South Carolina und im Westen bis nach Nebraska. Sehr häufig wächst es in der Gegend der Allegheny Mountains. Wie aus der Illustration ersichtlich, teilt sich der Stengel an der Spitze in drei kurze Stengel mit je drei Blättern. Der Blaue Hahnenfuß wird 30 bis 90 cm hoch und trägt von April bis Mai kleine, grünliche Blüten, auf die dann im August bläuliche Samen folgen, die wie Beeren aussehen. Die Samen sollen, wenn sie geröstet werden, ein ausgezeichneter Kaffee-Ersatz sein. Für medizinische Zwecke werden die Wurzeln im Herbst gesammelt, wenn sie die meisten verwertbaren Bestandteile enthalten.

2. Um den Ausstoß der Plazenta zu beschleunigen:

Gutierrezia sarothrae

Navajo-Frauen tranken einen aus der ganzen Pflanze zubereiteten Tee, um den Ausstoß der Plazenta zu beschleunigen. Auch wurde das harzige Gewächs gekaut und die breiige Masse dann auf Bienen- und Wespenstiche und Ameisenbisse aufgetragen. Die Hopi tranken

Gutierrezia-Tee bei Magenbeschwerden. Die winterharte Pflanze ist häufig im Norden Arizonas zu finden.

3. Um Blutungen nach der Geburt zu stoppen:

Wollknöterich

Bei den Hopi gab man den Frauen bei nachgeburtlichen Blutungen einen Aufguß aus der Pflanze zu trinken.

Prunus melanocarpa

Die Frauen bei den Arikara tranken den Saft der Beeren dieser in Nordamerika heimischen Kirschenart, um Blutungen nach der Geburt zu vermeiden. Manchmal tranken sie zu diesem Zweck auch einen Tee aus zerstoßenen Malvenwurzeln, vermischt mit der gummiartigen Substanz, die diese Kirschbaumart ausscheidet.

Scharlachsumach

Die Omaha kochten die Früchte des Sumach und wandten die Flüssigkeit für äußerliche Waschungen an, um Blutungen nach der Geburt zum Stillstand zu bringen.

4. Um die Schmerzen zu lindern:

Späte Traubenkirsche

Es gibt viele Berichte über die beruhigende Wirkung dieser Pflanze. Bei den Cherokee gab man den Frauen einen aus der inneren Rinde gemachten Tee, um die Schmerzen bei Beginn der Wehen zu lindern. Dieses Mittel wurde bald von den frühen weißen Siedlern übernommen und 1820 offiziell im ›U.S. Pharmacopoeia‹ aufgenommen, die Droge wird auch heute noch wegen ihrer beruhigenden Wirkung erwähnt.

Frauenfarn

Die Indianer im heutigen Staat Washington verwendeten zur Linderung der Wehen einen Tee aus den gekochten Stengeln des Frauenfarn. Für körperliche Schmerzen im allgemeinen kochte man die Wurzelstöcke dieses Farns und trank diesen Tee.

MENSTRUATION

Die mit der Menstruation verbundenen Probleme, die die Indianer mit pflanzlichen Heilmitteln behandelten, kann man in drei Kategorien einteilen. Es gab Mittel, um eine verspätete Menstruation auszulösen, eine zu starke Blutung zu reduzieren und um Krämpfe und Schmerzen zu lindern. Während der ›Periode‹ lebten die Frauen üblicherweise getrennt von ihren Familien in separaten Zelten; ihr Leben war während dieser Zeit durch Tabus eingeschränkt. Es gibt zum Beispiel einen Bericht darüber, daß bei den Cherokee eine Abkochung des Helmkrauts »als Waschung verwendet wurde, um der schädlichen Wirkung des Essens, das menstruierende Frauen zubereitet haben, entgegenzuwirken oder um Kranke beim zufälligen Besuch einer Menstruierenden zu schützen...« (Es sei nebenbei angemerkt, daß die Frauen des Ankara-Stammes ›Binden‹ aus geräucherter Büffelhaut verwendeten.)

Abendländischer Lebensbaum

Die Frauen der Menominee tranken zur Förderung der Menstruation einen Tee aus der aufgebrühten inneren Rinde des Lebensbaums. Bei anderen Indianerstämmen fand er zur Linderung von Kopf- und Herzschmerzen und bei Schwellungen Anwendung. Das aus den Blättern gewonnene Öl wird, innerlich verabreicht, zur Förderung der Menstruation und zur Linderung rheumatischer Schmerzen eingesetzt. Das ätherische Öl ist toxisch; durch zu hohe Dosierung ist es oft zu Vergiftungen gekommen. Die Wirkung des Öls ist ähnlich wie bei Kampfer, der die Herztätigkeit anregt und in hoher Dosierung zu Krämpfen führt. Die Zweige des Lebensbaums waren von 1882 bis 1894 im ›U.S. Pharmacopoeia‹ verzeichnet, als sie für menstruationsfördernde, anregende und harntreibende Mittel verwendet wurden.

In der Zeitschrift ›The Original Journals of Lewis and Clark‹ wird beschrieben, daß die Indianer das Holz des Lebensbaums zur Herstellung von Bögen, Körben, Kanus, Hüten, Stricken und zum Dachdecken verwendeten. Da das weiche, leichte Holz sehr witterungsbeständig ist, nimmt man es auch für Zäune, Dachschindeln und Telefonmasten. Der Nadelbaum wird etwa 21 m hoch. Er wächst in Sumpfgebieten und an Flußufern von

Lebensbaum
Menominee-Frauen tranken als menstruationsförderndes Mittel einen Tee aus der inneren Rinde dieses hochwachsenden Nadelbaumes.

New Brunswick bis Manitoba und im Süden von Illinois bis North Carolina, oft in fast undurchdringlichen Wäldern. Das Holz ist rötlich, weich und fein gemasert. Die Zapfen sind 10 bis 15 cm lang, die Samen haben breite Flügel. Die Zweige sind von eng aneinandersitzenden Schuppen bedeckt. Der Lebensbaum hebt sich von den anderen Bäumen wie eine feste, gelbgrüne Säule ab.

Schlangenkraut, Warzenkraut

Bei den Indianern fand diese Pflanze unter anderem auch zur Behandlung von Frauenleiden Anwendung, deshalb wurde sie bei ihnen wahrscheinlich auch ›Squaw-Wurzel‹ genannt. Zwischen 1820 und 1936 war sie im ›U.S. Pharmacopoeia‹ verzeichnet; damals wurde sie als Beruhigungsmittel, gegen Rheuma und zur Menstruationsförderung verwendet.

Schlangenkraut
Die Indianer behandelten mit dieser Pflanze unter anderem auch ›Frauenleiden‹, was erklärt, warum sie auch ›Squaw-Wurzel‹ genannt wurde. Sie war früher im U.S. Pharmacopoeia als Beruhigungsmittel, gegen Rheuma und als menstruationsfördernde Arznei verzeichnet.

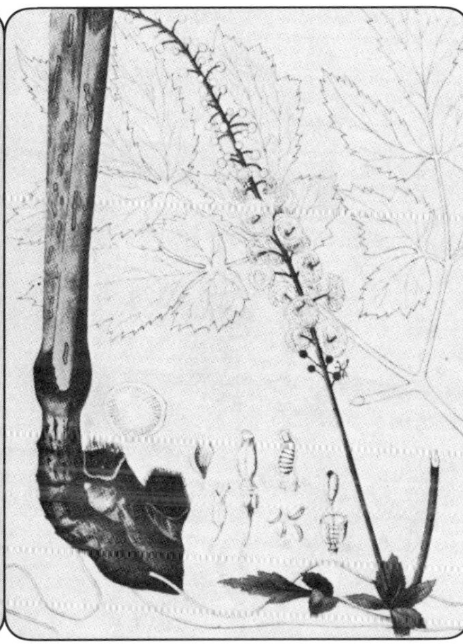

Das Schlangenkraut ist im Sommer leicht zu erkennen, wenn seine schlanken, kerzenähnlichen Blütenbüschel von 30 bis 90 cm Länge die meisten anderen Pflanzen überragen. Es wächst überall im Osten der USA. Es wurde hauptsächlich in den Blue Ridge Mountains im September gesammelt, wenn die Früchte reif waren. Die Blüten verbreiten einen sehr unangenehmen Geruch, und man dachte, er würde Insekten vertreiben. Diese Eigenschaft war offensichtlich auch Linné bekannt, denn der lateinische Gattungsname *Cimicifuga* bedeutet ›Insekten vertreiben‹. Der Artenname *racemosa* bezieht sich auf die in Büschel gruppierten Blüten.

Helmkraut

Die Cherokee-Frauen tranken bei Ausbleiben der Menstruation einen Aufguß aus diesem in Amerika heimischen Kraut, um sie auszulösen.

Helmkraut
Die Cherokee-Frauen tranken einen Tee aus diesem äußerst interessanten Kraut, um die Menstruation auszulösen.

Es ist nicht bekannt, ob die Art der Anwendung von Helmkraut üblich war, bevor Dr. Van Derveer im Jahr 1772 damit experimentierte. Jedenfalls gibt es Berichte darüber, daß diese Heilpflanze der Indianer ein wirksames Mittel zur Behandlung von Tollwut war, und das sprach sich herum. Die Leute verwendeten es immer öfter dafür, und bald war das Kraut im Volksmund als ›Kraut des verrückten Hundes‹ bekannt.

Dr. Millspaugh weist darauf hin, daß zur gleichen Familie »viele Arten gehören…, die von den Eingeborenen als Mittel gegen Tollwut angewendet werden«. Er wandte sich dann mahnend an die Kollegen von der Pharmakologie, mit dem Helmkraut doch mehr Versuche anzustellen, »da die Heilmittel der Eingeborenen immer das Ergebnis von vielen, mehr oder weniger erfolgreichen Versuchen seien«.

Das Helmkraut wurde im Jahr 1863 in Medizinerkreisen anerkannt, als das getrocknete Kraut im ›U.S. Pharmacopoeia‹ verzeichnet wurde. 1916 wurde es dort gestrichen und im ›National Formulary‹ aufgenommen. Die Pflanze galt als beruhigend und krampflösend; und es kann also gut sein, daß ihr wirklich der Wert zukommt, den man ursprünglich im Jahr 1772 festgestellt hatte.

Rainfarn

Die Pflanze wurde bereits als Mittel zum Schwangerschaftsabbruch beschrieben. Die Catawba-Frauen tranken auch einen Tee aus den Blättern, um die Menstruation zu fördern. Er wurde in Europa lange Zeit als bitterer Tee mit tonisierender Wirkung besonders empfohlen »bei Hysterie, wenn dieser Krankheit vermutlich Menstruationsbeschwerden zugrunde liegen«.

Die Blätter und Blüten enthalten harzartige Substanzen, Kampfer, Borneol und Thujon. Um Würmer in den Eingeweiden abzutöten, wurde der Rainfarn in der amerikanischen Medizin innerlich verabreicht; äußerlich angewendet tötete man damit Flöhe und Läuse.

Von Juli bis September bildet sich eine Scheindolde aus gelben Blüten. Die Pflanze wird zwischen 45 cm und 1 m hoch und wächst an den Straßenrändern von Nova Scotia bis Missouri und North Carolina.

Zur Linderung von Menstruationsschmerzen und Krämpfen tranken die Frauen der Rappahannock in Virginia einen Tee aus *Flohkrautblättern.* Die Kiowa-Frauen kochten zu diesem Zweck *Löwenzahnblüten* mit Flohkrautblättern und tranken diesen Tee. Sowohl das Flohkraut wie auch der Löwenzahn werden an anderer Stelle in diesem Buch näher besprochen.

Fieberstrauch

Der in Amerika heimische Strauch galt bei den Indianern schon als Heilkraut, bevor es Eingang in die bei den Siedlern praktizierte Medizin fand. Um Schmerzen und Krämpfe während der Menstruation zu lindern, wurde ein Tee aus den Zweigen des Fieberstrauchs getrunken. Auch die aromatischen Knospen, Beeren und die Rinde waren sehr begehrt. Mit den gemahlenen Beeren ersetzten die Amerikaner im Bügerkrieg den Jamaikapfeffer. Die Blätter dienten als Tee-Ersatz. In der amerikanischen Medizin wurde die Pflanze als schweißtreibendes und fiebersenkendes Mittel angewendet. Um rheumatische Schmerzen zu lindern, rieb man den Körper mit dem Öl des Fieberstrauchs ein. Zu Beginn unseres Jahrhunderts galt die Rinde als Mittel gegen Würmer.

Der Busch gehört zur Familie der Lorbeerarten, aus denen auch die aromatischen Stoffe Kampfer und Zimt gewonnen werden. Der in den USA heimische Strauch ist eng verwandt mit den in Südostasien wachsenden *Styraxarten.* Von ihnen stammt das Benzoeharz, das als antiseptisches, stimulierendes, harntreibendes und schleimlösendes Mittel verwendet wird. Sowohl die amerikanische wie die asiatische Art scheiden einen gummiartigen Balsam aus; dieses aromatische Harz wird in den Tempeln der Hindus als Räucherwerk verbrannt.

MILCHFLUSS

Bei den Indianern wurden die Babys gestillt, bis sie drei oder vier Jahre alt waren. Nach und nach gab man außerdem Blaubeeren oder vorgekautes Fleisch. Beim im Südwesten lebenden Stamm der Arikara ernährte man das Baby mit einer Mischung aus gemahlenem Mais und Büffelfleisch in Wasser, wenn die Mutter nicht genug Milch hatte. Zur Verbesserung des Milchflusses kannte man viele Pflanzenarten, von denen einige nachstehend kurz besprochen werden.

Lygodesmia juncea

Stillende Mütter bei den Pawnee, Ponca, Omaha und Schwarzfuß-Indianern tranken einen Tee aus den aufgebrühten Blättern. Die Cheyenne schätzten die Pflanze so sehr, daß sie den Namen ›Milchmedizin‹ erhielt. Es gibt keine Berichte darüber, daß sie auch in der Schulmedizin verwendet wurde. Uns scheint die Pflanze, da sie bei mehreren Indianerstämmen sehr häufig zur Anregung der Milchbildung angewendet wurde, sehr vielversprechend.

Das winterharte Kraut wächst überall in den Ebenen von Minnesota bis Saskatchewan, Montana, Wisconsin, Missouri, Nebraska, Kansas und Arizona. Es hat dicke, holzige Wurzeln, die oberen Blätter sind schmal und lanzettlich, die unteren breiter. Die Pflanze wird zwischen 20 und 45 cm hoch. Der Blütenkopf ist 7 bis 12 cm breit und setzt sich normalerweise aus fünf Blüten zusammen.

Zur Förderung der Milchbildung wurde auch der *Adlerfarn* verwendet. Der Wurzelstock wurde zerstoßen und mit Wasser aufgebrüht. Diese Art Tee tranken dann die Menominee-Frauen, wenn die Brustdrüsen verstopft waren. Bei den Maori in Neuseeland ist der Wurzelstock dieser Farnart ein wichtiges Nahrungsmittel, in Japan werden heute noch die Farnwedel in gekochter Form gegessen.

Weißes Christophskraut

Die Frauen der Cheyenne tranken, um den Milchfluß zu verbessern, einen Aufguß aus den Blättern des Weißen Christophskrauts. Die Pflanze ist leicht an den längli-

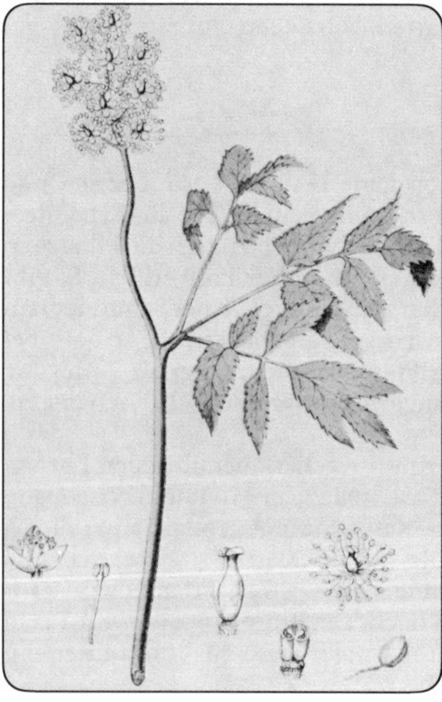

Weißes Christophskraut
Bei den Cheyenne tranken stillende Frauen zur Verbesserung des Milchflusses einen Tee aus den Blättern dieses Krautes.

chen Beeren und den dicken roten Stengeln zu erkennen. Die Beeren sind schneeweiß und haben an der Spitze einen dunkelroten Fleck.

Wolfsmilch

Den Zuñi war wahrscheinlich bekannt, daß die Pflanzen der Familie der Wolfsmilchgewächse giftig sind. Bei einem ihrer Mittel zur Verbesserung des Milchflusses durften nur ›vier Quentchen‹ der pulverisierten Pflanze genommen werden, die man in etwa einen Viertelliter warmen Maisbrei einrührte. Die blühende Wolfsmilch wurde von den Indianern dazu verwendet, den Darm zu

Wolfsmilch
Zuñi-Frauen tranken zur Anregung des Milchflusses ein Gebräu aus ›vier Quentchen‹ von dem Pulver dieser sehr gefährlichen Pflanze, das sie in etwa einem Viertelliter warmem Maisbrei verrührten.

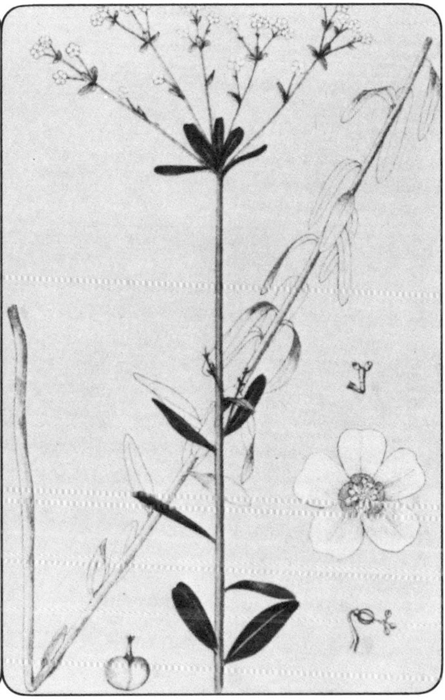

reinigen. Den milchigen Saft der Pflanze benützte man manchmal als eine Art Zugpflaster, damit Entzündungsherde schneller abheilten.

Lactuca spicata

Wenn die Brustdrüsen verstopft waren, kochten Ojibwa-Frauen die Blätter dieser Lattichart und tranken den Tee. Die Frauen bei den Meskwaki tranken einen Tee aus der damit verwandten Art *Giftlattich*, um den Milchfluß anzuregen.

Geschlechtskrankheiten

Man glaubt, daß Syphilis und Tripper erst durch die Europäer in Nordamerika eingeschleppt wurden. Die amerikanischen Ärzte früherer Zeit stimmten ebenfalls darin überein, daß Geschlechtskrankheiten dort vor der Zeit des Kolumbus unbekannt waren. Die Indianer standen deshalb diesen Krankheiten hilflos gegenüber. Sie behandelten nur die sichtbaren Symptome wie Entzündungen und Hautausschläge, da sie den Ablauf dieser Krankheiten nicht kannten. Es gibt außer Heilkrauttherapie aber auch Berichte über andere Behandlungsformen: Bei den Crow zum Beispiel mußte sich der Patient auf den Boden hocken, mit den Genitalien möglichst nahe an Felsbrocken, die man im Feuer erhitzt hatte.

Anmerkung: Tripper ist eine Schleimhautentzündung der Genitalien, die durch Gonokokken (*Neisseriea gonorrhoeae*) hervorgerufen wird. Syphilis ist eine chronisch verlaufende Geschlechtskrankheit, bei der sich zwei bis vier Wochen nach Ansteckung ein kleines rotes Knötchen zeigt, das sich zu einem harten Geschwür entwickelt. Die Krankheit wird durch Geschlechtsverkehr, Kontakt mit kontaminierten Objekten, durch Transfusionen mit infiziertem Blut oder im Geburtskanal durch eine infizierte Mutter auf den Fötus übertragen. Die spiralig gewundenen Bakterien (*Treponema pallidum*), die zu Syphilis führen, können in den Körper durch kleinste Verletzungen in der Haut oder in den Schleimhäuten eindringen. Wenn die nachfolgend genannten pflanzlichen Heilmittel wirksam gewesen sein sollten (was wir unmöglich beurteilen können), müßten sie besondere antibakterielle Substanzen enthalten.

Zanthoxylum americanum

Die Rinde und Wurzeln der in den USA heimischen Gelbholzart wurden in Süßwasser gekocht und dann wurde ein guter halber Liter dieser Abkochung auf einmal getrunken. Ein interessanter Bericht darüber, wie ein Häuptling der Winnebago um das Jahr 1766 einen weißen Händler von Tripper geheilt hat, ist in dem Buch ›Travels through the Interior Parts of North America‹ von J. Carver zu finden.

Die getrocknete Rinde dieser Gelbholzart war von 1820 bis 1926 im ›U.S. Pharmacopoeia‹ verzeichnet und wurde damals zur Behandlung rheumatischer Beschwerden angewendet. Die Beeren, die für krampflösende, anregende und Mittel gegen Rheuma verwendet wurden, waren von 1916 bis 1947 im ›National Formulary‹ aufgeführt. Das ›Dispensatory of the United States‹ vermerkt, daß verschiedene Arten Berberin enthalten, das ein leichtes Sedativ sein könnte. Vielleicht war das der Grund dafür, daß die Pflanze auch zur Behandlung von Zahnschmerzen verwendet wurde, z. B. bei den Houma, die die pulverisierte Rinde und Wurzeln in Zahnlöcher stopften. Die Alabama verwendeten zu diesem Zweck die abgeschabten Wurzeln, die Comanchen nahmen dazu die Rinde.

Ephedra trifurca

Die Navajo behandelten syphilitische Entzündungen äußerlich mit der getrockneten, zerstoßenen Pflanze. Die Hopi tranken einen Tee aus den Zweigen einer damit verwandten Art.

Balsamtanne

Die Ojibwa tranken bei Tripper eine warme Flüssigkeit, die sie aus dem zähflüssigen Saft der Balsamtanne herstellten.

Blaue Lobelie

Der botanische Name dieser Lobelie, *siphilitica,* weist darauf hin, daß sie sehr häufig zur Behandlung dieser Krankheit verwendet wurde. Die im Mohawk Valley im Staat New York lebenden Irokesen behandelten Syphilis mit einer Abkochung aus den Wurzeln; englische Ärzte übernahmen die Methode zu Beginn des 19. Jahrhunderts. Bei Dr. Millspaugh finden wir eine interessante Theorie dazu, warum die Pflanze, als sie in Europa angewendet wurde, keine Heilwirkung zeigte: »Bei den Ureinwohnern Nordamerikas soll diese Pflanze ein geheimes Heilmittel bei Syphilis gewesen sein; als sie (die Europäer) von ihnen die Pflanze kauften... als eine zur Behandlung dieser Krankheit sehr geschätzte Droge, gelang es den Ärzten in Europa doch nicht, die Krankheit

Blaue Lobelie
Die Irokesen versuchten Geschlechtskrankheiten mit einem starken Aufguß aus den Wurzeln dieser Pflanze zu behandeln. Bei den Indianern soll dieses Mittel Wirkung gezeigt haben, bei Patienten in Europa konnte keine positive Veränderung festgestellt werden.

damit zu heilen, und die Behandlung wurde eingestellt. Der schwedische Naturforscher Carl von Linné (1707–1778) hielt jedoch den Ruf, den sie bei den Indianern genoß, für gerechtfertigt und gab ihr deshalb den Beinamen *syphilitica*. Der Mißerfolg bei den Europäern mit dieser Pflanze liegt möglicherweise daran, daß die Indianer sie nicht allein, sondern immer kombiniert mit Podophyllum-Wurzeln (*Podophyllum peltatum*) und der Rinde der Wildkirsche (*Prunus virginica*) anwendeten und die Geschwüre mit der pulverisierten Rinde der Säckelblume (*Ceanothus americanus*) bestäubten. Ein weiterer Grund könnte in der Flüchtigkeit der wirksamen Bestandteile liegen, da ja die getrocknete Pflanze verwendet wurde.«

Kiefer

Die Fox und Chippewa kochten die innere Rinde der Kiefer und tranken, wenn sie an Tripper erkrankt waren, große Mengen dieses Tees.

Wildrose

Die Mescalero-Apachen behandelten Tripper mit einem Tee aus den gekochten Knospen der Wildrose.

Sumach

Man weiß nicht genau, ob die Chippewa in Minnesota und die Thompson-Indianer in British Columbia den Scharlachsumach oder den Bergsumach zur Behandlung der Gonorrhöe nahmen. Bekannt ist jedoch, daß sie die Stengel und Wurzeln in Wasser kochten. Von dem Sud wurde nur ein einziges Mal gut ein halber Liter getrunken; denn die Thompson-Indianer wußten, daß diese Pflanzen auch gefährliche Bestandteile enthalten und betrachteten sie in hoher Dosierung als giftig.

Über die Verwendung des Bergsumach bei den nordamerikanischen Indianern gibt es einen Bericht im ›Journal of the Lewis and Clark Expedition‹ aus dem Jahr 1806: »Die Chippeway verwendeten einen Aufguß der Wurzel... einer Sumachart, die in den Staaten am Atlantik und auf der Westseite der Rocky Mountains häufig wächst... Die gleichen Abkochungen wurden auch bei Gonorrhöe verabreicht, wo sie sehr wirksam sind. Obgleich es diese Krankheit auch bei den am Columbia River lebenden Indianern gibt, wird sie nur bei wenigen Menschen festgestellt, die am Oberlauf des Flusses leben; und eher bei den Männern, die der Arzt besser unter Beobachtung hat. Bei meiner ganzen Fahrt den Fluß hinunter habe ich nicht mehr als zwei oder drei Eingeborene getroffen, die an Tripper erkrankt waren und vielleicht fünf bis sechs, die Syphilis hatten.«

Den Bergsumach unterscheidet sich von anderen Sumacharten durch die geflügelte Form des Blattstiels.

Scharlachsumach
Bei mehreren Stämmen behandelte man die mit Tripper verbundenen Entzündungen äußerlich mit Waschungen aus den Wurzeln und Stengeln dieser Sumachart.

Haarpflege

Manche Mitglieder des Stammes der Thompson-Indianer in British Columbia berichteten, daß sie wunderschöne Haare hatten, solange sie Haarwaschmittel aus wilden Pflanzen benutzten. Sie glaubten, daß ihr Haar durch den Gebrauch industriell hergestellter Seifen austrocknen würde und sie vorzeitig grau werden ließe. Es kann natürlich sein, daß der ganze kulturelle Wandel zusammen mit den neuen Produkten zu einem ›vorzeitigen Ergrauen‹ geführt hat. Einige der gebräuchlichsten Haarwaschmitel sind nachstehend aufgeführt.

Bei den Hopi goß man die Blätter der Pflanze *Fallugia paradoxa* auf und verwendete die Flüssigkeit dann als Spülung, um das Wachstum der Haare zu fördern. Die Schwarzfuß-Indianer weichten die Blätter der Pflanze *Eurotia lanata* in warmem Wasser ein und nahmen die Flüssigkeit zum Haarewaschen. Als Alternative dienten die zerstoßenen Wurzeln der *Seifenwurz*.

Für den *Winterschachtelhalm* gab es vielerlei Verwendungsarten. Bei den Indianern im heutigen Staat Washington wurden die Stengel gekocht und mit dem Aufguß die Haare gewaschen, um gegen Flöhe, Läuse und Milben vorzubeugen. Beim Stamm der Makah aß man zur Behandlung von Durchfall die Spitzen der treibenden Schößlinge. Diese Farnart machte man sich auch für zeremonielle Zwecke zunutze, und zwar als Schleifmittel zum Polieren und Schärfen von Pfeilen und Muschelschalen.

Die zur Familie der Schachtelhalme gehörenden Farne fanden zwar in der amerikanischen Medizin wenig Anwendung, der *Acker-Schachtelhalm* enthält aber eine bestimmte Säure, die mit der Akonitsäure identisch sein soll. Diese Substanz ist ein wirksames Beruhigungsmittel für Herz und Nerven und hoch dosiert ein gefährliches Gift. Andere Pflanzen dieser Familie enthalten Equisetin, ein Alkaloid, das bei Vieh schon zu Vergiftungserscheinungen geführt hat. Die kalifornischen Indianer wuschen die Haare mit einem Aufguß aus den Blattwedeln des *Dornfarns,* der zur Gattung der *Tüpfelfarne* gehört. Mit der gleichen Pflanze wurden manchmal Schnittwunden behandelt; man nahm dazu die pulverisierten Wurzeln. Die Thompson-Indianer kochten die ganze Pflanze einer *Himmelsleiter-Art* und spülten damit die Haare. Mit *Tabak* und *Blauem Flachs* wurde in ähnlicher Weise verfahren. Auch eine Abkochung der *Akelei* wurde als Haarwaschmittel verwendet.

Winterschachtelhalm
Die im Staat Washington lebenden Indianer kochten die Stengel dieser Farnart und verwendeten die Flüssigkeit als Haarwasser gegen Flöhe, Läuse und Milben.

SCHUPPEN

Mais

Bei den Chickasaw rieb man sich gegen Schuppen Maiskornöl in die Kopfhaut.

Schwertfarn

Die in Kalifornien lebenden Indianer behandelten Schuppen mit einem Aufguß aus dem gekochten Wurzelstock des Schwertfarns, mit einem Aufguß aus den Farnwedeln behandelten sie Geschwüre und Entzündungen. Manchmal wurden auch die Sporenkapseln getrocknet, zerstoßen und auf Verbrennungen aufgetragen.

Raketen-Wacholder

Die Hopi rieben sich nach dem Bad die Blätter des buschigen, strauchähnlichen Raketen-Wacholder in die Haare, um Schuppen zu entfernen.

Weide

Die Chickasaw verwendeten einen Aufguß aus Weidenwurzeln für Nasenbluten, Kopfschmerzen und Ruhr. Der Aufguß aus Blättern und jungen Zweigen wurde in die juckende Kopfhaut einmassiert, um Schuppen zu entfernen.

Hämorrhoiden

Weißeiche

Von den mehr als fünfzig Eichenarten, die in den USA wachsen, war die Weißeiche immer die für medizinische Zwecke wichtigste Art, sowohl für die weißen Siedler als auch für die Indianer. Eichenrinde enthält sechs bis elf Prozent Tannin, eine Substanz, die das Körpergewebe austrocknet.

Den Indianern war die adstringierende Wirkung der Eichenrinde bekannt, und sie behandelten damit hauptsächlich Durchfall, Ruhr, Schnittwunden und Hämorrhoiden.

Die Menominee behandelten Hämorrhoiden mit einem Aufguß aus der inneren Rinde der Eiche, den sie mit einer Spritze in den Mastdarm einführten. Diese Spritze war aus der Blase eines Tieres und dem hohlen Knochen eines Vogels gemacht. Diese Art Spritze wurde von vielen Stämmen verwendet. Es gibt auch Berichte darüber, daß die Penobscot und Irokesen damit einen Aufguß der Eichenrinde in den Mastdarm gespritzt haben, um blutende Hämorrhoiden zu heilen.

Die innere Rinde der Weißeiche, die wegen ihrer adstringierenden, tonisierenden und antiseptischen Wirkung verwendet wurde, war von 1820 bis 1916 im ›U.S. Pharmacopoeia‹ verzeichnet.

Dieser Baum ist nicht nur für die Medizin wertvoll. Er liefert auch ein ausgezeichnetes widerstandsfähiges Holz, das für Möbel, Eisenbahnschwellen, Zäune, Körbe und Geräte für den Ackerbau verwendet wird.

Die Weißeiche findet sich am häufigsten in den östlichen und zentral gelegenen Staaten der USA. Der stattliche Baum wird bis zu 45 m hoch, erreicht aber normalerweise eine Höhe von 18 bis 24 m mit einem Stammdurchmesser von 90 bis 120 cm. Die graue Rinde ist rauh. Im Herbst färben sich die Blätter schön rot. Für medizinische Zwecke (d. h. wegen des Tannins) wurde die innere Rinde im Frühjahr gesammelt, denn zu dieser Jahreszeit ist ihr Gehalt an austrocknenden und blutstillenden Stoffen am größten.

Bei den Ojibwa behandelte man Hämorrhoiden mit der zerstoßenen inneren Rinde einer *Hartriegelart,* die man in den After einführte. Die Meskwaki machten sich die adstrinigierende Wirkung der *Späten Traubenkirsche* zunutze und spritzten bei Hämorrhoiden eine Abkochung aus der inneren Rinde in den Mastdarm.

Die Potawatomi injizierten mit einer Spritze aus einer Tierblase und einem Vogelknochen einen Aufguß aus der Rinde der *Weißerle.* Bei den Menominee trank man zur Behandlung von Hämorrhoiden einen Tee aus der Rinde des *Hirschkolbensumach.*

Bei den Zũni im Südwesten hatten die Medizinmänner eine ganz eigene Methode zur Behandlung blutender Hämorrhoiden entwickelt. In den Mastdarm wurde ein paarmal ein angefeuchtetes Stück von einem Hasenbalg eingeführt. Dann tauchte der Medizinmann den ebenfalls angefeuchteten Zeigefinger in eine Schüssel mit pulverisierter *Thalesia fasciculata* und führte ihn in die Körperöffnung ein. Die Hämorrhoiden sollen durch diese Behandlung sehr schnell abgeheilt sein.

Hautkrankheiten

Hautausschläge und Jucken können auch Anzeichen innerer Störungen sein. Die amerikanischen Indianer behandelten diese äußerlich in Erscheinung tretenden Krankheiten mit vielen Pflanzen, von denen einige hier aufgeführt werden. Der Leser kann auf bestimmte Kategorien wie ›Pusteln‹, ›Vergiftung durch Giftsumach und Gifteiche‹ und ›Geschwüre‹ zurückgreifen. Auch wenn Hautkrebs und Dermatophytose der Füße nicht unbedingt in diese Kategorie gehören, sollen sie doch der Einfachheit halber hier behandelt werden.

Indianernessel

Die Winnebago kochten die Blätter dieser Nesselart und verwendeten das daraus gewonnene Öl, um Pusteln auszutrocknen, während die Schwarzfuß-Indianer die gekochten Blätter direkt auf die betroffenen Hautstellen auflegten.

Waldrebe

Die in British Columbia lebenden Thompson-Indianer behandelten Ekzeme und Krätze mit einem schwachen Aufguß aus der Waldrebe. Diese Kletterpflanze rankt sich an Zäunen und Bäumen empor und trägt zahlreiche kleine, weiße Blüten, auf die dann bald glänzend weiße, flaumige Büschelchen folgen. Weil das so hübsch aussieht, wird diese Pflanze in Amerika ›Freude des Reisenden‹ genannt

Senecio longilobus

Die Hopi behandelten Pusteln mit einem Pulver aus den Blättern dieser Kreuzkrautart. Der Aufguß aus den pulverisierten Wurzeln war bei den Zuñi ein Mittel gegen Knochenschmerzen. Die Pflanze wächst auf Wiesen und ist besonders dort häufig zu finden, wo Büffelgras wächst.

Erdmandel

Die Paiute-Indianer zerstießen die Knollen der winterharten Erdmandel, mischten sie mit Tabakblättern und wendeten diese Masse als feuchten Umschlag bei Dermatophytose an. Die Pflanze wächst in den Feuchtgebieten vom südlichen Kanada bis nach Florida und Texas und auch an der Pazifikküste bis hoch nach Alaska.

Säckelblume

Während des amerikanischen Bürgerkriegs war die niedrigwachsende Säckelblume eines der beliebtesten Ersatzmittel für Tee aus dem Orient. Da die Pflanze kein Koffein enthält, konnten sich manche nicht damit anfreunden, obwohl er ausgezeichnet schmeckt. Die Cherokee verwendeten die Pflanze für Waschungen bei Hautkrebs und bei Entzündungen der Geschlechtsteile. Die Säckelblume wächst in trockenen, offenen Wäldern von Manitoba bis Maine und im Süden bis zum Golf von Mexiko.

Schotendotter

Die Zuñi zerstießen diese Pflanze, mischten das grobe Pulver mit Wasser und verwendeten diesen Brei gegen Sonnenbrand. (Normalerweise rieben sich die Indianer mit dem Fett verschiedener Säugetiere und Vögel oder mit Fischöl ein, um ihre Haut vor den Sonnenstrahlen zu schützen.) Schotendotter ist die einzige Pflanze, von der diese Anwendung bekannt ist. Der aus dem Griechischen kommende Gattungsname *Erysimum* bedeutet »Blasen öffnen«.

Zur Behandlung von Krätze kannte man viele Pflanzen. Die in Kalifornien lebenden Pomo kochten die Rinde einer dort häufigen Weidenart (*Salix lasiolepis*) und nahmen die Flüssigkeit für Waschungen. Der Stamm der Potawatomi benützte dazu die Rinde der *Weißerle*. Die Meskwaki bevorzugten die Rinden der *Weißesche* und die Alabama kochten die innere Rinde einer *Gelbholzart*.

BLASEN, PUSTELN

Wintergrün

Der Gattungsname dieser Pflanze – *Chimaphila* – leitet sich von den griechischen Wörtern für ›Winter‹ und ›Freund‹ ab. Die im Nordosten beheimateten Stämme der Mohegan und Penobscot brühten die Pflanze mit warmem Wasser auf und wandten sie äußerlich an, um Eiterblasen zu öffnen. Die Thompson-Indianer in British Columbia zerstießen die ganze frische Pflanze und trugen diese Masse als feuchten Umschlag bei Schwellungen an den Unterschenkeln und Füßen auf. Wintergrün wurde von anderen Stämmen auch innerlich angewendet gegen Rheuma, Rückenschmerzen, als schweißtreibendes Mittel etc. Das ›Dispensatory of the United States‹ sagt jedoch, daß die Pflanze aus medizinischer Sicht nicht wervoll ist.

Wintergrün war einmal ein sehr populäres Heilmittel bei den frühen Siedlern; besonders die Deutschen in Pennsylvania bereiteten daraus einen schweißtreibenden Tee. Die Pflanze wurde im ›U.S. Pharmacopoeia‹ von

1820 bis 1916 offiziell wegen ihrer adstringierenden und das Gewebe austrocknenden Eigenschaft aufgeführt.

Diese Wintergrün-Art wird selten mehr als 30 cm hoch. Die glänzenden, hellgrünen Blätter sind vorne breit und zwei bis gut fünf Zentimeter lang. Wintergrün gedeiht in trockenen Wäldern und trägt an der Spitze der hohen, aufrechten Stengel weiße oder rosafarbene Blütenbüschel.

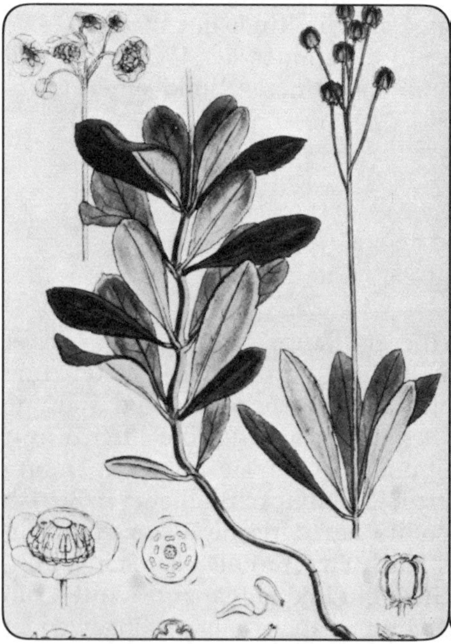

Wintergrün
Die Mohegan und Penobscot gossen das Kraut mit warmem Wasser auf und wendeten die Flüssigkeit äußerlich an, um Geschwüre zu öffnen.

Sonnenblume

Die Indianer vom Stamm der Ojibwa zerquetschten die Wurzel der Sonnenblume zwischen Steinen, bis sie eine dicke, breiige Masse erhielten. Dieser Brei wurde dann als feuchter Umschlag verwendet, um Eiterblasen zu öffnen.

Es gibt keine weiteren Hinweise darauf, daß diese Art bei den Indianern noch für andere medizinische Zwecke verwendet wurde.

Eine nahe Verwandte jedoch, die *Einjährige Sonnenblume*, wird wegen des wertvollen Öls häufig angebaut und verwertet.

Sie ist nicht nur in Amerika heimisch; sie wird auch in der Sowjetunion, in Bulgarien, Indien und China ange-

Sonnenblume
Die Ojibwa zerdrückten die Wurzeln dieser Pflanze zwischen Steinen und verwendeten die Masse dann für feuchte Umschläge, um Geschwüre zu öffnen.

baut. Das Öl wird zur Herstellung von Seifen, Kerzen, Russischem Lack und Holländischer Emailfarbe, aber auch als Speiseöl verwendet.

Die Stengel und Blätter der Pflanze werden als Viehfutter genutzt, die Blüten liefern Honig. Und schließlich dient das Mark der Stengel als Objektträger in der Mikroskopie.

GESCHWÜRE

Krauser Ampfer

Beim Stamm der Teton-Dakota band man einige zerdrückte Blätter des Krausen Ampfer um die Geschwüre, damit der Eiter abfloß. Die Ojibwa legten zerdrückte Wurzeln auf Schnittwunden auf. Eine mit dem Krausen Ampfer verwandte Art wurde bei einer ganzen Reihe von Leiden bei den Choctaw, Chickasaw, Pima, Wichita, Pawnee, Houma und Meskwaki verwendet. Diese Pflanzengattung war in der indianischen Medizin offensichtlich sehr populär.

Die in Europa heimische Pflanze wurde schon seit der Antike in der Medizin verwendet; erst die europäischen Siedler brachten sie nach Amerika. Ursprünglich fand die Wurzel als Abführmittel und mildes adstringierendes Tonikum Anwendung.

Im späten 19. Jahrhundert war man der Meinung, daß ein Aufguß der Pflanzenwurzeln mit kochendem Wasser »bei Verdauungsstörungen, Neigung zu Gicht, Blutandrang in der Leber, Skrofulose, Syphilis, Aussatz, Elefantiasis und verschiedenen Formen von schorfigen Hautausschlägen hilfreich ist… (und) er ist auch ein ausgezeichnetes Zahnputzmittel, besonders bei weichem Zahnfleisch«.

Ich zitiere diese recht lange Liste medizinischer Anwendungen nicht, um die Ärzte unserer Urgroßväter einfältig erscheinen zu lassen.

Ich schließe vielmehr daraus: Erwies sich ein bestimmtes Mittel bei irgendeinem Leiden erfolgreich, wurde es auch bei vielen anderen Krankheiten ausprobiert und brachte in manchen Fällen wahrscheinlich Heilung. Man könnte das die empirische Methode nennen: alles ausprobieren, irgend etwas muß wirken!

Um die Jahrhundertwende wurden die Wurzeln dieser Pflanze in der amerikanischen Schulmedizin anerkannt und »zur Blutreinigung und Behandlung von Hautkrankheiten« empfohlen.

Obwohl die Wurzeln des Krausen Ampfer von 1863 bis 1905 im ›U.S. Pharmacopoeia‹ aufgenommen worden waren, stellte ein Mediziner später im ›Dispensatory of the United States‹ fest:

»Ampferwurzeln wirken mild abführend und adstringierend. Zur Zeit der legendären Therapeuten wurden sie bei Syphilis und chronischen Hautkrankheiten angewandt, sind aber nicht wirklich von medizinischem Wert.«

Euphorbia brachyera

Die Navajo nannten diese Wolfsmilchart Pickelmedizin. Man kaute die Pflanze und rieb mit dem Brei Geschwüre und Pickel ein.

Stiefmütterchen

Es liegen Berichte aus dem 17. Jahrhundert vor, daß ein nicht identifizierter Indianerstamm die zerdrückten Blätter des gelb blühenden Stiefmütterchens als Heilmittel für Geschwüre und Geschwülste verwendete. Man kann die medizinische Anwendung des Stiefmütterchens aber bis in die Antike zurückverfolgen. Es könnte also sein, daß die Indianer dieses pflanzliche Heilmittel von den neu angekommenen Europäern übernommen haben. Gegen Ende des 19. Jahrhunderts galt das Stiefmütterchen in zerriebener Form als besonders hilfreich bei verschiedenen Hautkrankheiten wie Impetigo (infektiöse Hautkrankheit), eitrigen Ausschlägen und Krätze. Diese hübsche, inzwischen auch in Amerika heimisch gewordene Pflanze wächst wild auf trockenen, sandigen Böden und blüht von April bis Juli. Man findet sie auch häufig als Kulturpflanze, von der es bereits viele Varianten gibt.

RINGELFLECHTE (TINEA)

Schwarzbirke

Die Catawba kochten die Knospen dieses Baumes so lange, bis sie zu einer breiigen Masse geworden waren, und gaben dann noch Schwefel dazu. Diese Salbe wurde äußerlich auf die erkrankte Haut aufgetragen. Ein Öl, aus einer verwandten Birkenart gewonnen, wird in der Medizin zum Abtöten von Parasiten und als antiseptische Lotion bei Hautkrankheiten verwendet.

Giftsumach

Die Indianer in Südkalifornien behandelten die Ringelflechte mit einem Brei aus Giftsumachblättern. Bei manchen Stämmen wurde die Pflanze dazu verwendet, den Eiterungsprozeß bei Beulen zu beschleunigen.

Giftsumach
Die Indianer in Südkalifornien behandelten die Ringelflechte oder Tinea mit einem Brei aus Giftsumach-Blättern.

Es ist zwar allgemein bekannt, daß diese Pflanze Hautreizungen hervorruft, in Europa wurde sie jedoch zuerst für das Gegenteil verwendet. Ein Mann, der sechs Jahre lang an einer Herpesinfektion am Handgelenk gelitten hatte, kam zufällig mit den Blättern in Berührung, wurde geheilt und berichtete seinem Arzt, Dr. Fresnoy, von diesem Wunder. Bald behandelten die Ärzte schwere Herpesinfektionen mit dieser Pflanze!

Maulbeerbaum

Die in Virginia lebenden Rappahannock behandelten Ringelflechte, indem sie den Milchsaft aus den Blattachsen in die Kopfhaut einrieben. In Europa wurde die Wurzelrinde in Wasser gekocht, der Aufguß abgeseiht und getrunken, um Bandwürmer abzutöten. Alle Maulbeerarten sind medizinisch auch wegen ihrer abführenden Wirkung bekannt.

Maulbeerbaum
Die Rappahannock in Virginia behandelten Ringelflechte durch Einreiben der Kopfhaut mit dem milchigen Pflanzensaft von Maulbeerblättern.

Neben der *Blutwurzel*, mit der die Irokesen die Ringelflechte behandelten, ist nur noch eine einzige Pflanze als spezielles Naturheilmittel der Indianer bekannt: die *Seidenpflanze*. Die Rappahannock rieben sich mit dem milchigen Saft ein.

WARZEN

Feigenkaktus

Die meisten Kakteenarten waren für die Indianer eine wichtige Nahrungsquelle; sie wurden weniger häufig als pflanzliche Heilmittel verwendet. Es gibt jedoch einen detaillierten Bericht darüber, daß die Schwarzfuß-Indianer Warzen und Leberflecken mit dem faserigen Gewebe

Feigenkaktus
Die Schwarzfuß-Indianer öffneten Warzen und legten das faserige Gewebe dieser Kaktusart darauf.

der *Opuntie* behandelten. Mit den geschälten Stengeln verbanden sie ihre Wunden. Im späten 19. Jahrhundert wurden die frischen Blüten und grünen Fruchtknoten gelegentlich durch Ärzte verwendet. Bei Lungenleiden verabreichte man ein Getränk aus den in Wasser gekochten Sproßgliedern. Die gleichen Teile der Pflanze wurden gebacken und auf frische Wunden aufgelegt.

Der Feigenkaktus bevorzugt felsige und sandige Standorte; er ist auch in den trockenen Ebenen des Südwestens zu finden. Von Mai bis Ende Juni trägt er hellgelbe Blüten.

Die Catawba behandelten Warzen mit dem milchigen Saft verschiedener Arten der *Seidenpflanze*. Obwohl *Podophyllum* hauptsächlich bei Verstopfung eingenommen wurde, behandelten die Penobscot Warzen mit der

Seidenpflanze
Bei den Catawba rieb man Warzen mit dem milchigen Saft dieser Pflanze ein.

zerdrückten Wurzel dieser Pflanze. Erwähnenswert ist noch das *Schöllkraut* oder Warzenkraut. Es gibt zwar keine Berichte darüber, daß es von den Indianern verwendet wurde; der gelbe Saft dieses Krauts war aber ein sehr beliebtes Hausmittel zur Behandlung von Warzen und Hühneraugen. Die Pflanze gehört zur Schlafmohnfamilie und enthält fünf bis sieben Alkaloide. Sie war früher als beruhigendes und entschlackendes Mittel im ›U.S. Pharmacopoeia‹ verzeichnet. Das Schöllkraut kam aus Europa nach Amerika; man findet es im Nordosten der USA und im südlichen Kanada auf fetten, feuchten Böden an Straßenrändern und an Einzäunungen. Die Pflanze ist leicht an ihren kleinen, schwefelgelben Blüten zu erkennen, die sich von April bis September bilden. Ihre Stengel scheiden einen gelborangen Saft aus.

Herz- und Kreislaufprobleme

Grüne Nieswurz

Die Cherokee linderten mit der Grünen Nieswurz allerlei Körperschmerzen. Die in Britisch Columbia lebenden Thompson-Indianer kochten die Wurzeln einer verwandten Art (*V. californicum*) und tranken eine kleine Menge von diesem Aufguß bei Syphilis und Blutkrankheiten.

Grüne Nieswurz *Diese Pflanze wurde bei mehreren Stämmen zur Behandlung unterschiedlicher Krankheiten verwendet. Erst die weißen Siedler machten daraus Herz- und Beruhigungsmittel.*

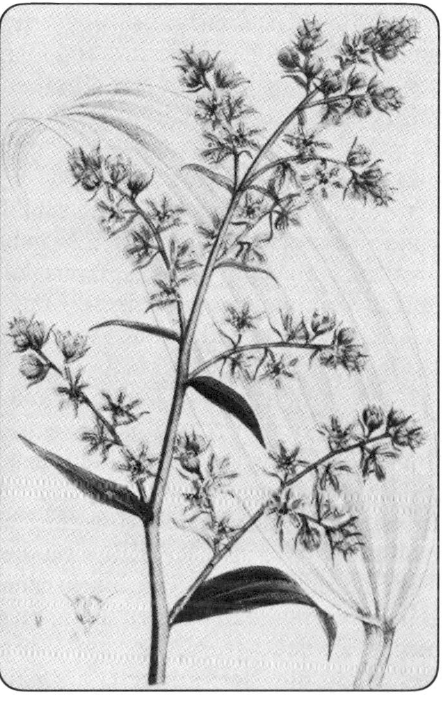

John Josselyn, einer der ersten Erforscher Amerikas, hat 1638 beobachtet, daß die Wurzel von den jungen Indianerkriegern für eine Prüfung zur Wahl eines Häuptlings verwendet wurde: »Der, dessen Magen der Wirkung am längsten widerstand, war der stärkste von allen und hatte damit das Recht, allen anderen Befehle zu erteilen.« Bei den frühen Siedlern wurde die Grüne Nieswurz gekocht; mit der Flüssigkeit nahm man Waschungen gegen Läuse, Flöhe usw. vor. Der getrocknete Wurzelstock und die Wurzeln wurden später in der Medizin dazu verwendet, die Herztätigkeit zu verlangsamen und die Nerven zu beruhigen. Die giftige Pflanze enthält die Alkaloide Jervin, Pseudo-Jervin und Veratridin sowie einige andere weniger wichtige Bestandteile. Im ›Dispensatory of the United States‹ wird die Pflanze als »ein sehr wertvolles Mittel zur Blutdrucksenkung bei verschiedenen mit Bluthochdruck verbundenen Leiden« beschrieben. Und das will schon etwas heißen, denn das ›Dispensatory‹ steht pflanzlichen Heilmitteln normalerweise skeptisch gegenüber.

Die Grüne Nieswurz war im ›U.S. Pharmacopoeia‹ in der Zeit von 1820 bis 1942 und im ›National Formulary‹ von 1942 bis 1960 verzeichnet. Man benützte sie, um den Blutdruck zu senken, die Herztätigkeit zu verlangsamen und die Nerven zu beruhigen. Inzwischen wurde diese pflanzliche Droge allerdings von synthetischen Mitteln verdrängt.

Das Gewächs ist auf feuchten Wiesen und überall im Osten und in den zentral gelegenen Staaten der USA zu finden. Sogar im hohen Norden, in Kanada und Alaska, gedeiht sie noch. Der dicke, gerade Stengel wird bis zu 1,8 m hoch und trägt hellgrüne längliche Blätter, die sehr groß und breit sind. Auffällig sind die parallel verlaufenden Blattadern. Von Mai bis Juli erscheinen grünlichgelbe Blüten, die in offenen Trauben stehen. Für medizinische Zwecke grub man den Wurzelstock im Herbst aus, wenn die Blätter bereits abgestorben waren.

Indianerhanf und Fliegenfängerwurzel

Die beiden in Amerika heimischen und zur gleichen Familie gehörenden Pflanzen kennt man aus der indianischen Heilkunde; sie wurden später auch von den Schulmedizinern anerkannt. Sie enthalten interessanterweise eine mit Digitalis, einem häufig zur Stärkung des Herzens verabreichten Heilmittel, eng verwandte Droge. Die *Fliegenfängerwurzel* wurde lange Zeit von den Prärie-Potawatomi als Herzmittel verwendet. Die noch grünen Früchte wurden gekocht und die Abkochung dann getrunken. Auch bei Nierenleiden und Wassersucht, bei der Flüssigkeit im Gewebe angesammelt wird, fand sie Anwendung. Eine solche Ansammlung von Flüssigkeit im Körper ist normalerweise auf eine Störung der Herz- oder Nierentätigkeit zurückzuführen. Da inzwischen

Fliegenfängerwurzel
Die in der Prärie lebenden Potawatomi kochten die grünen Früchte der Pflanze und tranken diesen Tee als Herzmittel.

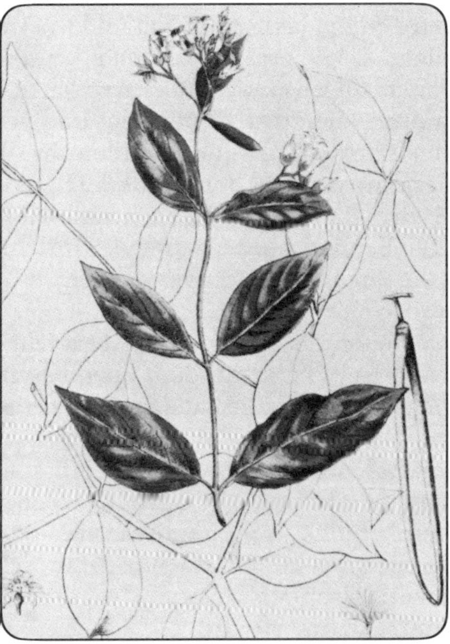

nachgewiesen ist, daß Indianerhanf und Fliegenfängerwurzel die Herztätigkeit anregen und verstärken, kann man annehmen, daß die indianischen Ärzte viel vom Kreislauf verstanden und aus ihrer Umgebung die Pflanze auswählten, die ein nicht richtig funktionierendes Organ unterstützen konnte. Beide Pflanzen waren im ›U.S. Pharmacopoeia‹ verzeichnet. Das ›Dispensatory of the Unites States‹ sagt, daß sie »als Ersatz für Digitalis bei der Behandlung chronischer Herzkrankheiten verwendet wurden« und daß sie »in mäßiger Dosis verabreicht, den Puls senken und die Kontraktionen des Herzmuskels verstärken...« Der einzige Nachteil bei klinischer Verwendung ist, daß diese Droge den Darm reizt und so unangenehme Nebenwirkungen haben kann.

Wie die meisten Pflanzen dieser Familie enthält der *Indianerhanf* einen milchigen Saft. Das Kraut wächst in Dickichten, an Zäunen und auf brachliegenden Feldern, wird 60 cm bis 1,2 m hoch und trägt von Juni bis August dicke Köpfchen aus kleinen, grünlich-weißen Blüten. Ihnen folgen die charakteristischen schlanken Samenhülsen, die etwa 10 cm lang und vorne spitz sind. Für medizinische Zwecke wurden die Wurzeln im Herbst gesammelt. Aus der Rinde fertigten die Indianer auch Zwirn, Netze zum Fischen und nähten sogar Segel daraus. Bei den Kiowa wurde der milchige Pflanzensaft als eine Art Kaugummi verwendet.

Das auch als Indianerhanf bezeichnete *Marihuana* ist botanisch nicht mit dem oben beschriebenen Indianerhanf verwandt und hat damit, pharmakologisch gesehen, auch keine Ähnlichkeit. Marihuana war jedoch früher einmal offiziell im ›U.S. Pharmacopoeia‹ verzeichnet und wurde immer dann angewendet, wenn man eine beruhigende, schmerzlindernde oder narkotisierende Droge brauchte. Man denke daran, daß ein ›Narkotikum‹ medizinisch als »Mittel, das zu Betäubung oder Schlaf führt« definiert wird.

Wegen des derzeit großen Interesses an dieser Droge fügen wir hier eine der Illustrationen von Dr. Millspaugh ein, die er von Pflanzen malte, »die am 26. Juli 1886 in Union, N.Y., wuchsen«. Es ist sicher interessant zu erfahren, wie Marihuana früher in der Praxis des Allgemeinen Arztes angewendet wurde:

»Die Droge wird überall da angewendet, wo man ein schmerzlinderndes, einschläferndes oder krampflösendes Mittel für angebracht hält. Man kann kaum die ganzen Krankheiten aufzählen, bei denen sein Einsatz sinnvoll ist, denn die Wirkung des Marihuana ist fast als homöopathisch zu bezeichnen und jede Krankheit sollte deshalb individuell behandelt werden. Als Krankheiten, bei denen die Kollegen der Alten Schule mit dieser Droge die deutlichste Wirkung erzielten, könnte man jeoch nennen: septischer Wundstarrkrampf, Tripper, Weißfluß, Entzündung der Schleimhäute von Blase und Harnröhre, Schmerzen beim Wasserlassen, Fieberwahn und Melancholie.«

Bevor wir uns wieder den Herzmitteln der Indianer zuwenden, möchte ich, um die Bobachtungen Dr. Millspaughs zu Marihuana zu vervollständigen, noch kurz aus dem Abschnitt seines Buches über die »physiologische Wirkung« der Pflanze in Tinkturen und Aufgüssen zitieren.

Die folgenden Auswirkungen wurden von fünf Ärzten notiert, die die Droge einer nicht bekannten Zahl von Patienten verabreichten:

»Depression und Geistesabwesenheit; Verwirrung, Schwindelanfälle und Verstopfung, gefolgt von Kopfschmerz; Ohrenschmerzen, Zahnschmerzen; Trockenheit von Mund, Hals und Lippen; Appetitlosigkeit; Übelkeit und Erbrechen nach Kaffeegenuß, leichte Entzündung der Harnröhre und reduzierter Harnfluß; ungewollte sexuelle Erregung; Druck auf der Brust und Herzklopfen; Schwäche der Gliedmaßen; Hautjucken und schwere Träume.«

Zum Abschluß möchte ich hier noch eine Besprechung der Eigenschaften und Anwendungen von Marihuana aus der Buchreihe ›Medicinal Plants‹ einfügen, die 1880 bei Bentley in London erschienen ist. Marihuana war zu jener Zeit in den Arzneimittelbüchern von Großbritannien und Indien verzeichnet.

»Marihuana ruft einen besonderen Rauschzustand hervor, der mit sehr heiterer Stimmung und Halluzinationen verbunden ist, die im allgemeinen angenehm sein sollen. Darauf folgt die narkotische Wirkung, Benommenheit und Schlaf. Die schmerzlindernde und einschlä-

fernde Wirkung ist ähnlich wie bei Opium, allerdings sind die Nachwirkungen weniger unangenehm. Es verursacht weder Verstopfung noch Appetitlosigkeit. Marihuana wird in der Medizin hauptsächlich wegen seiner krampflösenden und schmerzlindernden Wirkung angewendet. Es wird bei verschiedenen Neuralgien, krampfartigen Hustenanfällen wie Keuchhusten und Asthma verabreicht und auch bei Wundstarrkrampf, Tollwut und anderen mit Krämpfen verbundenen schmerzhaften Krankheiten. Manchmal, aber sehr selten, wird es als Schlafmittel angewandt.«

Marihuana
Dieses berüchtigte Kraut wurde in der indianischen Medizin nicht verwendet, war aber früher als Arzneimittel im U.S. Pharmacopoeia verzeichnet und wurde als Beruhigungsmittel, zur Schmerzlinderung und als Narkotikum verabreicht.

Pfaffenhütchen

Dieser in Amerika heimische Strauch wurde von den Indianern zur Behandlung verschiedener Leiden genützt (bei Problemen der weiblichen Fortpflanzungsorgane, als Abführmittel, für Waschungen der Augen etc.). Die Rinde dieses Strauches wurde jedoch durch die ersten Siedler bald zu einem sehr populären harntreibenden Mittel. Erst nach 1912, als ein Bericht über die digitalisähnliche Wirkung dieser Pflanze auf das Herz veröffentlicht wurde, machte man sich die Eigenschaften des Strauches auch häufig zur Behandlung von Herzleiden zunutze.

Der Strauch wächst in feuchten, lichten Wäldern und an Flußufern von den Oststaaten der USA bis nach Montana im Westen. Er wird 2 bis gut 7 m hoch, hat eine graue Rinde und gegenständige Blätter. Auf die purpurroten Blüten, die im Juni erscheinen, folgen im Oktober die in der Farbe blasseren Früchte. Danach brechen die

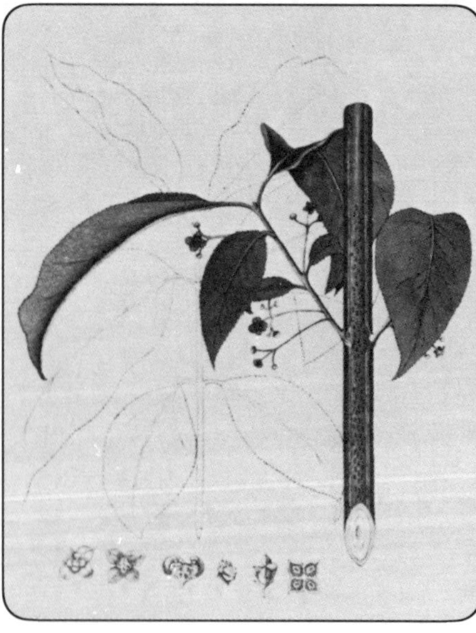

Pfaffenhütchen
Dieser in Nordamerika heimische Strauch wurde von den weißen Siedlern bald für harntreibende Mittel verwendet, ebenso für Herzmittel, da die Wirkung der von Digitalis ähnelt.

Früchte auf und geben ihr feuerrotes Inneres frei, was besonders ins Auge fällt, wenn die Blätter schon abgefallen sind und es schon geschneit hat. Das ist auch der Grund, warum dieser Strauch ›Brennender Busch‹ genannt worden ist.

Für medizinische Zwecke wurde die Rinde des Strauches, die süßlich schmeckt, im Herbst gesammelt. Es muß angemerkt werden, daß die auffallenden Früchte zwar manchmal gegessen wurden; manche Fachleute stufen sie aber als giftig ein und raten deshalb von ihrem Genuß ab.

Infektionskrankheiten

MASERN

Ausgrabungen haben ergeben, daß es die Masern vor Ankunft der Europäer bei den amerikanischen Indianern nicht gab. Es wird berichtet, daß ein ganzer Stamm durch den Kontakt mit einem kranken Reisenden ausgerottet wurde.

Wie zu erwarten, fanden die Indianer pflanzliche Heilmittel, um gegen das mit der Krankheit verbundene hohe Fieber und das damals noch unbekannte Virus anzugehen.

Tüpfelfarn

Die im Staat Washington lebenden Cowlitz-Indianer behandelten Masern mit einem Tee aus dem zerstoßenen, gekochten Wurzelstock dieser Farnart, gemischt mit Tannennadeln. Bei Husten kauten sie den gerösteten Wurzelstock und schluckten den Saft langsam hinunter.

Sassafras, Fenchelholz

Die in Virginia lebenden Rappahannock tranken einen Aufguß aus Sassafraswurzeln, um den Krankheitsverlauf bei Masern zu beschleunigen und das Fieber zu senken. Auch die Houma kannten dieses Mittel. Bei den meisten im Osten der USA lebenden Indianerstämmen wurde diese Pflanze für verschiedene medizinische Zwecke verwendet.

Sassafras war in der Frühgeschichte der USA einer der wichtigsten Exportartikel. Das meiste ging nach England, wo man Sassafras zur Behandlung von Koliken, Geschlechtskrankheiten, Schmerzen etc. einsetzte. Der Baum ist in Nordamerika heimisch und wurde (nach den Indianern) von den Spaniern entdeckt, die 1538 Florida eroberten. Sie hielten ihn wegen des Duftes für einen Zimtbaum (dieses Gewürz kommt aus Ceylon). Um 1560 brachte man Sassafras nach Spanien, wo es als Heilmittel für verschiedene Krankheiten sehr beliebt wurde.

Sassafras war in der amerikanischen Medizin ein wichtiges ›tonisierendes‹ Mittel. Praktische Ärzte auf dem Land verschrieben Sassafras-Tee besonders gern zur Senkung von hohem Blutdruck und als Fiebermittel bei Erkältungen. Die in Pennsylvania lebenden Deutschen tranken Tee aus den Blüten zur Fiebersenkung und machten aus den Beeren einen Wein, den sie bei Erkältung zu sich nahmen.

Sassafras
Die Rappahannock in Virginia tranken einen Tee aus Sassafraswurzeln zur Fiebersenkung und um den Krankheitsverlauf bei Masern zu beschleunigen.

Derivate dieses Baums werden auch heute noch bei einer ganzen Reihe von industriell hergestellten Produkten gebraucht. Das aromatische Öl findet in der Zahnheilkunde als antiseptisches Mittel Anwendung, es dient als Duftstoff und als Zutat für Kaugummi, Zahnpasta und Mundwässer.

Die Wurzelrinde war von 1820 bis 1926 im ›U.S. Pharmacopoeia‹ verzeichnet. Das darin enthaltene ätherische Öl wurde damals zur Schmerzlinderung angewendet.

Sassafras wächst in den Waldgebieten von Maine bis Ontario und im Süden bis nach Florida und Texas. Im Norden hat es die Größe eines Strauchs, im Süden wird der Baum bis zu dreißig Meter hoch. Die graue Rinde hat unregelmäßige Furchen, die Blätter sind recht unterschiedlich geformt, von oval bis breit. Die aromatischen, gelbgrünen Blüten erscheinen im April oder Mai. Die dunkelblauen Früchte von der Größe einer Erbse reifen im September heran.

MUMPS

Die amerikanischen Indianer wußten sehr wenig von dieser Viruskrankheit. Wahrscheinlich existierte sie vor Ankunft der Europäer auf diesem Kontinent hier nicht. Wie bei so vielen ›neuen‹ Krankheiten, starben viele Ureinwohner daran, denn sie entwickelten nur Mittel zur Behandlung der Symptome. Manche Stämme waren durch diese ›neue‹ Krankheit so verwirrt, daß sie dachten, es läge an dem Rindfleisch, das sie neuerdings aßen. Driver sagt:

»Die Tatsache, daß sie aus den Dutzenden oder Hunderten von Dingen der Weißen, auch Rinder übernommen haben, spiegelt die hartnäckig weiterbestehende Vorstellung der Ureinwohner wider, daß die meisten Krankheiten von Tieren kommen.«

Mumps, die durch entzündete Ohrspeicheldrüsen, Kopfschmerzen und Fieber gekennzeichnete Krankheit, wurde in verschiedenen Fällen mit pflanzlichen Mitteln behandelt, die später im ›U.S. Pharmacopoeia‹ aufgrund ihrer beruhigenden und harntreibenden Wirkung aufgenommen wurden. Wir erkennen darin Anzeichen einer klugen, intuitiven Medizin. Die moderne Behandlungsform von Mumps besteht normalerweise in einer flüssigen Diät zur Förderung des Harnflusses (ein harntreibendes Mittel wie die unten erwähnte Rot-Zeder verstärkt diesen) und Bettruhe.

Rot-Zeder

Bei verschiedenen Indianerstämmen wurden die Früchte und Blätter der Rot-Zeder gekocht und dieser Tee bei Husten, Erkältung und asiatischer Grippe getrunken. Bei den Natchez jedoch fand ein nicht bekannter Teil dieser

Rot-Zeder
Bei verschiedenen Stämmen trank man bei Husten, Grippe und Erkältung einen Tee aus den Früchten und Blättern; die Natchez behandelten damit Mumps.

Wacholderart zur Behandlung von Mumps Anwendung. Wir haben hier ein weiteres Beispiel für eine kluge, intuitive Medizin, denn die harntreibende Wirkung frischer junger Wacholderzweige wurde offiziell anerkannt. Sie waren von 1820 bis 1894 im ›U.S. Pharmacopoeia‹ verzeichnet.

Das aus Zedernholz gewonnene ätherische Öl galt als Mittel zum Schwangerschaftsabbruch. Manchmal hat es Brechkrämpfe verursacht, zu Koma und Tod geführt. Zedernholzöl, das Kampfer enthält, wird für Mottenmittel und Insektizide in Spray- und Pulverform verwendet. Als Duftstoff findet es bei der Herstellung von Seifen Anwendung. Zedernnadeln wurden als Räucherwerk bei Treffen der Kiowa, einem in der Prärie lebenden Stamm, verbrannt.

In nördlichen Breiten wird der immergrüne Baum 7 bis 12 m hoch, im Süden erreicht er oft eine Höhe von 30 m. Solange er jung ist, hat der Baum eine kegelförmige Form, im Laufe der Jahre breiten sich die Zweige dann immer mehr aus, so daß er eher walzenförmig aussieht. Die blauen Zapfen ähneln Beeren und erreichen einen Durchmesser von etwa 7 cm. Sie sitzen auf geraden, sehr kurzen Zweigen.

Ruhrkraut, Wollkraut

Eine Verwendung dieser Pflanze ist nur vom Stamm der Creek überliefert. Zur Behandlung der bei Mumps unvermeidlich geschwollenen Drüsen kochten sie eine große Menge Blätter in Wasser, gaben Schweinefett dazu, tauchten dann Stoffstücke in die Flüssigkeit und banden sie um die geschwollenen Drüsen.

Das Ruhr- oder Wollkraut wächst in großen Mengen auf trockenen Wiesen und ist von Newfoundland bis Alaska, im Süden bis West-Virginia und im Westen bis in Kalifornien zu finden. Es wird 30 bis 90 cm hoch und trägt von August bis Oktober zartgelbe ›Blüten‹.

Ruhrkraut
Die Creek kochten eine große Menge Ruhrkrautblätter in Wasser und gaben Schweinefett dazu. In diese Flüssigkeit tauchten sie Stoffstücke, die sie bei Mumps um den geschwollenen Hals banden, damit die Drüsen nicht noch mehr anschwollen.

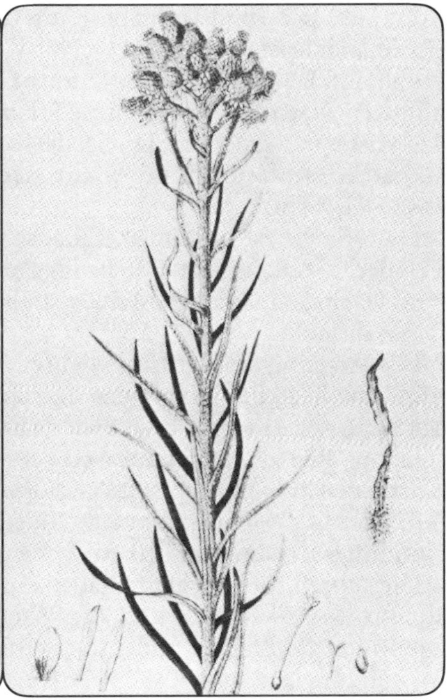

Gemeiner Schneeball

Die Malecite-Indianer bewohnten das Gebiet vom Tal des St. John River in New Brunswick bis zum nordöstlichen Teil von Maine. Die Malecite und Penobscot in Maine tranken bei Mumps einen Aufguß aus einem nicht bekannten Teil des Gemeinen Schneeballs. Da die Rinde eindeutig eine medizinische Wirkung hat, kann man annehmen, daß die Indianer dieses Mittel mit ihren eigenen Methoden entdeckten.

Die Rinde des Gemeinen Schneeballs war von 1894 bis 1916 im ›U.S. Pharmacopoeia‹ verzeichnet und galt zu dieser Zeit in den USA wegen ihrer beruhigenden und krampflösenden Wirkung allgemein als ›Rinde gegen

Krämpfe‹. Die Rinde erbrachte um das Jahr 1909 einen Großhandelspreis von nur zwei bis viereinhalb Cent das Pfund. Ein Schriftsteller berichtet zu Anfang dieses Jahrhunderts, daß die Indianer diese Pflanze als harntreibendes Mittel verwendeten. Das ist deshalb interessant, weil es gerade bei Mumps so wichtig ist, viel Flüssigkeit auszuscheiden.

Die Pflanze ist im Süden Kanadas und im nördlichen Teil der USA heimisch. Für die Pharmaindustrie wird die wild wachsende Art aus Maine, Michigan und Minnesota gesammelt.

Der Artenname *Opulus* bedeutet ›Kraft‹ oder ›Reichtum‹ und bezieht sich auf das überaus dichte Blattwerk des Strauchs. Er wird 2 bis 3 m hoch und hat breite, ovale, gelappte Blätter. Die Unterseite weist weichbehaarte Blattvenen auf, die Oberseite ist normalerweise glatt. Im Juni oder Juli bilden sich weiße Blütendolden, die einen Durchmesser von 7 bis 10 cm haben.

Die sauren roten Früchte haben einen roten Stein und ähneln in Geschmack und Aussehen der Preiselbeere. Die Rinde der Pflanze findet in der Medizin immer noch Anwendung.

POCKEN

Bach-Nelkenwurz

Von den Thompson-Indianern in British Columbia ist überliefert, daß während einer Pockenepidemie gegen Ende des 19. Jahrhunderts jeder überlebte, der einen starken, dunklen Aufguß aus den gekochten Wurzeln einer mit der Bach-Nelkenwurz eng verwandten Art trank. Sie nahmen dieses Mittel bei jeder Krankheit, die mit Hautausschlag verbunden war, wie Masern, Windpocken etc. Bei anderen Stämmen wurde ein solcher Aufguß bei Halsentzündung und Husten verwendet.

Das ›Dispensatory of the United States‹ schreibt den medizinischen Wert der Pflanze dem in ihr enthaltenen Tannin zu. Das wegen seiner das Gewebe austrocknenden Wirkung geschätzte Tannin war von 1820 bis 1882 im ›U.S. Pharmacopoeia‹ verzeichnet und wurde zu dieser Zeit für adstringierende Mittel benutzt.

Die Bach-Nelkenwurz wächst auf Wiesen und in Sumpfgebieten Kanadas und in den Nordstaaten der USA. Die gekochte Wurzel war früher auch als ›Indianerschokolade‹ bekannt und wurde mit Zucker und Milch

Bach-Nelkenwurz
Die Thompson-Indianer behaupteten, daß jeder, der einen starken Tee aus diesen Wurzeln trank, eine Pockenepidemie überlebte, die Hunderten von Menschen das Leben kostete.

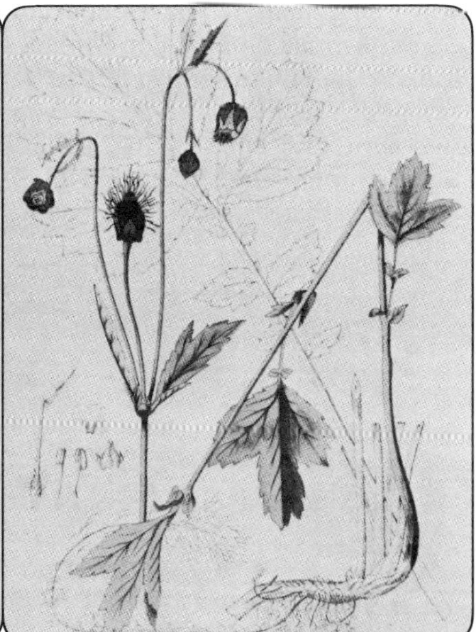

getrunken. Die Pflanze dient das ganze Jahr über als Ersatz für Schokolade. Ein Experte für Nahrung aus Wildkräutern meint jedoch, daß sie im Herbst oder zu Beginn des Frühjahrs am besten ist. Dieses Getränk wurde einst als schmackhaftes Hausmittel bei Ruhr, Durchfall und Magenverstimmung geschätzt.

Sarracenia purpurea

Viele Stämme in Kanada und dem Gebiet der Great Lakes betrachteten diese Sumpfpflanze als ein wirksames Mitel zur Behandlung von Pocken. Die Indianer glaubten durch die Wurzel nicht nur eine Art Immunität zu erlangen, sondern die Dauer der Krankheit abzukürzen und zu verhindern, daß sich tiefe Pockennarben bilden.

Ein britischer Chirurg hat in einem Bericht über seine Erfahrungen in Kanada, den er im Jahr 1861 nach London schickte, die Wirksamkeit dieser Pflanze bestätigt. Als unter den Indianern eine Pockenepidemie wütete, konnte *jeder Kranke* durch einen Aufguß aus der Wurzel, den eine alte Indianerin zubereitet hatte, geheilt werden.

Dennoch wurde die Pflanze von den Ärzten nicht anerkannt und auch nicht in die Arzneimittelbücher aufgenommen. Dr. Millspaugh zitiert eine Anmerkung, die »quer über das erste Blatt eines Artikels über die

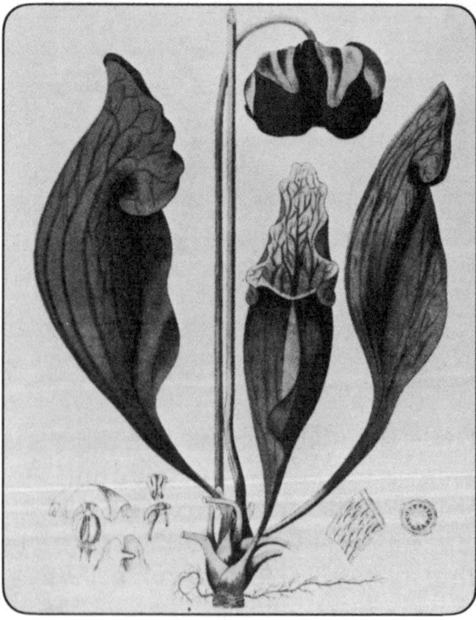

Sarracenia purpurea
Viele kanadische Indianerstämme glaubten, daß die Wurzeln dieser Pflanze eine immunisierende Wirkung gegen Pocken hatten oder verhinderten, daß später tiefe Narben zurückblieben.

Anwendung dieser Droge bei Pocken gekritzelt war... Ein früherer Besitzer des Buches hatte geschrieben: Diese Medizin wurde im Frühjahr des Jahres 1864 von Mr. John Thomas Lane im Pockenhospital von Claremont in Alexandria, Virginia, in Anwesenheit der Amtsärzte des Third Division Hospital mehrere Wochen lang gründlich getestet. Es stellte sich heraus, daß diese Droge keinerlei Heilwirkung bei dieser Krankheit hatte und Mr. Lane ein Schwindler war. Über 50 Prozent der ihm anvertrauten Pockenkranken starben, mehr als bei jeder anderen Behandlungsform.« Derselbe Autor nennt dann Beispiele von Menschen, die davon überzeugt waren, daß ein Aufguß aus der Wurzel sich wirklich günstig auswirkt. Ein Mann erklärte sogar, daß dieses Mittel seinem an Pocken erkrankten Bruder das Leben gerettet habe. Wir haben erneut ein Beispiel dafür, daß ein von den Indianern hochgeschätztes pflanzliches Heilmittel von offiziellen medizinischen Kreisen abgelehnt wurde. Wäre es nicht angeraten, eine solche Pflanze eingehender zu untersuchen?

Cirsium rothrockii

Die in Arizona und Utah lebenden Navajo bereiteten aus der ganzen Distelpflanze eine Art Lotion und kauten, wenn sie an Pocken erkrankt waren, die frisch ausgegrabene Wurzel. Die leicht von anderen zu unterscheidende Distelart wurde auch bei den meisten fiebrigen Erkrankungen angewendet. Zu dieser Pflanzengattung gehören auch viele eßbare Sorten.

Insektenbisse und -stiche

Einige der Pflanzen, mit denen man die schmerzhaften Schwellungen nach Insektenbissen und -stichen behandelte, haben wir so ausgewählt, daß für jedes ›indianische‹ Wohngebiet – nämlich den Osten, Süden, Mittelwesten, die zentral gelegenen Nordstaaten, Südwesten und Westen – mindestens eine Pflanze vertreten ist.

Lesquerella fendleri

Die Navajo bereiteten einen Tee aus dieser Pflanze und behandelten damit die Bisse von Spinnen.

Amerikanischer Sonnenhut

Bei den in den Prärien im Westen lebenden Indianern galt der Sonnenhut als Universalmittel bei Bissen und Stichen aller kriechenden, fliegenden oder hüpfenden Insekten. Die stachelige Pflanze wächst in trockenen, offenen Wäldern und in der Prärie; sie trägt zwischen Juni und September eine auffallende, purpurrote Blüte.

Solidago rigida

Die in Minnesota lebenden Meskwaki trugen auf Bienenstiche eine Art Lotion auf, in die sie zerstoßene Blüten dieser Goldrutenart gegeben hatten. In der Indianermedizin kannte man viele Arten dieser Pflanze. Die süßduftende Art *S. odora* war von 1820 bis 1882 in der ›Sekundärliste des U.S. Pharmacopoeia‹ verzeichnet; sie wurde zu jener Zeit als anregendes und schweißtreibendes Mittel eingenommen.

Heckenkirsche

Die Blätter dieser Geißblattart wurden gekaut und der Brei dann auf Bienenstiche aufgetragen. Die in Amerika heimische Heckenkirsche wird oft kultiviert, wildwachsend findet man sie an Waldrändern. Ihre Blätter sind an der Oberseite dunkelgrün und unten weiß. Zwischen April und September erscheinen trompetenförmige hellrote Blüten, deren Innenseite gelblich ist.

Wilde Zwiebel, Wilder Knoblauch

Die Dakota und Winnebago trugen bei Insektenstichen etwas zerdrückte Zwiebel oder Knoblauch auf die betroffene Stelle auf. Diese Pflanzengattung wurde sowohl in der Volksmedizin als auch bei den Indianern verwendet,

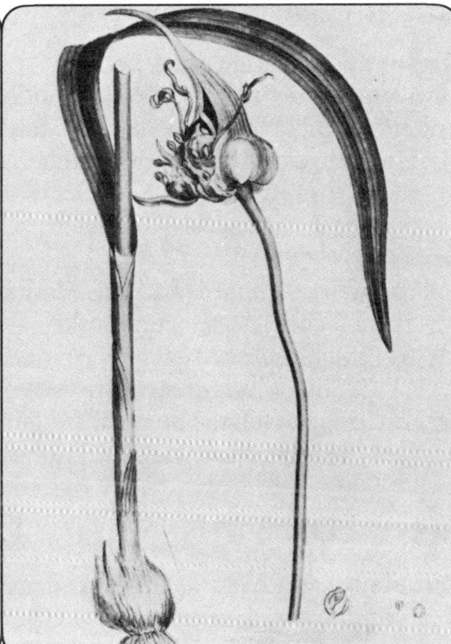

Wilder Knoblauch
Bei mehreren Stämmen zerdruckte man die Knollen des Wilden Knoblauch und der Wilden Zwiebel und legte diesen Brei dann auf Insektenstiche auf, um die Schmerzen zu lindern.

um die Atemwege von Schleim und den Darm von Parasiten zu befreien; sie galt auch als verdauungsförderndes Mittel. Die in Europa heimische Art (*A. sativum*) war in den Arzneimittelbüchern der USA und Englands verzeichnet.

Melde

Die Navajo kauten die Stengel der Melde und gaben den Brei dann auf die durch Ameisenbisse, Bienen- und Wespenstiche anschwellenden Stellen. Die Zuñi trockneten und pulverisierten Wurzeln und Blüten und trugen das mit Speichel gemischte Pulver auf Ameisenbisse auf. Notfalls, wenn sie unterwegs waren, behandelten sie Stiche und Bisse mit zerdrückten frischen Blüten.

Gutierrezia sarothrae

Diese strauchartige Pflanze wächst im Südwesten der USA und ist besonders häufig im nördlichen Arizona zu finden. Die Navajo kauten die Stengel und trugen das Harz auf Insektenbisse und -stiche aller Art auf.

Tabak

Tabak wurde in der frühen Medizin in Europa und Amerika sehr häufig verwendet, heute jedoch kaum mehr. Ein beliebtes Mittel bei Bienenstichen war, feuchte Tabakblätter aufzulegen. In vielen Geschichten wird erzählt, daß Forscher Tabak kauten und mit dem Saft den Körper einrieben, um Insekten abzuwehren.

BISSE VON TAUSENDFÜSSERN

Die Navajo brühten die Blüten der *Kastillea* und einer *Bartfadenart* zusammen mit heißem Wasser auf und bestrichen die schmerzhaften Bisse von Tausendfüßern mit diesem Aufguß. Es kann sein, daß diese Pflanze wegen der roten, flammenähnlichen Blüten von den Navajo und anderen Indianern nach der ›Lehre der Kennzeichen‹ für diese schmerzhaften, brennenden Wunden angewendet wurde. Diese alte medizinische Theorie sagte, daß man den Anwendungsbereich einer Pflanze aus ihrer Form, ihrer Farbe oder ihrem Duft schließen könne.

Zur Behandlung der Bisse von Tausendfüßern ist nur noch ein einziges Mittel in der Literatur zu finden, nämlich *Venushaar*. Die Kayenta-Navajo brühten den über dem Boden wachsenden Teil dieses Farnkrauts mit heißem Wasser auf und wendeten die Flüssigkeit als Spülung an. Die gleiche Lösung wurde auch bei Hummelstichen verwendet.

INSEKTIZIDE

Kanadisches Berufkraut

Die Cree kochten dieses Kraut und tranken den Tee zur Behandlung von Durchfall. Von dem frühen amerikanischen Pflanzenkenner Samuel Stearns erfahren wir jedoch, daß »das Berufkraut hauptsächlich zur Vernichtung von Fliegen und Mücken verwendet und die Pflanze dazu verbrannt wurde«.

Die Pflanze enthält ein ätherisches Öl, das im menschlichen Körper die gleiche Wirkung wie Terpentinöl haben soll. Wahrscheinlich wurde sie wegen dieses intensiv riechenden Öls so häufig in der Indianermedizin verwendet. Ein Tee aus den gekochten Wurzeln wurde außer bei Durchfall auch bei Menstruationsbeschwerden getrunken. Zur Behandlung von Tripper wurden die Blätter gekocht und die Flüssigkeit äußerlich angewendet; innerlich wurden damit Blutungen behandelt. Das Kraut wurde für medizinische Zwecke unter anderem von den Houma, Ojibwa, Meskwaki und Catawba verwendet.

Verschiedene Arten des Kanadischen Berufkrauts waren wegen der anregenden Wirkung bekannt. Das aromatische Öl diente als Gebärmutter-Stimulans. Von 1863

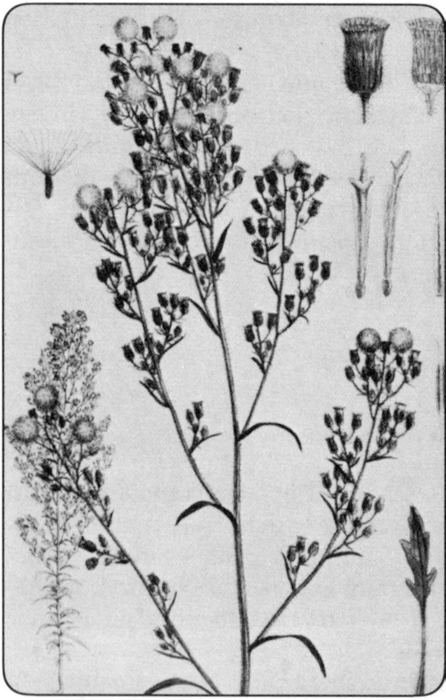

Kanadisches Berufkraut
Dieses allgemein bekannte Kraut wurde verbrannt, um mit dem Rauch Fliegen und Stechmücken abzuhalten.

bis 1916 war das Kraut im ›U.S. Pharmacopoeia‹ verzeichnet. Das Kanadische Berufkraut wächst in ganz Nordamerika und ist eines unserer Geschenke an Europa, wo es inzwischen heimisch wurde und wild wächst. Je nach Bodenart wird die Pflanze zwischen etwa 15 cm und 3 m hoch. Sie hat behaarte Blätter und trägt von Juni bis November kleine, unauffällige weiße oder rötliche Blüten.

Kanadische Gelbwurz

Das niedrigwachsende winterharte Kraut wurde hauptsächlich als tonisierendes, anregendes und adstringierendes Mittel verwendet, zuerst von den Indianern und später auch von den weißen Siedlern. Wir führen es unter den Mitteln gegen Insekten deshalb auf, weil es die Cherokee offensichtlich bevorzugt dafür verwendeten. Wir hätten die Pflanze genausogut unter ›Verdauungsstörungen‹ oder ›Entzündungen‹ behandeln können, wollen sie aber hier wegen der Ausgewogenheit des Textes anführen. Die Cherokee zermahlten den großen Wurzelstock, mischten das grobe Pulver mit Bärenfett und schmierten den Körper damit ein, um Insekten abzuwehren. Auch für Mittel, die innerlich verabreicht werden, fand die Gelbwurz Anwendung. In der Gegend des Ohio war sie ein beliebtes Mittel gegen Halsentzündungen und entzündete Augen. Die Wurzel wurde auch in Wasser gekocht und die Flüssigkeit für Waschungen bei Hautkrankheiten verwendet, sowohl von den Indianern als auch in der amerikanischen Medizin. Diese verschiedenen Anwendungsformen könnte man durch die drei Alkaloide Hydrastin, Canadin und Berberin erklären, die die Pflanze enthält.

Der getrocknete Wurzelstock war von 1831 bis 1842 im ›U.S. Pharmacopoeia‹ verzeichnet, wurde dann im Jahr 1863 erneut zugelassen und 1936 wieder herausgenommen. Die Gelbwurz erfreut sich gegenwärtig einiger Beliebtheit als Hausmittel bei Magenleiden und als Abführmittel.

Die Gelbwurz war früher überall im Osten der USA und im Südosten Kanadas in großen Mengen zu finden. Heute ist sie leider durch geldgierige Händler fast ausgerottet. Im Jahr 1909 brachte ein Pfund Wurzel 1 bis 1½ Dollar, während andere, leichter zu sammelnde Heilpflanzen mit Großhandelspreisen von 2½ bis 5 Cents pro Pfund bezahlt wurden. Für medizinische Zwecke wurde der gelbe Wurzelstock im Herbst gesammelt, wenn die Pflanze bereits verwelkt war.

Neben der Verwendung als Mittel gegen Insekten, bei Augenentzündungen und Verdauungsstörungen wurde die Pflanze auch von vielen Stämmen dazu benützt, Kleidung und Kriegsgerät gelb zu färben.

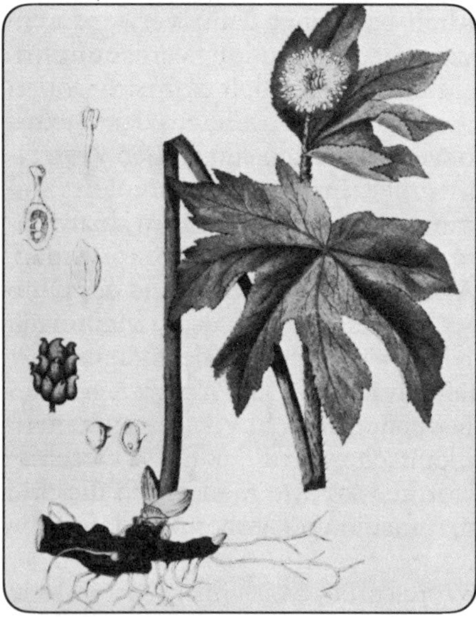

Kanadische Gelbwurz
Das Mittel der Cherokee gegen Insekten war, den zerstoßenen Wurzelstock der Pflanze mit Bärenfett zu mischen und den Körper damit einzureiben.

Um Insekten von Kartoffelpflanzen abzuhalten, spritzten die Menominee eine Abkochung aus *Podophyllum* darüber. Die Indianer in der Gegend von Mendocino, Kalifornien, zerdrückten Blätter einer dort wachsenden *Berglorbeerart* und verstreuten sie im Haus, um Insekten zu vertreiben. Ein anderes natürliches Insektizid war, zerstoßene *Crotonblätter* zu verbrennen. Durch den Rauch wurden alle fliegenden und kriechenden Schädlinge vertrieben. Die im Nordwesten lebenden Schwarzfuß-Indianer verwendeten dazu die getrockneten Blüten der *Zigeunerkamille.* Bei manchen Indianerstämmen wurden auch *Wacholderbeeren* zerquetscht und die Haut damit eingerieben, andere nahmen dazu den Wurzelsaft der *Kanadischen Blutwurzel.*

Man hat kürzlich festgestellt, daß das natürliche Insektizid Rotenon in der Pflanze *Tephrosia virginiana* enthalten ist. Manche Stämme verwendeten die Pflanze, um Würmer im Körper abzutöten. In Südamerika und Ostindien wurden jahrhundertelang verschiedene Pflanzen, die Rotenon enthalten, als Fischgift verwendet. Dieses natürliche Insektizid ist besonders wirkungsvoll gegen fliegende Insekten und scheint für Säugetiere relativ ungefährlich zu sein.

Bevor wir uns einem anderen Thema zuwenden, müssen wir noch einmal auf *Tabakblätter* zurückkommen, Nikotin wurde früher in großem Maßstab gegen Schädlinge von Feldfrüchten eingesetzt. Obwohl es ein sehr wirksames Mittel war, ist es inzwischen größtenteils durch synthetische Insektizide, besonders DDT (Chlorophenothan) ersetzt worden. Manche indianische Gemeinschaften in Südamerika benützten Tabakblätter, um Insekten abzuhalten; bei den nordamerikanischen Stämmen war das jedoch nicht der Fall. Man darf darauf gespannt sein, ob gemahlene Tabakblätter wieder als Insektizid eingesetzt werden, da sich inzwischen herausgestellt hat, daß DDT mehr Schaden als Nutzen bringt.

Erkrankungen und Beschwerden im Mundbereich

ENTZÜNDUNGEN IM MUND

Berberitze, Sauerdorn

Die Berberitze wurde aus Europa eingeführt. Die in Maine lebenden Penobscot trugen die pulverisierte Wurzel, mit etwas Wasser vermischt, auf entzündete Stellen im Mund auf. Die Catawba machten aus den Wurzeln und Stengeln dieser Pflanze einen Tee, den sie bei Magengeschwüren tranken. Aus den Früchten dieses Strauchs bereitete man in England fiebersenkende Mittel; die Rinde wurde für Abführmittel und zur Behandlung von Durchfall verwendet. Zu Beginn des 19. Jahrhunderts fanden die säurehaltigen Beeren auch in Ägypten für fiebersenkende Mittel Anwendung.

Scharlachsumach

Die in British Columbia lebenden Indianer kauten bei Entzündungen im Mund die Wurzeln des Scharlachsumach; auch bei anderen Indianerstämmen Nordamerikas wurde die Pflanze häufig für medizinische Zwecke verwendet. Sie wird in anderen Kapiteln näher besprochen (siehe Pflanzenregister).

Amerikapflaume

Die Meskwaki kratzten die innere Rinde vom Stamm der Amerikapflaume ab, kochten sie und gurgelten mit dieser Flüssigkeit, wenn sie eine entzündete Stelle im Mund hatten. Der in Amerika heimische Baum ist von Connecticut bis Montana und Colorado und im Süden bis nach Florida und Texas zu finden. Er wird selten höher als 10 m und trägt von August bis Oktober rote oder gelbe Früchte.

Coptis trifolia

Sowohl die Indianer wie auch die frühen weißen Siedler verwendeten die kleinen Wurzeln dieser Pflanze zur Behandlung von Mundkrankheiten. Interessanterweise gibt es bei vielen Stämmen hier eine Übereinstimmung. Die Mohegan kochten die Wurzel in Wasser und gurgelten damit; die Montagnais bereiteten auf die gleiche Weise eine Mundspülung zu; die Penobscot kauten die Stengel dieser Pflanze, um Entzündungen im Mund zu hemmen, so auch die Menominee, Potawatomi und Pillager-Ojibwa.

Coptis trifolia enthält das Alkaloid Berberin, das eine leicht beruhigende Wirkung hat. Die Pflanze war ein gebräuchliches Hausmittel zur Behandlung von Entzündungen der Mund- und Augenschleimhäute.

Die hübsche kleine Pflanze aus der Familie der Hahnenfußgewächse wächst überall in dicht bewachsenen Sumpfgebieten und Wäldern. Sie kommt hauptsächlich im Norden des Staates New York, in Michigan, den Staaten New Englands und in Kanada vor, man findet sie aber auch von Alaska bis in den Süden in Maryland. Die Pflanze wird nur 7 bis 15 cm hoch, die fadenähnlichen gelben Wurzeln liegen ziemlich dicht unter der Bodenoberfläche.

Die immergrünen Blätter sind gelappt und haben eine glänzende Oberfläche. Die von Mai bis Juli erscheinende einzige weiße, sternenförmige Blüte besteht aus fünf bis sechs Kelchblättern.

Die Wurzeln wurden hauptsächlich im Herbst gesammelt. Das sie umgebende Erdreich wurde dabei entfernt. Die zarten Wurzeln wurden anschließend für die Vermarktung getrocknet. Im Jahr 1908 brachte das Pfund sechzig bis siebzig Cent.

Coptis trifolia war von 1820 bis 1882 im ›U.S. Pharmacopoeia‹ verzeichnet und von 1916 bis 1936 im ›National Formulary‹. Damals verwendete man die Pflanze für bittere Tonika und zur Behandlung der Mund- oder Augenschleimhäute.

Coptis trifolia
Sowohl die Indianer als auch die frühen weißen Siedler verwendeten die kleinen Wurzeln dieser Pflanze zur Behandlung von Entzündungen und Geschwüren im Mund.

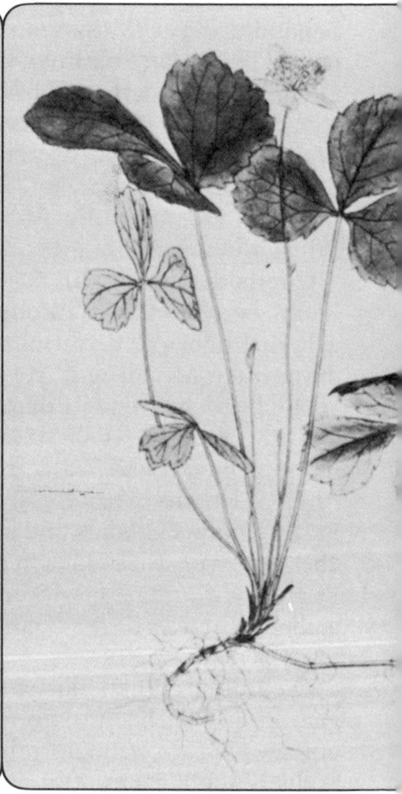

MUNDFÄULE

Die indianischen Heilkundigen unterschieden die Mundfäule wahrscheinlich durch die dafür typischen weißen Flecken von einfachen Infektionen des Mundes. Obwohl *Coptis trifolia* das am weitesten verbreitete Mittel zur Behandlung allgemeiner Mundentzündungen war – sowohl bei den Indianern als auch bei den frühen Siedlern –, wurde die Pflanze auch zur Behandlung der Mundfäule bei Kindern angewendet.

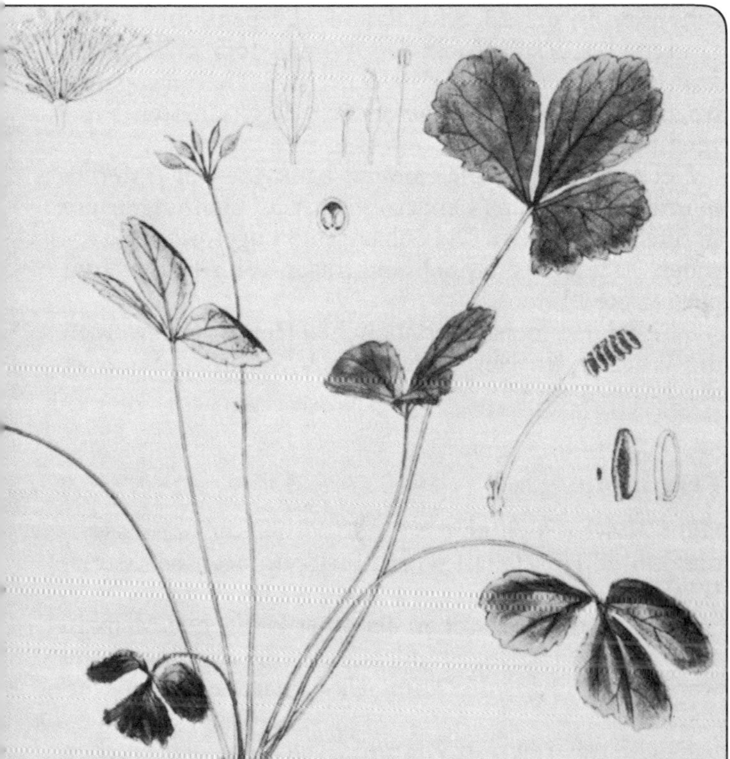

Storchschnabel

Die Cherokee kochten die Wurzeln des Storchschnabel mit denen einer Wildrebenart. Die Flüssigkeit wurde dann als Mundspülung bei Kindern angewendet, die an Mundfäule litten.

Die Indianer vom Stamm der Pillager-Ojibwa behandelten Mundgeschwüre mit einem Aufguß der Storchschnabelwurzeln.

Der Storchschnabel wurde zu einem beliebten Hausmittel. Er wurde als wirksame adstringierende Arznei zur Behandlung von Halsentzündungen und Mundgeschwüren in der 23. Ausgabe des ›Dispensatory of the United States‹ aufgeführt. Der Wurzelstock dieses Heilkrauts war von 1820 bis 1916 im ›U.S. Pharmacopoeia‹ wegen seiner adstringierenden Eigenschaften verzeichnet.

Der Storchschnabel, eine der häufigsten in Amerika heimischen wilden Pflanzen, wächst auf Lichtungen und in offenen Wäldern. Die behaarten Stengel werden zwischen 30 und 90 cm hoch und tragen von April bis Juni purpurrote Blüten.

Wie bei den meisten pflanzlichen Heilmitteln werden die Wurzeln im Herbst gesammelt, wenn sie reich an Wirkstoffen sind.

Persimone

Die Catawba kochten die Rinde des Baumes in Wasser; die dunkle Flüssigkeit wurde für Spülungen bei Mundfäule genommen.

Die Persimone wurde in der amerikanischen Medizin wegen ihrer adstringierenden Wirkung verwendet und war von 1880 bis 1882 im ›U.S. Pharmacopoeia‹ verzeichnet.

Die Blätter, reich an Vitamin C, werden von manchen als vorbeugendes Mittel gegen Skorbut gegessen.

Kriechendes Netzblatt

Dieses in den trockenen Wäldern der östlichen USA wachsende Kraut wurde von den Mohegan zur Behandlung der Mundfäule bei Kindern bevorzugt. Sie nahmen dazu die zerdrückten Blätter.

MUNDWÄSSER

Storchschnabel

Die Meskwaki brühten die Wurzeln des Storchschnabels mit Wasser auf und verwendeten die Flüssigkeit als Spülung bei Paradentose und Zahnfleischentzündung. Der Wurzelstock dieser winterharten Pflanze wurde früher im September oder Oktober gesammelt und in der amerikanischen Medizin wegen seines Tanningehalts als adstringierendes Mittel benützt.

Pfefferminze

Es wird nur von einem Stamm berichtet, der die Pfefferminze verwendete: es waren die Meskwaki, die Lungenentzündung mit einem Tee aus Pfefferminze, Katzenmelisse und den Blättern einer in den USA heimischen wilden Minzenart behandelten. Im übrigen werden die Blätter der Pfefferminze bei der Herstellung von Bonbons, Likören und verschiedenen Kaugummisorten verwendet. Aus den frischen Blättern gewinnt man ein ausgezeichnetes Mundwasser: nach einem anfänglichen Wärmegefühl hat man einen angenehmen Geschmack im Mund. Das kommt von dem Menthol, dem Hauptbestandteil des Pfefferminzöls. Pfefferminzöl wird in der Medizin verschiedenen zur Beseitigung von Gasansammlungen im Magen-Darm-Trakt und auch einigen Anregungsmitteln beigegeben.

Der Gattungsname *Mentha* kommt aus der griechischen Mythologie, nach der die Nymphe Mintha sich in diese Pflanze verwandelt haben soll. Das lateinische Wort *piper* spielt auf das Aroma dieser Art an, die deshalb *piperita* heißt.

Pfefferminze
Aus frischen Pfefferminzblättern kann man ein ausgezeichnetes Mundwasser machen. Zuerst hat man das Gefühl von Hitze, dann aber einen sehr angenehmen Geschmack im Mund.

Das winterharte Kraut ist in Europa heimisch, wo man es häufig auf feuchten Böden findet. Nachdem es auch in Amerika heimisch gemacht wurde, wächst es wild im Osten der USA und wird in großem Umfang in den Staaten Michigan, Oregon und New York angebaut.

Santakraut

Für die in der Gegend von Mendocino, Kalifornien, lebenden Indianer war das Santakraut die wertvollste

Pflanze von allen. Zur Behandlung von Asthma wurden die Blätter wie Tabak geraucht oder gekaut, zur Behandlung von Erkältung kochte man daraus einen Tee. Für ein natürliches Mundwasser rollte man die Blätter in Ballform zusammen und ließ sie in der Sonne trocknen. Die daraus entstandenen kugelförmigen Klumpen sollen beim Kauen zuerst bitter geschmeckt haben; nahm man aber bald einen Schluck Wasser, hatte man ein kühles, angenehmes Gefühl im Mund. Ein Indianer dieser Gegend drückte das so aus: »Man fühlt sich innen wie ein Bonbon.«

Nasenbluten

Pterospora andromeda

Die Cheyenne gossen die zerstoßenen Stengel und Beeren dieser Pflanze mit kochendem Wasser auf, ließen die Flüssigkeit abkühlen und zogen sie dann durch die Nase ein. Sie nannten die Pflanze Nasenbluten-Medizin und nahmen das gleiche Mittel bei Blutungen der Lunge zu sich.

Andere Berichte über die medizinische Anwendung dieses Gewächses liegen nicht vor. (Eine genaue Beschreibung des damit verwandten *Fichtenspargel* finden Sie unter der Überschrift ›Augenleiden‹)

Küchenschelle

Bei den in British Columbia lebenden Thompson-Indianern hieß diese oder eine damit eng verwandte Art ›Nasenbluten-Pflanze‹. Um Nasenbluten zu stillen, hielt man sich ein Büschel Küchenschellenblüten an die Nase oder man stopfte sich die Blätter in die Nasenlöcher, bis die Blutung aufhörte.

Verschiedene Arten dieser Pflanze wurden von den indianischen Ärzten zur Behandlung von Geschwüren, Verbrennungen, Augenentzündungen und von Wunden verwendet.

Manche Ärzte in den USA behandelten früher mit der Küchenschelle auch Sterilität und Infektionen der Eierstöcke. Man weiß, daß die Droge, die aus der kleingehackten ganzen Pflanze gewonnen wird, zu Brechreiz und Reizung der Nieren führt. In hoher Dosierung wirkt sie beruhigend auf das zentrale Nervensystem und das Herz.

Die Küchenschelle war von 1882 bis 1905 im ›U.S. Pharmacopoeia‹ verzeichnet und wurde in harntreibenden, schleimlösenden und menstruationsauslösenden Mitteln verwendet.

Der Artenname *Anemone* (Windröschen) kommt vom griechischen Wort für Wind. Die hübsche Pflanze wird 10 bis 25 cm hoch und trägt weiße bis purpurrote Blüten

Küchenschelle
Für die Thompson-Indianer in British Columbia war das ihre ›Nasenbluten-Pflanze‹. Man hielt sich einfach ein Büschel Blüten an die Nase, um die Blutung zu stoppen.

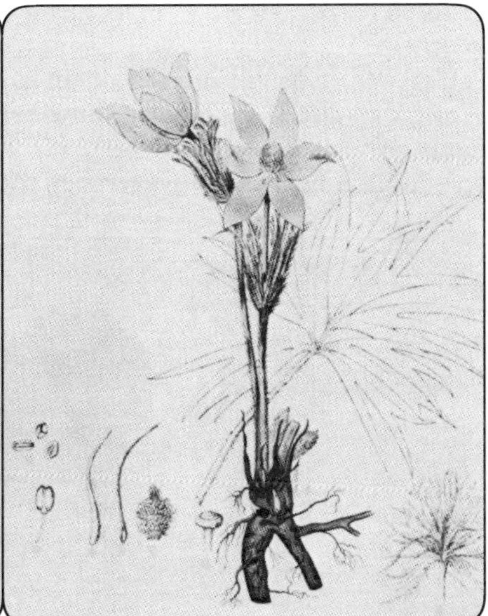

von etwa 5 cm Durchmesser. Man findet sie häufig auf den Prärien im nördlichen Wisconsin und im Westen bis zu den Rocky Mountains. Sie blüht normalerweise um Ostern herum und wird deshalb auch manchmal Osterblume genannt.

Für medizinische Zwecke wurde die ganze Pflanze zur Blütezeit gesammelt, dann kleingehackt und anschließend getrocknet.

Mannstreu

Die in Mississippi lebenden Natchez stopften gekaute Stengel und Blätter der Blume in die Nasenlöcher, um Nasenbluten zu stillen. Andere Stämme bereiteten einen Aufguß aus der zerstoßenen Wurzel als fiebersenkendes Mittel. Die Meskwaki schätzten die Pflanze wegen ihrer harntreibenden Wirkung und die Creek nahmen vor der Jagd oder einer wichtigen Zeremonie diesen Aufguß zu sich, um sich durch Erbrechen zu reinigen. Die Koasati tranken für den gleichen Zweck eine Abkochung aus den Wurzeln.

C. F. Millspaugh berichtet in seinem klassischen Werk, daß durch die Verwendung bei den Indianern das Heilkraut zu einem beliebten Hausmittel wurde und später auch bei Ärzten wegen der anregenden, harntrei-

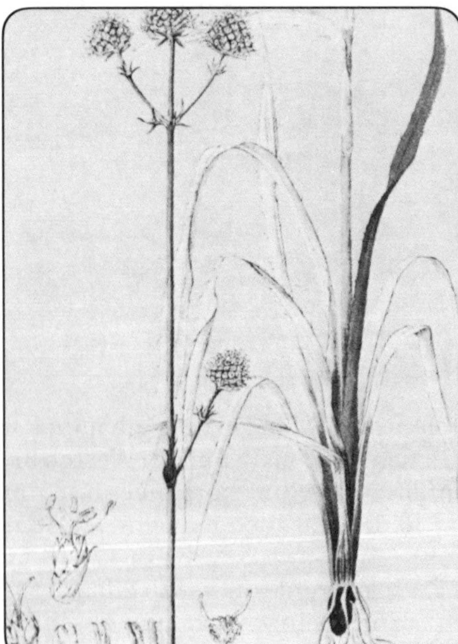

Mannstreu
Die im Gebiet des Mississippi lebenden Natchez stopften sich gekaute Stengel und Blätter dieser Pflanze in die Nasenlöcher, um Nasenbluten zu stoppen.

benden und schleimlösenden Wirkung Beachtung fand. Er berichtet weiterhin, daß ein Tee aus den gekochten Wurzeln »als wirksam befunden wurde bei Wassersucht, Nierenleiden, chronischer Kehlkopfentzündung und Bronchitis, bei Reizung der Harnröhre, der Gebärmutter- und Scheidenschleimhaut, Tripper, Nachtripper und Weißfluß, Entzündungen der Schleimhäute, bei Potenzstörungen und Hodenentzündung«.

Nieren- und Blasenleiden

Die Ureinwohner Nordamerikas hatten erkannt, daß geschwollene Extremitäten manchmal die Folge einer Herz- oder Nierenschwäche waren. Man behandelte den betroffenen Arm oder das Bein auf vielerlei Art, damit die überschüssige Flüssigkeit in Form von Urin abfließen sollte.

Wirksame harntreibende Mittel erhöhen den Urinfluß; die Navajo haben das offensichtlich erkannt, denn sie nannten eines ihrer bevorzugten pflanzlichen Heilmittel ›Urinstrahl‹.

Bärentraube, Harnkraut

Die in British Columbia lebenden Thompson-Indianer brühten Bärentraubenblätter auf und tranken den Tee zur Förderung des Urinflusses und um Blase und Nieren zu kräftigen. Die Menominee gaben die Blätter auch in Mittel, die man bei Frauenleiden anwendete. Es scheint, daß die Indianer und die Weißen die Bärentraube unabhängig voneinander entdeckt haben. Der immergrüne Strauch war zwar schon den Ärzten des Altertums bekannt, wurde aber erst ab Mitte des 18. Jahrhunderts zur Behandlung von Nierenleiden populär.

Seit dieser Zeit waren Bärentraubenblätter ein anerkanntes harntreibendes Mittel. Sie waren 1763 im ›Arzneimittelbuch von London‹ verzeichnet und von 1820 bis 1936 im ›U.S. Pharmacopoeia‹.

Die Bärentraube ist in Europa, Asien, den USA und Kanada heimisch. Sie wächst auf trockenem, sandigem oder felsigem Boden. Der niedrigwachsende Strauch hat dicke, ledrige Blätter und trägt wachsartige weißliche Blüten. Sehr auffallend sind die glatten roten Früchte von der Größe einer Erbse, die der Strauch von August bis spät in den Winter trägt. Die eßbaren Beeren sind ein bevorzugtes Futter bei Bären und Waldhühnern, die getrockneten Blätter hat man früher auch mit Tabak gemischt.

Diese Mischung wurde bei den kanadischen Indianern *sagack-homi* und bei den im Westen der USA lebenden Stämmen *kinikinik* genannt.

Bärentraube
Die Thompson-Indianer in British Columbia tranken einen Tee aus Bärentraubenblättern als ein harntreibendes Mittel und zur Stärkung von Blase und Nieren.

Seidenpflanze

Die ursprünglich im südlichen Mississippi-Gebiet lebenden Natchez behandelten Nierenleiden mit einem Tee aus den Wurzeln der Seidenpflanze, den sie dreimal täglich tranken. Man riet dem Patienten auch, salzige Nahrungsmittel zu vermeiden.

Die Schwarzfuß-Indianer weichten die Samen des *Raketen-Wacholder* ein und tranken dann den Tee. Auch Tee aus den gekochten Wurzeln einer wilden *Johannisbeerart* wirkte harntreibend. Die in der Prärie lebenden Potawatomi kochten die grünen Früchte der *Fliegenfängerwurzel,* die Flambeau-Ojibwa gaben schwangeren Frauen zur Reinigung der Nieren einen Tee aus den Wurzeln und Stengeln zu trinken. Ein bei den Creek sehr beliebtes harntreibendes Mittel waren die gemahlenen Wurzeln der *Edeldistel*; die Stämme der Prärie bevorzugten die *Wilde Sarsaparilla*; bei den Dakota und Winnebago waren früher verschiedene *Wintergrünarten* sehr populär.

Schlangenbisse

Experten wissen, daß die Indianer Schlangenbisse sehr gut zu behandeln wußten. Im allgemeinen bringt man an der Bißstelle einen Schnitt an und saugt die Wunde dann aus. Manche Medizinmänner legten anschließend einen Teil der getöteten Schlange auf die Wunde als eine Art Ritualopfer, andere verwendeten verschiedene Pflanzen, von denen wir hier einige beschreiben wollen.

Dr. Eric Stone behandelt auch noch andere Aspekte der Behandlung von Schlangenbissen bei den Indianern: »Man darf annehmen, daß die im Südwesten lebenden Stämme, bei denen der Schlangentanz praktiziert wurde, etwas über Immunisierung wußten, wenn nicht theoretisch, dann aus Erfahrung. Während dieser Zeremonie ließen sich die Tänzer von voll ausgewachsenen Klapperschlangen beißen, ohne daß irgendwelche Krankheitssymptome auftraten. Sie hatten sich bereits als neu in diese Art Orden Aufgenommene dadurch immun gemacht, daß sie sich von nur schwach giftigen jungen Schlangen beißen ließen und nach und nach von etwas älteren Schlangen, so daß sie schließlich den Biß einer ausgewachsenen Schlange problemlos überstanden.«

Sonnenhut

Bei vielen in der Prärie lebenden Stämmen war der Sonnenhut ein Allheilmittel. Die am Missouri lebenden Indianer legten ihn als Gegengift bei Schlangenbissen und Insektenstichen auf. Auch bei Zahnschmerzen und Mumps war die Anwendung des Sonnenhuts gebräuchlich. Es war bei diesen Stämmen auch üblich, die Hände in einem Aufguß aus dieser Pflanze zu waschen, um Hitze besser aushalten zu können. Die Sioux tranken eine Abkochung aus der Wurzel bei Tollwut und Schlangenbissen.

Das winterharte Kraut wurde in der amerikanischen Medizin als schweißtreibendes Mittel angewendet und war von 1916 bis 1950 im ›National Formulary‹ verzeichnet.

Senega, Klapperschlangenwurzel

Über die interessante Geschichte dieser Pflanze wird in diesem Buch unter der Überschrift ›Husten‹ berichtet.

Da die gewundene Wurzel einem Schlangenkörper gleicht, kann man sich leicht vorstellen, wie der erste Seneca-Indianer dieses Heilmittel ›entdeckte‹. Die Wur-

Senega, Klapperschlangenwurzel
Bei den Seneca kaute man die Wurzeln dieser Pflanze und machte damit bei Schlangenbissen einen feuchten Umschlag.

zeln dieses Krauts wurden gekaut und der Brei dann direkt auf die Wunde aufgetragen.

Die Pflanze enthält Senegin, eine saponinähnliche Verbindung, und Polygalasäure. Sie war von 1820 bis 1936 im ›U.S. Pharmacopoeia‹ verzeichnet und wurde zu dieser Zeit als anregendes und schleimlösendes Mittel angewendet.

Die zur Familie der Polygalaceae gehörende Pflanze wächst überall in den Oststaaten in Wäldern mit eher steinigem Boden und an Berghängen. Aus der oben knaufartig verdickten Wurzel wachsen 15 bis 20 dünne Stengel, die 15 bis 30 cm hoch werden. Zwischen Mai und Juni tragen sie kleine, grünlichweiße Blüten. Die gekrümmte Wurzel wurde im Herbst gesammelt und erbrachte um das Jahr 1909 den stolzen Preis von 55 bis 70 Cent das Pfund.

Als Ersatz für Senega galt eine Edeldistelart (*Eryngium aquaticum* und *Eryngium yuccifolium*). Einer der frühen medizinischen Autoren, der sich mit den Heilpflanzen Amerikas befaßte, schreibt ihr die gleiche Wirkung zu. Das Mittel wurde von der Schulmedizin anerkannt; zusätzlich endeckte man auch seine schweißtreibenden und die Atemwege befreienden Eigenschaften.

Virginische Schlangenwurzel

Diese Pfeifenblumenart ist das bekannteste indianische Mittel zur Behandlung von Schlangenbissen. Sein Ruf verbreitete sich so schnell, daß die Pflanze auch in England angewendet und schon im Jahr 1650 im ›Londoner Arzneimittelbuch‹ verzeichnet wurde.

Dr. Millspaugh weiß von der Virginischen Schlangenwurzel zu berichten: »Es werden fast alle Arten dieser großen Gattung von den Ureinwohnern der Länder, in denen sie wachsen, als Mittel gegen Schlangengift geschätzt... Jedes Volk weiß um diese Wirkung, ohne mit den anderen je Kontakt gehabt zu haben.«

Natürlich wurde diese Pflanze auch, wie es bei den meisten bekannten Heilmitteln der Fall ist, für viele andere Krankheiten angewendet als die, für die man sie ursprünglich nützlich fand. So wurde sie im ›U.S. Pharmacopoeia‹ wegen ihrer tonisierenden und anregenden Wirkung aufgenommen. Sie enthält Borneol, ein ätherisches Öl, Aristolochin, ein Alkaloid, und andere, weniger wichtige Bestandteile. Das Alkaloid soll zur Lähmung der Atemwege geführt haben.

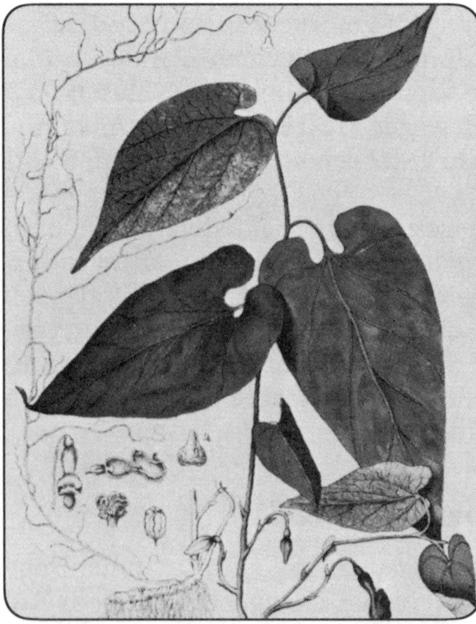

Virginische Schlangenwurzel
Diese Pflanze ist das bekannteste Heilmittel der Indianer bei Schlangenbissen. Ihr Ruf verbreitete sich so schnell, daß sie schon im Jahr 1650 im Londoner Arzneimittelbuch verzeichnet war.

Im allgemeinen kauten die Indianer die Wurzel und trugen den Brei dann auf die Bißstelle auf. Vor über hundert Jahren war dies die am meisten geschätzte Medizin gegen Schlangenbisse, die alle Jäger in ihrem Beutel hatten. Die Pflanze ist fast nur in den Wäldern von Michigan bis Connecticut und im Süden bis zu den Allegheny Mountains zu finden. Der dünne Stengel wird zwischen 30 und 90 cm hoch und trägt im Juli eine einzige, purpurrote Blüte. Für medizinische Zwecke wurden die Wurzeln im Herbst gesammelt.

Wurde bei den Hopi jemand von einer Schlange gebissen, kaute er die Wurzel der *Lesquerella intermedia* und gab diesen Brei auf die Wunde. Die Winnebago und Dakota kochten die Knospen der *Weißesche* und tranken diesen Tee als Gegengift.

KLAPPERSCHLANGENBISS

Hier geht es uns um die Pflanzen, die manche Indianerstämme besonders bei Bissen der Klapperschlange anwandten. Da diese pflanzlichen Mittel mit Ausnahme der Weißesche nicht von den weißen Siedlern übernommen wurden, sind in der einschlägigen Literatur recht wenig Informationen darüber zu finden. Deshalb können bei den nachfolgend genannten Pflanzen auch keine Hinweise auf spätere Anwendungsformen oder Untersuchungen gegeben werden.

Weißesche

Die Weißesche erfreute sich in der frühen amerikanischen Medizin einiger Beliebtheit als indianisches Heilmittel gegen Klapperschlangenbisse. Dr. Millspaugh zitiert im Jahr 1887 einen Dr. Porcher, der sich wiederum auf einen ›unbekannten Autor‹ beruft: »Die Blätter dieser Pflanze sollen eine so unangenehme Wirkung auf Klapperschlangen haben, daß diese schrecklichen Reptilien nirgendwo vorkommen, wo die Pflanze wächst. Es ist allgemeiner Brauch bei Jägern und anderen Personen, die in den Sommermonaten die Wälder durchstreifen, sich die Stiefel oder Schuhe mit Blättern der Weißesche auszustopfen als Vorsichtsmaßnahme gegen Klapperschlangenbisse.«

Dr. Millspaugh berichtet weiter, daß die Einwohner von Orange County, New York, zum gleichen Zweck solche Blätter bei sich trugen. Er warnt jedoch davor, allzusehr auf diese ›vorbeugende Maßnahme‹ zu vertrauen.

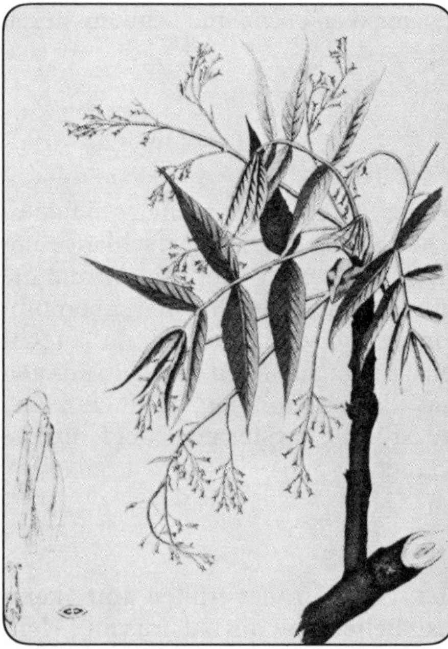

Weißesche
Die Blätter dieser Pflanze waren früher in den USA ein sehr beliebtes Mittel, um sich Klapperschlangen vom Leibe zu halten. Jäger stopften ihre Stiefel früher mit Weißeschenblättern aus. Sie sollen diesen Trick von den Indianern gelernt haben.

Ähnliche Berichte gibt es schon im Jahr 1794. Von Virgil J. Vogel erfahren wir beispielsweise, daß der Missionar Loskiel schrieb: »Eine Abkochung der Knospen oder der Rinde der Weißesche (*Fraxinus carolina*) soll, innerlich verabreicht, ein Mittel gegen die Wirkung dieses Giftes sein.«

Die Rinde der Weißesche wurde in der Medizin für tonisierende und adstringierende Mittel verwendet und war von 1916 bis 1926 im ›National Formulary‹ verzeichnet.

Große Bedeutung hat dieser Baum als Nutzholz. Man kann sich gut vorstellen, wie Eingeborene reagiert haben, wenn sie in ein Sägewerk kamen: Hier wurden aus der von den Göttern gegebenen Medizin gegen Klapperschlangenbisse Stiele für Werkzeuge und Möbel gemacht!

Ptiloria tenuifolia

Die in New Mexico lebenden Zuñi saugten zuerst das Gift aus der Wunde und trugen dann die zu Pulver gemahlene Pflanze auf die Bißstelle auf. Diese Behandlung wurde viermal hintereinander an jedem Morgen wiederholt. Der Patient sollte so wenig wie möglich essen und nur ganz wenig Wasser trinken, in dem etwas von dem gleichen Pulver aufgelöst worden war. Diese Form der Behandlung wurde speziell bei Klapperschlangenbissen angewendet. Für die Bisse anderer Giftschlangen gab es bei den Zuñi andere Mittel.

Die Navajo behandelten Klapperschlangenbisse mit einem feuchten Umschlag aus zerstoßenen *Bartfadenblättern*. Nach ihrer Überlieferung ist das »ein absolut wirksames Gegenmittel«.

Wenn die in British Columbia lebenden Thompson-Indianer sich in Gebiete wagten, wo Klapperschlangen vorkamen, durften die in dieser Region Kanadas vorkommenden Wolfsmilchgewächse in ihrem Medizinbeutel nicht fehlen. Waren sie gebissen worden, zerdrückten sie die Stengel und trugen den milchigen Saft direkt auf die Wunde auf.

Schmerzstillende Mittel

ENTZÜNDUNGEN UND BLUTERGÜSSE

Hamamelis

Die Indianer hatten sich den Hamamelis-Strauch schon zunutze gemacht, lange bevor ihn auch die weißen Siedler in ihren Heilmittelkatalog übernahmen. Virgil J. Vogel hat sich eingehend mit der Geschichte dieser Pflanze beschäftigt. Ich fasse hier die seinem Bericht entnommenen medizinischen Anwendungsformen der Hamamelis zusammen.

Die in Wisconsin lebenden Menominee kochten die Blätter und rieben mit der Flüssigkeit die Beine von Stammesbrüdern ein, die an sportlichen Wettkämpfen teilnahmen. Sie hatten die Zubereitung dieses Einreibemittels aus Hamamelis offenbar von den Stockbridge-Indianern aus Massachusetts gelernt, die nach Wisconsin eingewandert waren. Mit einer Abkochung aus den Zweigen linderte man Rückenschmerzen. Bei den Potawatomi behandelte man Muskelschmerzen mit Dampf, indem man Hamameliszweige in Wasser mit heißen Felsbrocken legte.

Schon 1744 wird berichtet, daß die Mohawk Blutergüsse an den Augen mit einer Waschung aus aufgebrühter Hamamelisrinde kurierten. 1850 wurde die Pflanze von der amerikanischen Ärztevereinigung als nützliches Mittel zur Behandlung von Hämorrhoiden, inneren Blutungen und Augenentzündungen geführt.

Hamamelisblätter waren im ›U.S. Pharmacopoeia‹ von 1862 bis 1916 und im ›National Formulary‹ von 1916 bis 1955 verzeichnet. Sie werden im allgemeinen bei Entzündungen und Blutergüssen und wegen ihrer adstringierenden Wirkung auch bei Schnittwunden etc. verwendet. (Wie üblich, könnte man schon fast sagen, zweifelt das ›Dispensatory of the United States‹ an, daß Hamamelis überhaupt einen medizinischen Wert hat.)

Der Gattungsname *Hamamelis* ist aus den beiden griechischen Wörtern *hama* und *melis* abgeleitet. Das erste Wort bedeutet ›gleichzeitig‹ und das zweite ›Frucht‹. Man hat diese Kombination gewählt, weil die Pflanze im Winter blüht und gleichzeitig die Früchte des Vorjahres reifen. Der Artenname *Virginiana* bezieht sich natürlich auf die Gegend, wo der Strauch hauptsächlich wuchs. Der Volksname ›Zaubernuß‹ macht deutlich, daß man der Pflanze okkulte Kräfte zugeschrieben hat. Wünschelrutengänger benützten die gegabelten Hamamelis-zweige zum Auffinden von Wasser- und Goldadern.

Der in den USA heimische Strauch wird 2 bis 4,5 m hoch, der krumme Stamm ist mit glatter brauner Rinde bedeckt, die länglichen Blätter sind gezähnt. Charakteristisch für die Pflanze ist, daß die hellgelben Blüten erst im November oder Dezember erscheinen, wenn die meisten anderen Bäume und Pflanzen ihre Blätter schon abgeworfen haben. Die großen, glänzenden schwarzen Samen sind eßbar. Als wärmendes, ›natürliches‹ Getränk war bei den Irokesen ein Tee aus den gekochten Blättern, mit Ahornzucker gesüßt, sehr beliebt.

KOPFSCHMERZEN

Spathyema foetida

Aus dieser übelriechenden Sumpfpflanze wurde früher in der amerikanischen Medizin ein Brechmittel sowie eine harntreibende und krampflösende Droge gewonnen. Die Wurzeln und der Wurzelstock fanden zur Behandlung verschiedener Erkrankungen der Atemwege und Nervenleiden Anwendung. Diese Teile der Pflanze waren von 1880 bis 1882 im ›U.S. Pharmacopoeia‹ verzeichnet. Bei den Indianern wurde die Pflanze nur begrenzt genützt. Von den etwa sechs Stämmen, bei denen die Pflanze medizinisch verwendet wurde, waren die Micmac die einzigen, die speziell Kopfschmerzen damit

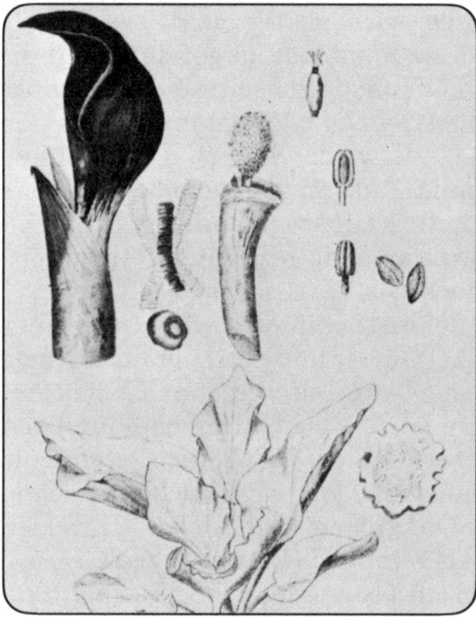

Spathyema foetida
Die Micmac inhalierten bei Kopfschmerzen das scharfe Aroma der Blätter, die sie vorher fest zusammengebunden und zerdrückt hatten.

behandelten. Sie banden ein Bündel Blätter zusammen, zerdrückten sie und inhalierten den scharfen Geruch. Das ist natürlich kein ›repräsentatives‹ indianisches Heilmittel gegen Kopfschmerzen: Wir haben es dennoch erwähnt, weil wir es interessant finden, daß man früher durch Inhalieren des unangenehmen Geruchs Kopfschmerzen *behandelt* hat. Vielleicht verwendeten die Micmac diese Pflanze gerade deshalb. Es würde der ›Lehre der Kennzeichen‹ entsprechen, nach der ›Gleiches gleiches heilt‹, daß also der Geruch der Pflanze einem gesunden Menschen Kopfschmerzen verursachen, den daran Leidenden aber heilen könnte.

Die zu den Aronstabgewächsen gehörende Pflanze wächst in Sümpfen und anderen feuchten Gebieten im Osten der USA und im Westen bis nach Iowa. Die haubenförmigen, purpurfarbenen Blüten erscheinen im Februar oder März, noch vor den großen Blättern, die sich dann an den dicken Stengeln bilden. Für medizinische Zwecke wurde der Wurzelstock zu Beginn des Frühjahrs oder im Spätherbst gesammelt. Man lagerte ihn nie für längere Zeit ein, weil die Wirkung dann nachzulassen schien.

Feuerkolben

Der Wilde Feuerkolben wurde von mehreren Indianerstämmen verwendet; die Pawnee waren aber die einzigen, die die Wurzeln zerrieben und zur Behandlung von Kopfschmerzen auf Kopf und Schläfen auftrugen. Bei den Indianern gab es im allgemeinen nur drei Behandlungsarten gegen Kopfschmerzen: einen Tee aus einem bestimmten Pflanzenteil; ein Inhalationsmittel, das man durch Zerdrücken einer Pflanze gewann oder, wie es beim Feuerkolben der Fall ist, ein Pulver, das man durch Trocknen und Pulverisieren der Wurzel erhielt.

Das ›Dispensatory of the United States‹ sagt, daß die frisch ausgegrabenen Wurzeln des Feuerkolbens gefährlich und sehr ätzend sind, was bei gründlich getrockneten Wurzeln aber nicht der Fall ist. Die Indianer haben klugerweise die Wurzeln gemahlen, mit Wasser verrührt und die breiige Masse dann einige Wochen trocknen lassen, bevor sie sie als eine Art Mehl verwendeten. Durch diesen Vorgang soll die ätzende Wirkung neutralisiert werden. Der Feuerkolben ist in feuchten Wäldern von Florida bis Kanada und im Westen bis nach Minnesota zu finden. Die Pflanze wird zwischen 30 und 90 cm hoch und trägt im April grüne und bräunlichrote, helmförmige Blüten. Wie die Illustration zeigt, stehen jeweils drei Blätter an einem langen, geraden Stengel. Die als Blütenscheide bezeichnete helmförmige ›Blüte‹ schützt den keulenförmigen Blütenkolben. Im Herbst bilden sich hellrote Beeren, die aber sehr ätzend sind.

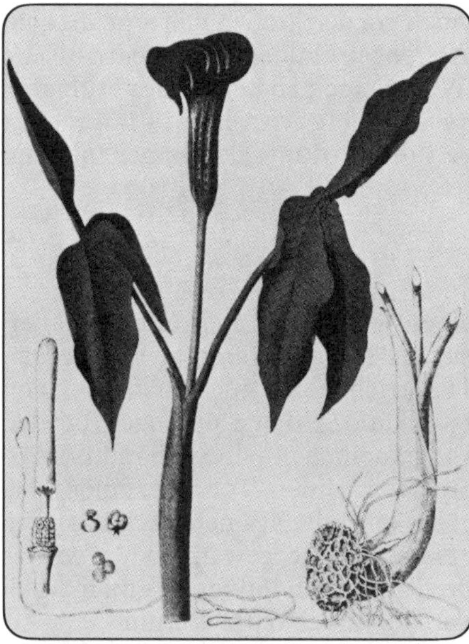

Feuerkolben
Bei den Pawnee bestrich man bei Kopfschmerzen Stirn und Schläfen mit einem Pulver aus den Wurzeln dieser Pflanze.

Zur Behandlung von Kopfschmerzen sind viele Pflanzen verwendet worden. Wir können nur einige wenige davon nennen. Die Montagnais zerrieben *Hahnenfußblätter* und inhalierten den Geruch; die Meskwaki tranken bei Kopfschmerzen und Schwindel einen Tee aus *Anemonenwurzeln*; die Ojibwa aus den Blättern des *Lebensbaums*; die Choctaw zerrieben *Holunderblätter*, vermischten sie mit Salz und trugen die Masse dann auf den Kopf auf; die im Südwesten lebenden Zuñi brühten eine *Gänsefußart* mit heißem Wasser auf und inhalierten den Dampf.

Und schließlich kommen wir zu einem alten Heilmittel der *Zuñi,* das ursprünglich zur Beschleunigung der Geburt verwendet und später ein allgemein anerkannter Ersatz für Mutterkorn wurde, das man in der amerikanischen Medizin lange Zeit gegen Kopfschmerzen verschrieben hat. Die Zuñi lösten eine ganz kleine Menge des Pilzes *Ustilago zeae,* der an den Stengeln und Blüten von Mais wächst, in Wasser auf; dieser Aufguß wurde dann zur Beschleunigung der Geburt getrunken. Dieser Pilz enthält das Alkaloid Ustilagin, das in der Medizin wie Mutterkorn verwendet wurde, um die Kontraktionen der Gebärmutter zu fördern oder – bei Migräne – um die Blutgefäße in Kopfhaut oder Gehirn zu verengen, dadurch die Durchblutung zu reduzieren und damit auch den pochenden Kopfschmerz. Der Pilz war von 1882 bis 1894 offiziell im ›U.S. Pharmacopoeia‹ verzeichnet, was eine große Anerkennung für die Medizinmänner der Zuñi war, die seine Nützlichkeit mit ihren eigenen Methoden entdeckt hatten.

Flohkraut

Die Onondaga, ein zu den mächtigen Irokesen gehörender Stamm, behandelten Kopfschmerzen mit einem Aufguß aus den Blättern des Flohkrauts. Die im Westen lebenden Mescalero-Apachen verwendeten dazu eine damit eng verwandte Art (*H. reverchoni*). Sie zerstießen die Zweige und inhalierten den minzeähnlichen Geruch.

Das Flohkraut wurde früher in der amerikanischen Medizin häufig verwendet: zum Schwitzen im Anfangsstadium einer Erkältung, um die Menstruation zu fördern, in Verbindung mit Bierhefe zum Abbruch einer Schwangerschaft und mit unverdünntem Leinöl als Verband bei Verbrennungen. Die getrockneten Blätter waren von 1831 bis 1916 im ›U.S. Pharmacopoeia‹ verzeichnet.

Das aromatische Kraut wächst auf trockenen Böden im südwestlichen Kanada und im Osten der USA. Es wird selten höher als 30 cm. Die kurzen Stengel tragen kleine, gegenständige Blätter und, von Juli bis September, einige zartblaue Blüten. Für medizinische Zwecke sammelte man die Blätter und Blüten, wenn die Pflanze in voller Blüte stand. Daraus wurde dann das ätherische Minzenöl destilliert.

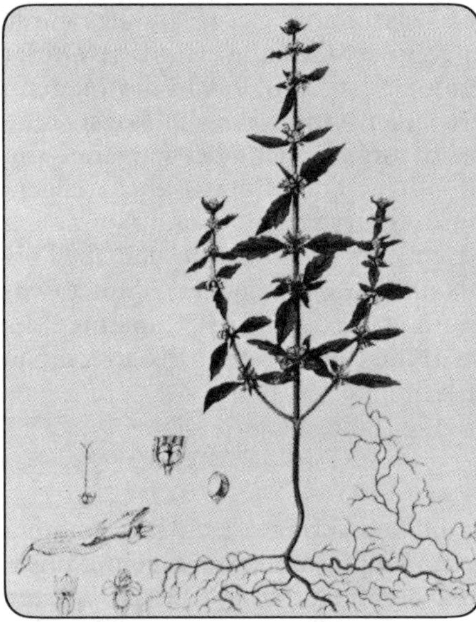

Flohkraut
Bei den Onondaga, einem zu dem Irokesenvolk gehörenden Stamm, behandelte man Kopfschmerzen mit einem Tee aus den Blättern des Flohkrauts.

RHEUMA

Da sie ständig allen möglichen Witterungsbedingungen ausgesetzt waren, hatten die Indianer häufig rheumatische Beschwerden. Behandelt wurden sie meist mit pflanzlichen Heilmitteln, von denen wir hier einige beschreiben wollen. Am beliebtesten aber waren Schwitzbäder. Ein interessantes Beispiel hierfür findet sich in einem Bericht von V. K. Chestnut über die Yokia-Indianer in Kalifornien: »Diese Leute... verwenden die kleinen Zweige und Blätter auf ganz neuartige Weise zur

Behandlung von Rheuma und Quetschungen. Auf ein paar Felsbrocken wird ein Feuer gemacht, das man herunterbrennen läßt. Dann werfen sie Kiefernzweige auf die warme Asche, und der Patient, in Decken eingehüllt, legt sich darauf. Ab und zu spritzen sie Wasser auf die darunterliegenden Steine, so daß ständig Dampf und das ätherische Öl der Blätter aufsteigt. Der Patient kann sich nach acht oder zehn Stunden, wenn er diesen Dampf inhaliert und ausgiebig geschwitzt hat, wieder ohne Schmerzen bewegen.«

Die Kiefernart, deren Zweige für dieses Schwitzbad der Yokia-Indianer verwendet werden, ist die bekannte *Weißkiefer*. Manchmal verwendeten die Yokia auch die Blätter der *Küsten-Douglasie* und des *Beifuß* zur Behandlung von Rheuma. Hier nun einige Pflanzen, mit denen die Indianer Rheuma behandelten.

Kermesbeere

Das winterharte Kraut nahmen die amerikanischen Indianer als Brechmittel ein. Es ist aber zumindest von einem Stamm, den in Virginia lebenden Pamunkey-Indianern, bekannt, daß sie bei rheumatischen Beschwerden einen Tee aus den gekochten Beeren tranken. Die Pflanze fand auch in die amerikanische Medizin Eingang, und zwar wurde die Wurzel zur Behandlung verschiedener Hautkrankheiten verwendet.

Die getrocknete Wurzel der Kermesbeere war von 1820 bis 1916 im ›U.S. Pharmacopoeia‹ als schmerzlinderndes und entzündungshemmendes Mittel aufgeführt. Auch chronisches Rheuma wurde damit behandelt. Zur Zeit wird untersucht, ob die Kermesbeere gegen Schlangengift eingesetzt werden kann. Bei einer in Afrika heimischen, verwandten Art hat sich gezeigt, daß mit ihr Weichtiere vernichtet werden können, und man hofft, mit der in Amerika heimischen Kermesbeerenart Süßwasserschlangen unter Kontrolle zu halten.

Laut dem ›Dispensatory of the Unites States‹ wurde die getrocknete Wurzel in der Medizin zur Behandlung von Hautparasiten und Rheuma angewendet. Mit dem aus den Früchten gepreßten Saft behandelte man Hämorrhoiden, Krebs und Zittern.

Kermesbeere
Die Pamunkey-Indianer in Virginia tranken bei Rheuma einen Tee, den sie durch Kochen der Beeren hergestellt hatten.

Von in den Appalachen an der Ostseite der USA ansässigen Heilkundigen ist bekannt, daß sie Rheuma mit Kermesbeerenwein behandelten. Die Pennsylvanien-Deutschen machten sich die abführende Wirkung dieser Pflanze zunutze.

Die Kermesbeere ist in Amerika heimisch. Sie wächst überall auf feuchten Böden im Osten und in den zentral gelegenen Staaten der USA. Die weißen, büschelförmig angeordneten Blüten erscheinen im Juli, die hübschen, dunkelroten Beeren im Herbst. Manche kochen Stengel und Sprossen junger Pflanzen in Wasser, das man zweimal wechselt. Man ißt sie als Gemüse wie Spargel. Es gab auch Fälle von Vergiftung, wenn unerfahrene ›Naturkundige‹ die Kermesbeere roh gegessen haben. Von Beeren auf Kuchen ist abzuraten; für Kinder sind sie besonders gefährlich.

Kanadische Blutwurzel

Die Blutwurzel war bei den im Gebiet des Mississippi lebenden Indianern ein sehr beliebtes Rheumamittel. Die in Virginia ansässigen Rappahannock tranken zur Behandlung von Rheuma einen Tee aus der Wurzel, andere Stämme verwendeten ihn als Brechmittel.

Von 1820 bis 1926 war die Blutwurzel als anregendes und schleimlösendes Mittel im ›U.S. Pharmacopoeia‹ verzeichnet. Die zur Familie der Schlafmohnarten gehörende Pflanze enthält Alkaloide des Protopintyps. Diese Alkaloide finden sich auch in jeder anderen Art der zur Familie der Mohngewächse gehörenden Pflanzen.

Die Blutwurzel wächst auf den fetten Waldböden östlich des Mississippi. Die weißen Blüten erscheinen als eine der ersten im Frühjahr. Der Gattungsname *Sanguinaria* bedeutet ›blutig‹ und bezieht sich auf den blutroten Saft von Stengel und Wurzel.

Für medizinische Zwecke wurde der Wurzelstock im Herbst gesammelt, wenn die Blätter verwelkt waren. Er wurde trocken gelagert, da Feuchtigkeit den Verfallprozeß anregt.

Die Indianer färbten mit dem roten Saft ihre Gesichter, die Haushalts- und Kriegsgeräte. Es muß davor gewarnt werden, den Wurzelstock zu essen, gekocht oder ungekocht, denn in großen Mengen soll er giftig sein.

Zu den Pflanzen, mit denen die Indianer rheumatische Beschwerden behandelten, gehört auch der *Breitwegerich*. Die Shoshonen bereiteten aus den grünen Blättern dieser Pflanze eine Art Brustwickel. Bei den Winnebago und Dakota trank man einen Aufguß der *Schlangenwurzel*. Die in der Gegend von Mendocino lebenden Indianer preßten den Wurzelstock einer in Kalifornien heimischen *Tüpfelfarnart* aus und rieben mit dem Saft die schmerzenden Stellen ein.

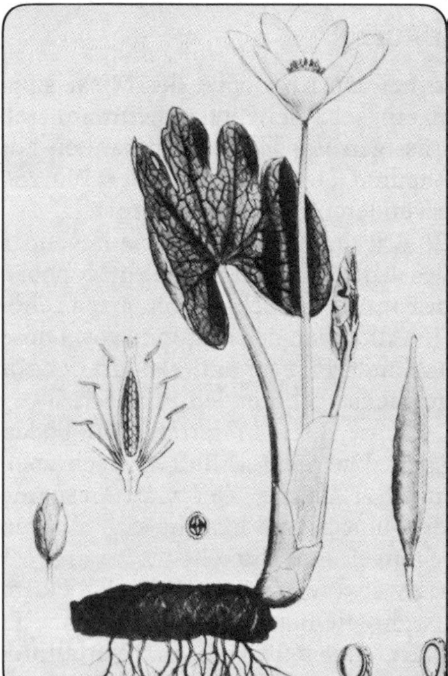

Kanadische Blutwurzel
Diese zur Familie der Schlafmohngewächse gehörende Pflanze war bei den Indianern im Gebiet des Mississippi ein beliebtes Mittel gegen Rheuma.

RÜCKENSCHMERZEN

Arnika

Die Catawba behandelten Rückenschmerzen mit einem Tee aus Arnikawurzeln. In Europa hat man seit dem 16. Jahrhundert die getrockneten Blütenköpfe dieser

Pflanze häufig bei Quetschungen und Verstauchung angewendet. Das Wort ›Arnika‹ soll sich aus einem griechischen Wort ableiten, das die Haut eines Schafes meint. Dieser Bezug zu der Weichheit der Blätter läßt nicht vermuten, daß darin der bittere kristallinische Grundbestandteil Arnicin enthalten ist, der tonisierend, stimulierend und reizauslösend wirkt.

Im ›Dispensatory of the United States‹ (22. Aufl.) heißt es, daß die Droge bei innerer Anwendung gefährlich sein kann und es schon zu schweren und sogar tödlichen Vergiftungen gekommen ist. Die Pflanze wurde in Europa bei nervösen Störungen und in der amerikanischen Medizin wohl hauptsächlich als Waschung bei Verstauchungen und Quetschungen verwendet. Die in Europa heimische Arnika wurde im ›U.S. Pharmacopoeia‹ von Anfang des 19. Jahrhunderts bis 1960 offiziell aufgeführt, wiederum als Mittel bei Verstauchungen und Quetschungen.

Enzian

Die Catawba brühten die Wurzeln des *Amerikanischen Enzian* mit Wasser auf und strichen die Flüssigkeit dann auf den schmerzenden Rücken. Der *Europäische Enzian*, der vom chemischen Aufbau her ähnlich ist, wird seit langer Zeit als verdauungsförderndes Tonikum verwendet. Wie Sie auf der Illustration sehen, hat die europäische Art gelbe Blüten, die amerikanische blaue. Der Artenname *Gentiana* wird auf den illyrischen König Gentius zurückgeführt, der die tonisierende Eigenschaft der Pflanze erkannt hat. Den Enzian findet man bereits in den frühen Kräuterbüchern der Griechen und Araber; auch Plinius und Dioskorides kannten ihn. Er wurde auch im Mittelalter häufig als Heilmittel verwendet. Die europäische Art (*G. lutea*), die hier abgebildet ist, war im ›U.S. Pharmacopoeia‹ von 1820 bis 1955 offiziell als Magenstimulans aufgeführt.

Der Amerikanische Enzian wächst in den nordamerikanischen Sumpfgebieten von Virginia bis Florida. Der zwischen 20 und 25 cm hohe Stengel hat lanzettliche Blätter und trägt in der Zeit von September bis Dezember blaßblaue Blüten.

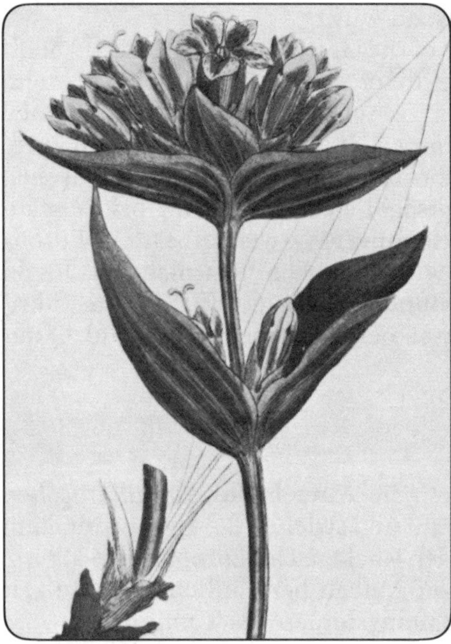

Enzian
Die Catawba brühten die Wurzeln des Amerikanischen Enzian mit Wasser auf und behandelten mit dieser Flüssigkeit Rückenschmerzen.

Pferdeminze, Monarde

Die Catawba zerdrückten die frischen Blätter der Pferdeminze, gossen sie mit kaltem Wasser auf und tranken dann den Auszug, um Rückenschmerzen zu lindern. Andere Stämme verabreichten die Pferdeminze auch bei Fieber, Entzündungen und Schüttelfrost. Im 19. Jahrhundert wurde in der amerikanischen Medizin das Öl der Pferdeminzeblätter in die Haut des Patienten gerieben, um das Schwitzen bei Typhus und Rheuma zu fördern.

Die Blätter und Blüten wurden im ›U.S. Pharmacopoeia‹ von 1820 bis 1882 offiziell als Mittel gegen Rheuma und zur Unterstützung der Verdauung aufgeführt. Aus den Blättern werden Monardaöl und Thymol gewonnen. Thymol ist gegen Hakenwürmer wirksam.

Pferdeminze
Die Catawba zerdrückten die frischen Blätter und gossen sie mit kaltem Wasser auf. Sie tranken diesen Aufguß zur Linderung von Rückenschmerzen.

Amerikanische Narde

Dieses aromatische Kraut war bei vielen Indianerstämmen Amerikas ein beliebtes Heilmittel. Die Potawatomi machten damit einen Breiumschlag bei Schwellungen und Entzündungen, die Shawnee verwendeten die Amerikanische Narde bei Brustschmerzen. Die Ojibwa kombinierten die getrockneten Wurzeln mit Wildem Ingwer und trugen diese Mischung dann als feuchten Umschlag bei Knochenbrüchen auf. Die Cherokee tranken bei

Rückenschmerzen einen aus den Wurzeln zubereiteten Tee. Dieses Heilmittel wurde bald von den ersten Siedlern in den Great Smoky Mountains übernommen.

Gegen Ende des 19. Jahrhunderts galt die pulverisierte Wurzel als Hausmittel gegen Husten, Asthma und Rheuma. Die Amerikanische Narde enthält ein Saponin namens Aralin. Von 1916 bis 1965 war die Wurzel offiziell im ›National Formulary‹ aufgeführt als Mittel gegen Rheuma und Hautleiden.

Die aus mehreren Stengeln bestehende Pflanze wird fast zwei Meter hoch und hat große wechselständige Blätter. Die kleinen, grünlichen Blüten bilden Dolden. Die Pflanze fällt durch ihre purpurroten Früchte auf. Die Amerikanische Narde ist in den östlichen Staaten der USA und Kanada heimisch. Man findet sie im Westen auch von Minnesota bis Missouri. Die Wurzeln werden im Spätsommer und Herbst gesammelt.

Amerikanische Narde
Die Cherokee tranken einen Tee aus den Wurzeln bei Rückenschmerzen. Dieses Heilmittel wurde auch bald von den Siedlern im Gebiet der Great Smoky Mountains übernommen.

Skorbut

Eine der berühmtesten indianischen ›Kuren‹ wird uns aus dem Jahr 1535 überliefert, als der französische Forscher Jaccques Cartier 25 seiner Männer durch Skorbut verloren hatte und im St.-Lorenz-Strom vom Eis eingeschlossen worden war, in der Nähe des Ortes, wo heute die Stadt Montreal steht. Cartier rief eine Gruppe von Indianern an, die auf dem Eis nahe bei seinem Schiff vorbeigingen und bat sie um ihre Hilfe bei der Behandlung dieser Kranken. Er sagte ihnen natürlich nicht, wie schlecht es schon um die ihm noch verbliebenen Männer seiner Mannschaft stand. Es ist noch nicht klar, um welchen Baum es sich handelte, mit dem seine Männer kuriert wurden, denn in seinem Tagebuch steht: »In ihrer Sprache heißt der Baum Ameda oder Hanneda und das wird wahrscheinlich der *Sassafrasbaum* sein.« Mehrere Schriftsteller sind der Meinung, daß ein früher Übersetzer der Cartier-Berichte den Namen des Baumes wahrscheinlich selbst eingefügt hat. Fachleute für indianische Medizin nehmen an, daß es sich bei dem Baum um die *Weymouths-Kiefer* oder die *Hemlocktanne* gehandelt hat. Dr. Millspaugh führt die *Schwarzfichte* als ›Antiskorbutbaum‹ an und sagt in seinem Werk über Heilpflanzen, daß »die Entdecker Kanadas damit vom Skorbut geheilt wurden, seither ist sie zu einem beliebten Mittel in Kanada, den Nordstaaten der USA und sogar in Europa geworden«.

Cartier beschreibt die Gewinnung des Heilmittels in einem Abschnitt mit der Überschrift: »Wie wir durch Gottes Gnade von einem bestimmten Baum erfuhren, durch den uns die Gesundheit wiedergegeben wurde, und wie man es anwendet.« Ein Indianerhäuptling namens Domagaia »schickte zwei Frauen, etwas davon zu holen, und sie brachten zehn oder zwölf Äste. Dann zeigten sie uns, wie man es macht: Man nimmt die Rinde und die Nadeln des besagten Baumes, kocht sie zusammen und trinkt jeden zweiten Tag davon. Die gekochten Nadeln und die Rinde werden auf die kranken Beine gelegt.«

Schwarzfichte
Die Männer des Forschers Cartier konnten durch einen Tee aus den Blättern dieses Nadelbaums vom Skorbut geheilt werden.

Dieses Mittel schlug bei den zuerst behandelten Männern so gut an, daß es bald zu Streitereien kam, »wer es als erster trinken durfte, daß sie sich deshalb fast umbrachten. Ein Baum, so groß wie eine Eiche in Frankreich, wurde kahlgeschlagen und... es wirkte so gut, daß alle Ärzte aus Montpellier und Lovaine zusammen mit allen Drogen des Orients in einem Jahr nicht so viel ausgerichtet hätten wie dieser Baum in sechs Tagen...«

Fichtenbier wird in den nördlichen Gebieten auch heute noch getrunken und auch das Originalrezept der Indianer gibt es noch. Zweige und Zapfen der Fichte werden in Ahornsirup gekocht und das heiße, erfrischende Getränk wird das ganze Jahr über getrunken. Auch Captain Cook trank es auf einer seiner Fahrten, und es wurde zu einem vorbeugenden Hausmittel gegen diese Vitaminmangelkrankheit.

Zu den Pflanzen, mit denen Skorbut vorbeugend oder heilend behandelt wurde, gehören auch der *Wilde Knoblauch*, dessen frische Knollen und grüne Schößlinge roh gegessen wurden, die *Knospen der Balsampappel*, die Beeren einer in den USA heimischen *Ebereschenart*, die Blätter der *Persimone*, die sehr viel Vitamin C enthalten sollen, die *Bärentraube*, der *Gemeine Schneeball* und alle *Kiefernarten*. Aus den hellgrünen jungen Nadeln wurde ein aromatischer Tee gebraut, der auch heute noch von Leuten getrunken wird, die viel im Freien sind.

Man darf nicht vergessen, daß die amerikanischen Indianer früherer Zeit nicht an diesem Vitamin-C-Mangel litten, denn sie wußten, wie sie dem vorbeugen konnten. Ihnen dienten die oben genannten ›Heilmittel‹ zur Vorbeugung gegen die Krankheit.

Verdauungsstörungen

Indianer litten häufig unter Verdauungsstörungen; es gab Zeiten mit reichlichem Nahrungsangebot und Zeiten, da sie hungern mußten. Längere Fastenperioden wurden normalerweise mit einem großen Gelage beendet, was die Verdauungsorgane sehr belastete. In der Literatur finden sich Hunderte von Mitteln gegen ›Magenschmerzen‹. Die folgenden Pflanzen wurden aus verschiedenen Gründen ausgewählt: die einen sind allgemein bekannt, die anderen waren allgemein gebräuchlich. Wieder andere behandeln wir deshalb, weil sie später auch von der ›Schulmedizin‹ für ähnliche Zwecke übernommen wurden.

Butternußbaum

Bei den Menominee war der Sirup der Butternuß, die auch ›weiße Walnuß‹ genannt wird, ein Standardmittel bei Verdauungsstörungen. Die Potawatomi tranken bei Magenbeschwerden einen Tee aus der inneren Rinde des Baums. Bei den Meskwaki wurde der Rindentee als mildes Abführmittel verwendet.

Die wegen ihrer abführenden Wirkung allgemein bekannte Pflanze wird schon seit dem Unabhängigkeitskrieg im 18. Jahrhundert in Amerika als Hausmittel geschätzt. Die innere Rinde war wegen ihrer abführenden und tonisierenden Wirkung von 1820 bis 1905 im ›U.S. Pharmacopoeia‹ verzeichnet. Aus den Blättern, der Rinde und den unreifen Früchten wurde ein schokoladebrauner Farbstoff gewonnen, mit dem man früher häufig Wollstoffe färbte.

Der zu der Familie der Walnußbäume gehörende Baum wird 9 bis 15 m hoch. Die süße, ölhaltige Nuß steckt in einer stark duftenden, klebrigen Schale. Die Nüsse werden frisch gegessen oder für Notzeiten eingelagert. Die Wurzelrinde wurde im Herbst gesammelt. Um das Jahr 1909 brachte sie dem Sammler zwischen einem und vier Cent das Pfund.

Butternußbaum
Bei den Menominee war der Sirup dieser ›weißen Walnuß‹ ein Standardheilmittel für Verdauungsstörungen.

Löwenzahn

Dieses allerorten wachsende Unkraut wurde oft für Salate und in Notzeiten als Nahrungsmittel verwendet. Es spielte aber auch bald, nachdem es nach Nordamerika gekommen war, eine Rolle in der indianischen Medizin. Zweifellos ›entliehen‹ die Ureinwohner Nordamerikas die Anwendungsmöglichkeiten dieser Pflanze von den weißen Siedlern. Die Pillager-Ojibwa tranken bei Sodbrennen einen Tee aus den Löwenzahnwurzeln, die Mohegan und andere Stämme bereiteten wegen der tonisierenden Wirkung einen Tee aus den Blättern. Der Wurzelstock und die Wurzeln in getrockneter Form waren im ›U.S. Pharmacopoeia‹ von 1831 bis 1926 aufgeführt. Wie wertvoll dieses ›Unkraut‹ ist, wird dadurch

Löwenzahn
Dieses überall wachsende Unkraut wurde bald, nachdem es von Europa nach Nordamerika gebracht worden war, auch in der Indianermedizin verwendet.

bestätigt, daß viele Bewohner von Menorca, einer Baleareninsel im Mittelmeer, sich von Löwenzahnwurzeln ernährten und dadurch überlebten, nachdem ihre Ernte vollständig von Heuschrecken vernichtet worden war.

Akeleiblättrige Berberitze

Die Berberitze benützten die Kwakiutl an der nördlichen Pazifikküste zur Behandlung von Verdauungsstörungen, die sich durch eine Überproduktion an Galle manifestierten, und zwar in der Form eines Rindentees. Die in Kalifornien lebenden Indianer genossen diesen Tee als Aperitif.

Die Wurzeln wurden bald zu einem in ganz Nordamerika gebräuchlichen Hausmittel, und der lebhafte Handel zu Beginn dieses Jahrhunderts hat dazu geführt, daß der Strauch in der Umgebung größerer Städte oder Gemeinden fast ausgerottet wurde.

Die Pflanze enthält das Alkaloid Berberin. Die Wurzeln waren von 1905 bis 1916 im ›U.S. Pharmacopoeia‹ verzeichnet und zwar als bitteres Tonikum.

Die Akeleiblättrige Berberitze ist in den Wäldern von Colorado bis zum Pazifik heimisch. Am häufigsten ist sie in Oregon (das sie in seinem Wappen führt) und Nordkalifornien zu finden. Den niedrigwachsenden Strauch kann man an drei Charakteristika erkennen: er hat stechpalmenartige Blätter, trägt im April oder Mai kleine, leuchtend gelbe Blüten und später bläuliche, schmackhafte Beeren.

Die Wurzeln wurden im Herbst gesammelt, wenn sie die meisten medizinisch verwertbaren Bestandteile enthielten. Die Sammler wurden angewiesen, die Rinde an den Wurzelstöcken zu lassen, damit die darunter enthaltene Feuchtigkeit und deshalb auch die Wirksamkeit der Wurzel nicht verlorengingen.

Schneebeere

Die folgende Beschreibung dieses faszinierenden Strauches haben wir in einem Brief von Thomas Jefferson [Präsident der USA von 1801 bis 1809, Anm. d. Übers.] an eine Tante von Madame Lafayette gefunden, der das Datum vom 8. Dezember 1813 trägt: »Durch die Reise von Lewis quer durch den Kontinent bis zur Pazifikküste sind zu den uns bekannten Pflanzen viele neue hinzugekommen. Einige sind recht seltsame Gewächse, andere eher Zierpflanzen. Manche sind nützlich und andere könnten durch Züchtung sogar eine Bereicherung unseres Speisezettels werden. Ich ziehe gerade einen sehr hübschen kleinen Strauch in der Größe eines Johannisbeerstrauchs, den ich Ihnen schenken will. Sein Reiz liegt in den vielen kleinen Beeren, die so weiß sind wie Schnee. Sie bleiben den ganzen Winter über an den Zweigen, wenn die Blätter schon lange abgefallen sind. Er ist wirklich einzigartig und wunderschön anzusehen. Wir nennen den Strauch Schneebeere, einen botanischen Namen dafür gibt es noch nicht.« (Aus dem Buch ›Wild Flowers of the Pacific Coast‹ von Haskin, S. 347.)

Die Thompson-Indianer in British Columbia kochten die Stengel der Schneebeere und tranken diesen Aufguß zur Linderung von Magenschmerzen. Mit einem schwachen Aufguß aus den Stengeln wusch man Säuglinge, ein stärkerer wurde bei Entzündungen angewendet. Gegen Ende des 19. Jahrhunderts war die Pflanze ein beliebtes Mittel gegen Erbrechen in der Schwangerschaft.

Die auf trockenem, offenem Gelände wachsende Schneebeere trägt im Juni und Juli rosafarbene, glockenförmige Blüten. Die Pomo-Indianer in Kalifornien nannten die schlanken, kräftigen Stengel ›sa-ka-hi‹ oder ›Holz für Tabak‹, denn sie machten daraus Pfeifenstiele.

Sternwurzel

Die Kräuterkenner und Ärzte haben die Sternwurzel von den Catawba übernommen und sie, in Anbetracht der medizinischen Verwendung, in ›Kolikwurzel‹ umbenannt. Bei den Indianern hatte man schon lange alle möglichen Verdauungsstörungen mit einem Tee aus den Blättern behandelt. Die Wurzeln der Pflanze wurden in der Allgemeinmedizin wegen ihrer narkotischen und tonisierenden Wirkung verwendet. Sie waren eben wegen dieser tonisierenden Eigenschaft von 1820 bis 1873 im ›U.S. Pharmacopoeia‹ verzeichnet.

Die Sternwurzel wächst in den Wäldern im Osten der USA. Die gelbgrünen Blätter bilden eine Art Stern. Zwischen Mai und August wächst aus ihrer Mitte ein blattloser Stengel heraus, der bis zu 90 cm hoch wird. Wie auch die Illustration zeigt, trägt dieser Stengel kleine, weiße, röhrenförmige Blüten. Der Artenname *Farinosa* kommt vom lateinischen Wort für Mehl ›farina‹, was sich auf die wie mit Mehl bestäubten Blüten bezieht.

Sternwurzel
Pflanzenkenner benannten das Kraut in ›Kolikwurzel‹ um, was auf ihre medizinischen Qualitäten hinweist.

Zur Behandlung einer starken Magenverstimmung kochten die Thompson-Indianer die Rinde einer in den Rocky Mountains wachsenden *Rhododendron-Art* und tranken diesen Tee. Auch ein Tee aus den Wurzeln des *Wilden Ingwer* wurde bei Verdauungsstörungen und Koliken verwendet.

ABFÜHRMITTEL

Amerikanischer Faulbaum

Das bekannteste aller pflanzlichen Heilmittel der nordamerikanischen Indianer gewinnt man aus dem Amerikanischen Faulbaum; der Rindenextrakt wird oft wegen seiner abführenden Wirkung verschrieben. Der Baum ist an der nordwestlichen Pazifikküste heimisch, ist aber auch im südlichen British Columbia und in Kalifornien zu finden. Er wurde von verschiedenen Stämmen überall dort, wo er wächst, als abführendes Mittel angewendet. Es gibt verschiedene Arten davon, die eine ähnliche Wirkung haben.

Die frühen spanischen Missionare haben von diesem Baum, der ›heiligen Rinde‹, wie sie ihn nannten, wahrscheinlich durch die Indianer in der Gegend von Mendocino erfahren. Im Jahr 1877 wurde die Droge von Dr. J. H. Bundy neu entdeckt, wohl durch die Indianer. Er führte sie in der Medizin ein, und sie wurde schnell zu einem beliebten Abführmittel in der ganzen Welt. Im Jahr 1890 wurde die Rinde dieses Baums in das ›U.S. Pharmacopoeia‹ aufgenommen; auch heute noch ist ein flüssiger Extrakt ein offizielles Heilmittel. Es wird unter verschiedenen Handelsnamen auf den Markt gebracht.

Der Rindenextrakt des Amerikanischen Faulbaumes hilft bei chronischer Verstopfung. Er reizt die Eingeweide und regt die Arbeit des Darms an. Das ›Dispensatory of the United States‹ fügt hinzu, daß »dieses Mittel oft träge Eingeweide zu stärken scheint und daher eine andauernde günstige Wirkung zeigt«.

Die in British Columbia lebenden Thompson-Indianer stellten ein Abführmittel her, indem sie etwas Rinde oder Holz in Wasser kochten. Dies war eine der Standardmethoden zur Herstellung von pflanzlichen Heilmitteln, und sie taucht in der Literatur über indianische Heilmittel immer wieder auf.

Der in Amerika heimische Baum wächst auf der Sohle oder den Seiten von Canyons an der Pazifikküste. Der kleine Baum wird selten höher als 4,5 bis 6 m und hat dunkelgrüne, längliche Blätter, die 5 bis 15 cm lang sind. Er trägt kleine, grünliche Blüten, auf die schwarze Beeren folgen. Für medizinische Zwecke wird die Rinde im Frühjahr und Sommer abgeschält und sorgfältig getrocknet. Vor der Verwendung muß sie einige Jahre ablagern, das Minimum ist ein Jahr.

Durch rücksichtsloses Entfernen der Rinde wurde ein Großteil des Baumbestandes zerstört. Schon im Jahr 1909 schrieb Alice Henkel zu diesem Problem: »Jedes Jahr werden viele Faulbäume zerstört, denn es wird so viel von der Rinde abgeschält, daß sich keine neue bilden kann. Man hat geschätzt, daß ein Baum ungefähr 10 Pfund Rinde bringt und wenn man eine jährliche Ernte von 1 Million Pfund Rinde annimmt, heißt das, daß jedes Jahr 100000 Bäume zum Sterben verurteilt sind...«

Diese destruktive Haltung gegenüber einer nützlichen Art ist den Hopi völlig fremd, die alles Lebende als Verlängerung ihres eigenen Lebens sehen. Whiting hat das gezeigt: »Wenn ein Hopi sich aufmacht, um eine Pflanze zu sammeln, die er braucht, achtet er immer darauf, die richtige Opfergabe bei sich zu haben. Wenn er die Pflanze sieht, legt er die Opfergabe neben sie, pflückt sie aber nicht, denn sie würde die Botschaft, daß er sie braucht, an die anderen Pflanzen weitergeben. Statt dessen geht er weiter, bis er andere Pflanzen der gleichen Art findet, die er sammeln wird.«

Senna

Senna wird, wie die europäische Verwandte auch, häufig als Abführmittel verwendet. Die Indianer kannten diese Pflanze und gebrauchten sie auf verschiedene Art. Doch weist nichts darauf hin, daß sie als Abführmittel diente. Die Cherokee zerstießen die Wurzel und mischten sie mit Wasser zur Behandlung von Entzündungen; eine Abkochung davon galt als fiebersenkendes Mittel. Andere Stämme behandelten damit Halsentzündungen.

Sennablätter wurden allgemein wegen ihrer reinigenden Wirkung anerkannt. Man sammelte sie im Juli oder August, zur Zeit der Blüte. Sie waren von 1820 bis 1882 im ›U.S. Pharmacopoeia‹ verzeichnet.

Senna
Die Blätter dieser Pflanze werden vielfach wegen ihrer abführenden Wirkung verwendet.

Senna wächst auf feuchten Böden im Osten und im Zentrum der USA und in Kanada.

Die Blätter der Pflanze sehen genauso aus wie auf der Illustration. In der Zeit von August bis September tragen die schlanken, flaumigen Stengel zahlreiche gelbe Blüten.

Podophyllum

Schon lange vor den weißen Ärzten verwendeten die Indianer den Podophyllum wegen seiner reinigenden Wirkung. Obwohl die Droge als ›sehr starkes Purgativ‹ oder Abführmittel beschrieben wird, sollte man daran denken, daß ein früher Besucher Nordamerikas berichtet

Podophyllum
Obwohl in hoher Dosierung giftig, wurden die Wurzeln dieser Pflanze von den Indianern in kleineren Mengen als Abführmittel eingenommen. Später griff auch die amerikanische Medizin darauf zurück.

hat, daß eine Indianerfrau mit dieser Wurzel Selbstmord begangen hat. In einem anderen Fall, der in einer Ärztezeitschrift von 1890 beschrieben wird, starb eine sechzigjährige Frau, nachdem sie fünf Gramm des Harzes zu sich genommen hatte. Dennoch ist Podophyllum, wie so viele andere giftige Substanzen, in kleinen Mengen genommen ein Heilmittel. Zur Behandlung von chronischer Verstopfung wird er manchmal mit der Rinde des Amerikanischen Faulbaums gemischt.

Brechwurz

Die Creek, Apachen, Ojibwa und Meskwaki regten mit der Wurzel dieser Pflanze (in geringer Dosierung) die Arbeit der Eingeweide an; sie diente in höherer Dosierung als Brechmittel. Im allgemeinen wurden die Wurzeln roh gegessen.

Die Indianer betrachteten das Erbrechen als reinigenden Akt, die Pflanze wurde aber schließlich aus diesem Grund in der Medizin nicht mehr verwendet. Man hat sie durch weniger starke Drogen aus Senna und dem Amerikanischen Faulbaum ersetzt.

Brechwurz
Verschiedene Stämme verwendeten die Wurzel der in Nordamerika heimischen Pflanze zur Anregung der Darmtätigkeit.

Veronicastrum virginicum

Die frühen, aus Europa eingewanderten Siedler haben von den Indianern schnell gelernt, wie wertvoll diese Pflanze ist.

Die Seneca tranken einen Tee aus der Wurzel als Abführmittel, ebenso wie die Menominee und Meskwaki, die sie aber auch für andere medizinische Zwecke verwendeten.

Die Wurzeln der Pflanze wurden im Herbst gesammelt und mindestens ein Jahr eingelagert, bevor sie verwendet wurden.

Auch diese Pflanze wurde wegen ihrer abführenden Wirkung im ›U.S. Pharmacopoeia‹ aufgenommen, dann aber wieder gestrichen, weil sich die Wirkung als zu drastisch und unregelmäßig herausstellte.

Veronicastrum virginicum
Die frühen Siedler lernten von den Seneca-Indianern, wie man aus den Wurzeln dieser Pflanze einen Abführtee herstellte.

DURCHFALL

Dieses Leiden ist bei allen Völkern so häufig anzutreffen, daß auf der ganzen Welt Tausende von volkstümlichen Heilmitteln zu seiner Behandlung entwickelt wurden. Durchfall ist ein Symptom für viele Krankheiten, die sich zuerst in lockerem, manchmal blutigem Stuhl manifestieren.

Die nordamerikanischen Indianer verwendeten Dutzende verschiedener Pflanzen, um diesem Leiden beizukommen. Einige der häufiger angewendeten werden im folgenden behandelt.

Späte Traubenkirsche

Bei den Mohegan ließ man die Früchte ein Jahr lang in einem Krug natürlich gären und trank dann den Saft zur Behandlung von Ruhr. Die Späte Traubenkirsche ist seit 1820 im ›U.S. Pharmacopoeia‹ aufgeführt. Sie wurde als Beruhigungsmittel und für Hustensäfte verwendet.

Hartriegel

Bei den Menominee wurde die innere Rinde dieser Pflanze gekocht und die warme Lösung mittels einer Klistierspritze in den Mastdarm eingeführt. Diese bestand aus der Blase eines kleinen Säugetieres und dem hohlen Knochen eines Vogels. Die getrocknete Rinde von damit eng verwandten Pflanzen war im ›U.S. Pharmacopoeia‹ von 1820 bis 1894 wegen ihrer adstringierenden Eigenschaft vermerkt.

Comptonia peregrina

Diese Pflanze war zu Anfang des 20. Jahrhunderts ein sehr beliebtes Hausmittel gegen Durchfall. Aus den Blättern und Blüten wurde ein Tee bereitet.

Rot-Zeder

Die Creek und Choctaw tranken bei Ruhr das Öl aus den roten Beeren dieses Baumes.

Brombeere

Ein Tee aus Brombeerwurzeln war bei den Indianern in Nordkalifornien das am häufigsten verwendete Heilmittel gegen Durchfall. Fünfhundert Oneida-Indianer wurden durch diese Pflanze von der Ruhr geheilt, während die in der Nachbarschaft lebenden weißen Siedler daran starben. Die getrocknete Rinde der Wurzel war im ›U.S. Pharmacopoeia‹ von 1820 bis 1916 offiziell aufgeführt. Sie wurde auch wegen ihrer adstringierenden Eigenschaft verwendet.

Brombeere
Ein ganzes Dorf von Oneida-Indianern überlebte eine Ruhrepidemie, weil sie die Krankheit mit einem Tee aus den Wurzeln dieser Pflanze behandelten. Die in der Nachbarschaft lebenden weißen Siedler starben alle an der Ruhr.

Storchschnabel

Bei den Chippewa und Ottawa kochte man die ganze Pflanze und trank dann den Tee gegen Durchfall. Der Wurzelstock war von 1820 bis 1916 im ›U.S. Pharmacopoeia‹ wegen seiner adstringierenden Wirkung aufgeführt.

Covilla tridentata

Bei Ruhr kauten die Pima das Harz dieses Gewächses. Die gummiartige Absonderung war auch im ›U.S. Pharmacopoeia‹ von 1842 bis 1942 verzeichnet.

Weißeiche

Die Irokesen und Penobscot kochten die Rinde der Weißeiche und tranken diese Flüssigkeit bei Hämorrhoidalblutungen und Durchfall. Die Rinde der Weißeiche war im ›U.S. Pharmacopoeia‹ von 1820 bis 1916 wegen ihrer adstringierenden Eigenschaft verzeichnet.

Persimone

Die Cherokee tranken bei blutigem Stuhl einen Aufguß aus den gekochten Früchten dieser Pflanze. Diese waren von 1820 bis 1882 im ›U.S. Pharmacopoeia‹ aufgeführt.

Himbeere

Zur Behandlung der Ruhr kochte man bei den Pawnee, Omaha und Dakota die Wurzelrinde der Himbeere. Ihre Früchte waren von 1882 bis 1905 im ›U.S. Pharmacopoeia‹ als Geschmacksstoff aufgeführt.

Senega, Klapperschlangenwurzel

Die Nishinam tranken bei Durchfall eine Abkochung aus der ganzen Pflanze.

Kolik

Katzenmelisse

Bei den Mohegan bekamen die Kinder bei Koliken einen Tee aus den Blättern der Katzenmelisse zu trinken. Dieser Tee wurde ein weithin geschätztes Hausmittel, das man in einigen Gegenden der USA auch heute noch anwendet. Katzenmelisse gilt auch als schweißtreiben-

Katzenmelisse
Die Mohegan gaben ihren Kindern einen Tee aus den Blättern zu trinken, wenn sie eine Kolik hatten. Dieser Tee wurde zu einem beliebten Hausmittel bei den weißen Siedlern und wird in manchen Regionen der USA auch heute noch getrunken.

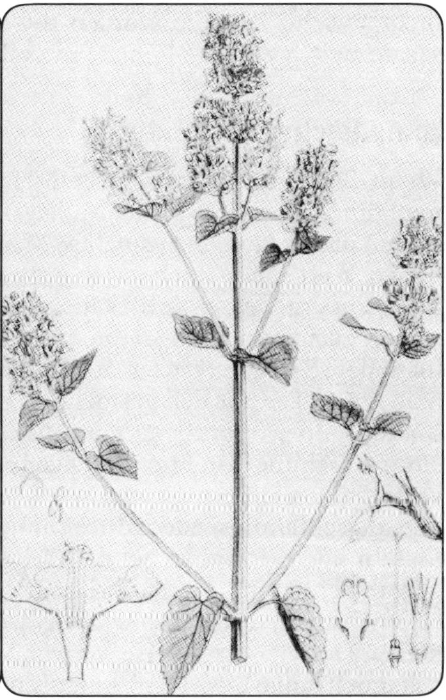

des Mittel zur Behandlung von Erkältungskrankheiten. Zu Beginn dieses Jahrhunderts fanden die Blätter und Blüten in der Medizin häufig als anregendes Mittel Verwendung oder um eine verspätete Menstruation einzuleiten. Die Pflanze soll auch eine beruhigende Wirkung haben. Sie war von 1842 bis 1882 im ›U.S. Pharmacopoeia‹ und von 1916 bis 1950 im ›National Formulary‹ verzeichnet. Man glaubt allgemein, daß Katzen von diesem Kraut besonders angezogen werden.

Die Katzenmelisse wächst auf trockenen Böden von Kanada bis Minnesota und im Süden von Virginia bis Arkansas. Sie wird 60 bis 90 cm hoch und hat herzförmige, am Rand bogenförmig eingebuchtete Blätter, die an der Oberseite grün und unten graugrün sind. Von Juni bis September erscheinen dicke weiße Blütenähren. Für medizinische Zwecke wurden die Blätter und Blüten gesammelt, wenn die Pflanze in voller Blüte stand.

Kanadischer Holunder

Wenn Babys unter starken Leibschmerzen litten, gab man ihnen beim Stamm der Mohegan einen Tee aus den Blüten dieses kleinen Strauches. Man kann den tatsächlichen Wert eines solchen Heilmittels schwer beurteilen, denn unter einer Kolik kann man viel verstehen. Bei verschiedenen anderen Stämmen wurde die Pflanze auch für andere Zwecke verwendet. Bei den Menominee trank man einen Tee aus den getrockneten Blüten zur Fiebersenkung, die Houma bereiteten aus der gekochten Rinde eine Waschung für Entzündungen zu. Die Meskwaki verwendeten einen aus der Rinde der Wurzel gekochten Tee als schleimlösendes Mittel, um Kopfschmerzen zu lindern und die Wehen bei der Geburt zu fördern.

Wahrscheinlich wurde Holunder als Heilmittel bei vielen Weißen deshalb so wichtig, weil er bei den Indianern in so vielerlei Weise verwendet wurde. Wunden behandelte man mit einem Aufguß aus gekochten Blüten oder Blättern; als schweißtreibendes Mittel bei Erkältung trank man einen Tee aus den Blüten; aus den Beeren machte man ein kühlendes, leicht abführendes Getränk.

Die Holunderbeeren waren von 1820 bis 1831 im ›U.S. Pharmacopoeia‹ aufgeführt, als man ihren Saft zur Herstellung von Wein benutzte. Holunderblüten wurden darin von 1831 bis 1905 erwähnt, als man Blütenwasser daraus machte. In einem Text aus der Arzneimittelkunde ist zu lesen, daß Holunderblüten eine anregende, harn- und schweißtreibende Wirkung haben. Der Strauch wächst auf feuchten Böden von Nova Scotia bis Florida und im Westen bis Manitoba, Kansas und Texas. Er hat eine gelblich-graue Rinde und trägt von Mai bis Juli Dolden mit kleinen weißen Blüten. Die im Frühherbst erscheinenden dunkelvioletten Früchte werden üblicherweise als Konservierungsmittel oder zur Weinherstellung verwendet.

Kanadischer Holunder
Die kleinen Babys bekamen bei den Mohegan einen Holunderblütentee, wenn sie Bauchschmerzen hatten.

Vergiftungen durch Giftsumach und Gifteiche

Comptonia peregrina

Um die Wirkung des Giftsumach zu lindern, gossen die Mohegan die Blätter dieser Farnart mit Wasser auf und rieben die kühlende Flüssigkeit ein. Die Pflanze wurde in der amerikanischen Medizin für andere Zwecke verwendet: als tonisierendes und adstringierendes Mittel und zur Behandlung von Durchfall.

Die strauchartige, in Amerika heimische Pflanze, die zur Familie der Lorbeergewächse gehört, hat eine rotbraune Rinde und wird 30 bis 90 cm hoch. Die schmalen, farnähnlichen Blätter sind 7 bis 15 cm lang und tief eingekerbt. Man findet das Kraut an Berghängen in Kanada und im Nordosten der USA.

Grindelia

Die im Norden Kaliforniens lebenden Indianerstämme behandelten Vergiftungen durch Giftsumach mit den zerstoßenen fleischigen Blättern der Grindelia; mit dem gummiartigen Harz linderten sie Asthma, Bronchitis und Keuchhusten. Dr. Canfield aus Monterey, Kalifornien, berichtet im Jahr 1863, daß die Indianer die Grindelia bei durch den Giftsumach verursachten Hautausschlägen anwendeten. Im Jahr 1875 fand die Pflanze auch Eingang in die offizielle amerikanische Medizin. Die getrockneten Blätter und Blüten verschiedener Arten waren von 1882 bis 1926 im ›U.S. Pharmacopoeia‹ und von 1926 bis 1960 im ›National Formulary‹ verzeichnet. Die Pflanze wird als Sedativum und krampflösendes Mittel und in flüssiger Form zur Behandlung von Vergiftungen durch Giftsumach eingenommen. Der flüssige Extrakt wird dadurch gewonnen, daß man die frischen Blüten und Blätter für 15 Minuten in kochendes Wasser gibt. Dieser Extrakt entspricht pharmakologisch genau den industriell aus dem Harz hergestellten Mitteln.

Die Grindelia ist sehr häufig in den Wüstengebieten im Westen und im Zentrum Kaliforniens zu finden. Im Willamette-Tal in Oregon fällt die Grindelia besonders im Sommer auf, wenn sich die gelben Blüten bilden. Das gummiartige Harz wird gesammelt, bevor sich die Blüten öffnen, d. h. wenn es die Knospen und Blätter umgibt.

Die Grindelia hat einen glatten, runden Stengel und wird etwa 45 cm hoch. Die breiten Blätter werden zum Ende hin schmäler. Sie sind ledrig, blaßgrün, gezähnt und etwa 2,5 cm lang. Die Grindelia hat mehrere Zweige, von denen jeder eine große gelbe Blüte trägt.

Die Blätter und Blüten werden im Sommer gesammelt, sobald sich die Blüten voll geöffnet haben. Das gummiartige Harz duftet sehr gut, der Geschmack ist bitter.

Yucca glauca, Chlorogalum pomderidianum

Die in der Gegend von Mendocino lebenden Pomo-Indianer stellten aus dem seifigen Saft der Wurzeln eine Art Lotion her und rieben damit die Hautstellen ein, wo sich durch die Gifteiche ein Ausschlag gebildet hatte.

Tragant

Die Cheyenne zerstießen die Blätter und Stengel dieser ›Giftkraut-Medizin‹, wie sie sie nannten, zu einem feinen Pulver und stäubten es auf die Hautstellen, wo sich durch den Giftsumach ein Ausschlag und wäßrige Bläschen gebildet hatten. Eine in Europa heimische Art (*A.*

exscapus) wurde früher häufig als Abkochung zur Behandlung von Syphilis verschrieben. William Woodville, ein englischer Arzt und Autor eines Werkes über Pflanzenheilkunde, schrieb über den Tragant: »Seit dem Jahr 1786 wird diese Pflanze als Mittel zur Behandlung der Syphilis gerühmt... Durch ununterbrochene Einnahme dieser Abkochung über einige Wochen hinweg... und ohne Quecksilber sind verschiedene Symptome der schlimmsten Syphilis wie Knoten, Knochenauswüchse, Gichtknoten, Schorfstellen, Pusteln an den Geschlechtsteilen, Lymphdrüsenschwellung, Geschwüre usw. wirksam behandelt worden.«

Rührmichnichtan

Die Potawatomi verwendeten den Saft der Blätter dieser Springkrautart, um den durch den Giftsumach verursachten Juckreiz zu lindern. Die Omaha behandelten mit den zerdrückten Blättern und Stengeln dieser Pflanze Hautausschläge und Ekzeme. Die Schwarzfußindianer verwendeten für den gleichen Zweck eine verwandte Art, *I. capensis*.

Das Rührmichnichtan wird 12 bis 15 cm hoch, es hat dünne Stengel und trägt gelbliche Blüten. Bei der geringsten Berührung brechen die Samenkapseln auf und rollen sich zusammen. Die fleischige Pflanze wächst an feuchten, schattigen Stellen. Sie ist von Newfoundland bis Alaska und im Süden bis in Florida zu finden.

Hautausschläge durch den Giftsumach behandelten die Omaha mit einem feuchten Umschlag, den sie aus den zerdrückten Früchten und Blättern des *Scharlachsumach* herstellten. Und als letztes wollen wir in diesem Zusammenhang die Menominee nennen, die solche Hautausschläge mit dem milchigen Saft einer frisch gepflückten wildwachsenden *Lattichart* behandelten, indem sie ihn in die Haut einrieben.

Äußere Verletzungen

WUNDEN

Vielleicht lag es an ihrem gefahrvollen, unruhigen Leben, daß die Ureinwohner Nordamerikas früh zu Experten in der Behandlung von Wunden wurden. Ohne über Laboratorien zur chemischen Analyse zu verfügen, haben die indianischen Medizinmänner viele Kräuter mit antiseptischer Wirkung entdeckt und zu Heilzwecken angewendet. Ein Autor, der sich mit diesem Thema befaßte, war der Meinung, daß die Indianer deshalb ein solches Geschick entwickelten, diese Heilpflanzen zu finden und anzuwenden, weil durch häufige Blessuren die Notwendigkeit bestand, zu helfen. Dr. Eric Stone, der von der Fähigkeit der Indianer, schwere Verwundungen auszuhalten, beeindruckt war, schrieb: »Es genügt zu sagen, daß alle militärischen und medizinischen Beobachter, die mit den Indianern in Kontakt kamen, darin übereinstimmen, daß sie sich in den meisten Fällen von Verwundungen schneller als Weiße erholten, und das nach Verletzungen, die für einen Weißen tödlich gewesen wären. Bourke berichtet von zwei Indianern, die aus einem Militärhospital entlassen worden waren, damit sie bei ihren Angehörigen sterben könnten. Sobald sie von ihren eigenen Medizinmännern behandelt wurden, machte ihre Genesung rapide Fortschritte. Zu einer Zeit, als Schußverletzungen, bei der die Blase in Mitleidenschaft gezogen wurde, für einen Weißen immer tödlich waren, schienen die Indianer eine solche Verletzung problemlos zu überstehen. Loskiel untersuchte einen Mann, dem ein Bär das Gesicht zerfleischt, den Brustkorb eingedrückt, sämtliche Gliedmaßen aufgerissen und den Unterleib aufgeschlitzt hatte. Dieser Mann konnte noch vier Meilen bis zu seinem Dorf zurückkriechen und war nach sechs Monaten vollständig genesen, zurück blieben nur unzählige Narben. Solche Berichte gibt es zu Hunderten, da alle Beobachter von dieser Fähigkeit, schreckliche Verwundungen zu überleben, stark beeindruckt waren.«

Einige der pflanzlichen Heilmittel, die zu Behandlung von Wunden angewendet wurden, sind nachstehend aufgeführt.

Anemone

Die Wurzel dieser geradewachsenden, winterharten Pflanze war bei den Stämmen der Omaha und Ponca eines der meistgeschätzten Mittel zur Behandlung von Wunden. Aus der zerstoßenen, gekochten Wurzel wurde eine Waschung bereitet, mit der die Verletzung äußerlich behandelt wurde. Es ist klinisch nachgewiesen, daß das in vielen mit der Anemone verwandten Arten enthaltene Anemonin eine wirkungsvolle antiseptische Substanz ist.

Buntfarbige Schwertlilie

Diese Pflanze war eines der bekanntesten Heilmittel der nordamerikanischen Indianer. Bei den Penobscot wurden mit der buntfarbigen Schwertlilie fast alle Krankheiten behandelt, bei anderen Stämmen war die Anwendung auf bestimmte Leiden begrenzt. Zur Behandlung von Blutergüssen und Schmerzen in Verbindung mit Entzündungen und Quetschungen wurde die Wurzel in Wasser gekocht und dann zwischen Steinen zerstoßen. Die breiige Wurzelmasse wurde dann als feuchter Umschlag aufgetragen und der kranke Körperteil mit dem Wasser gewaschen, in dem die Wurzel gekocht worden war. Eine Variante dieser Behandlungsform finden wir beim Stamm der Tadoussac in Quebec. Sie zerdrückten die ganze Pflanze, mischten sie mit Mehl und verwendeten diese Mischung als Breiumschlag bei Körperschmerzen.

Buntfarbige Schwertlilie
Viele Stämme verwendeten die zerdrückten Knollen dieser Irisart als abschwellendes und schmerzlinderndes Mittel sowohl bei Entzündungen wie auch bei Quetschungen.

Überraschenderweise wurde die Buntfarbige Schwertlilie von den praktischen Ärzten in den USA für andere Zwecke verwendet. Sie wurde als Droge offiziell anerkannt und war von 1820 bis 1895 im ›U.S. Pharmacopoeia‹ verzeichnet, und zwar als Brechmittel und sehr starkes Abführmittel. Sie wurde auch gegen Wassersucht verordnet.

Der Gattungsname *Iris* kommt von dem griechischen Wort für Regenbogen, der Artenname *versicolor* bedeutet im Lateinischen »die Farbe ändern«. Die Buntfarbige

Schwertlilie wächst auf feuchten Wiesen und in Sumpfgebieten von Newfoundland bis Manitoba, im Süden bis Arkansas und Florida. Die violett-blauen Blüten sind gelb, grün und weiß geädert, die Pflanze blüht normalerweise von Mai bis Juli.

Woodwardia fimbriata

Beim im Süden Kaliforniens lebenden Stamm der Luiseno weichte man die Wurzeln dieser Pflanze in Wasser ein. Mit der Flüssigkeit linderte man Schmerzen bei Wunden und Quetschungen.

Alaunwurzel

Bei den Meskwaki und anderen Stämmen wurde die große, holzige Alaunwurzel zerstoßen und bei Schnittverletzungen, Wunden und Hautentzündungen angewendet, die nicht heilen wollten. Der getrocknete Wurzelstock und die Wurzeln wurden zu der Zeit von den Weißen für den gleichen Zweck verwendet, als diese Teile der Pflanze im ›U.S. Pharmacopoeia‹ verzeichnet waren (von 1880 bis 1882).

Maidenhaar

Die im Nordwesten der USA lebenden Indianer trugen die Pflanze bei kriegerischen Überfällen als Arzneimittel mit sich. Die Farnwedel wurden gekaut und auf Wunden gegeben, um die Blutung zu stillen.

Wilder Storchschnabel

Die winterharte Pflanze war eines der beliebtesten pflanzlichen Heilmittel bei den auf Great Manitoulin Island im Lake Huron lebenden Indianern. Sie trugen die getrocknete, zerstoßene Wurzel auf verletzte Blutgefäße auf, um die Gerinnung des Blutes zu fördern. Klinische Experimente mit Kaninchen haben gezeigt, daß die Pflanze vermehrt zu Blutgerinnseln führt, was auf das darin enthaltene Tannin zurückzuführen ist.

Bärlapp

Bei den Schwarzfuß-Indianern und Potawatomi puderte man den gelblichen Porenstaub auf Wunden oder inhalierte ihn, um Nasenbluten zu stillen. Die Sporen des Bärlapp waren von 1863 bis 1947 im ›U.S. Pharmacopoeia‹ verzeichnet und wurden damals dazu verwendet, Flüssigkeit aus verletztem Körpergewebe zu absorbieren. Die Sporen wurden früher auch am Theater für Explosionen und Beleuchtungseffekte verwendet und in der Medizin dazu, daß Pillen nicht aneinander klebten.

Bärlapp
Bei den Schwarzfuß-Indianern bestäubte man Wunden mit dem gelblichen Pulver der Samen, um die Blutung zu stillen.

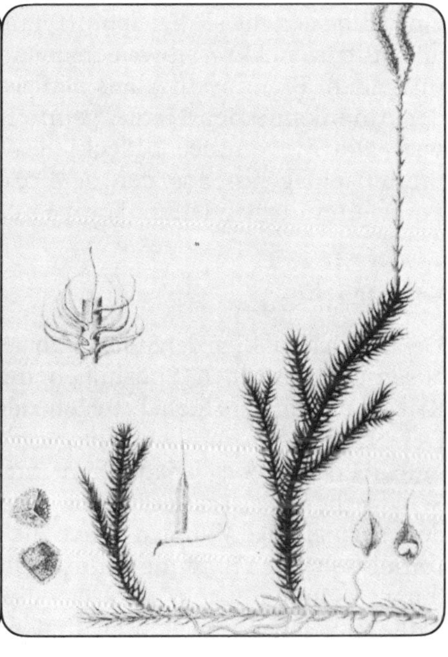

Puffpilz, Kartoffelbovist

Die Schwarzfuß-Indianer stillten Blutungen mit dem Inneren des unreifen, getrockneten Bovists oder stäubten das pulvrige Innere bereits ausgereifter Pilze auf. Die Kiowa, ein in der Prärie lebender Stamm, behandelten Blutungen nach Schnittverletzungen oder Wunden mit den Sporen.

Amerikanische Narde

Diese Pflanze, ein Mitglied der Ginseng-Familie, taucht in der Literatur immer wieder als bevorzugtes Wundheilmittel bei den Ureinwohnern Nordamerikas auf. Die in New Brunswick und Nova Scotia beheimateten Micmac, eine der ersten indianischen Gemeinschaften, mit denen die Europäer in Kontakt kamen, stellten aus den Beeren eine Salbe her, die sie bei Schnittverletzungen und Wunden auftrugen. Die Ojibwa behandelten Knochenbrüche mit einem Breiumschlag aus den zerstoßenen Wurzeln der Amerikanischen Narde, gemischt mit Wildem Ingwer. Die Menominee bedeckten Wunden mit einem Breiumschlag nur aus den zerstoßenen Wurzeln, die Potawatomi behandelten damit Entzündungen.

Schafgarbe

Die Ute (nach denen der Staat Utah benannt ist) genossen zusammen mit den Shoshonen den Ruf, die besten Krieger der auf der Hochebene lebenden Indianer zu sein. Der Name ›Ute‹ für Schafgarbe wird als ›Wundenmedizin‹ übersetzt. Sie behandelten mit der pulverisierten Schafgarbe Schnittverletzungen, Quetschungen und andere geringfügige Wunden. Auch die Micmac und die in Illinois lebenden Stämme kannten diese Art der Anwendung, während die Winnebago die ganze Pflanze in heißem Wasser einweichten und mit dem Abguß gequetschte Körperteile wuschen. Die in British Columbia lebenden Thompson-Indianer rösteten die Stengel oder Blätter der Schafgarbe so lange, bis sie trocken genug waren, um mit Steinen zu Pulver zerrieben zu werden. Damit wurden Hautentzündungen behandelt. Die Schafgarbe ist in den USA und in Europa heimisch. Der

Schafgarbe
Die Krieger der Ute zerdrückten dieses Kraut zwischen Steinen und behandelten damit kleinere Wunden. Während des Sezessionskriegs wurde es als ›Wundkraut der Soldaten‹ bekannt.

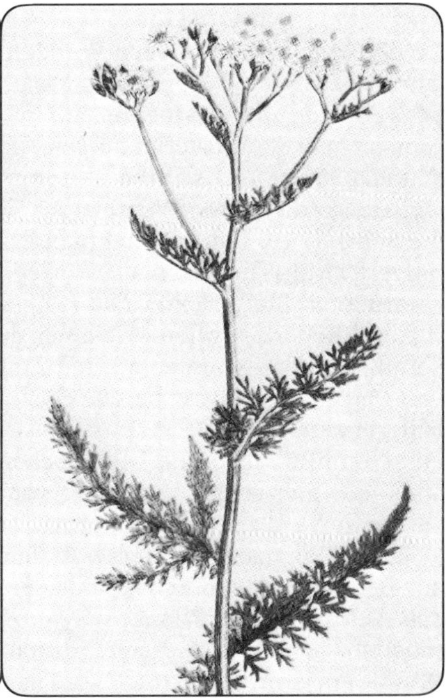

Gattungsname *Achillea* ist von dem Namen des griechischen Kriegers Achill abgeleitet. Während des Trojanischen Krieges soll eine Salbe, die aus einer damit verwandten Art hergestellt wurde, zur Heilung der Wunden der mit Achill kämpfenden Krieger verwendet worden sein. Früher war diese Pflanze als ›Wundkraut für Soldaten‹ bekannt wegen ihrer Heilwirkung bei Wunden.

Die Pflanze wächst auf unbearbeiteten Äckern, an Straßenrändern und auf Brachland überall in Nordamerika. Sie wird 30 bis 60 cm hoch, hat schmal lanzettliche fliederteilige Blätter und trägt viele kleine, weiße, rosafarbene oder dunkelrote Blüten, die in dichten, oben abgeflachten Büscheln angeordnet sind. Die Schafgarbe blüht von Mai bis Oktober.

Zu den Pflanzen, mit denen Wunden behandelt wurden, gehört auch die *Weymouths-Kiefer.* Die Menominee verwendeten die zerstoßene innere Rinde als Breiumschlag bei Schnittverletzungen, Entzündungen und Wunden. Die Sioux stillten Blutungen mit dem pulverisierten, getrockneten Wurzelstock der *Nuphar advena,* die Schwarzfuß-Indianer nahmen dazu die getrocknete, pulverisierte Wurzel einer *Schattenblumenart* oder die zerdrückten Blätter einer *Petalostemonart.*

Abschließend wollen wir auch die Behandlung von Schuß- und Pfeilwunden bei den Zuñi anführen, wie sie von Matilda Stevenson beschrieben wird. Die in diesem Fall gebräuchliche Pflanze ist die *Aster hesperius,* zur Distelfamilie gehörend. Wahrscheinlich wurde aber auch jede hier genannte Pflanze von anderen Stämmen auf ähnliche Weise verwendet.

»Diese Pflanze wird auch von den Priestern der Bow zur Behandlung von Schuß- oder Pfeilwunden verwendet. Aus der ganzen Pflanze wird ein Tee gekocht. Wenn möglich, wird das Geschoß durch Drücken aus der Wunde entfernt. Die Wunde wird mit einem Stück Stoff, das man in den warmen Tee getaucht hat, ausgewaschen. Soweit möglich wäscht man damit die ganze Wunde aus. Dann wird ein dünner, mit Baumwollstoff umwickelter Zweig in den Tee getaucht und die Wunde erneut gewaschen, bis sie ganz sauber ist. Das Harz des *Colorado-Pinon,* durch Kauen weich gemacht, wird dann zu Bleistiftgröße gerollt, in der pulverisierten Wurzel gewälzt und in die Wunde eingeführt. Wird dieser Bleistift aus

Harz zurückgezogen, verteilt sich das Wurzelpulver in der Wunde. Dann wird eine Messerspitze fein gemahlener Colorado-Pinon, mit Speichel vermischt, auf die Wunde aufgetragen und bandagiert. Diese Behandlung wird morgens und bei Sonnenuntergang wiederholt. Ist das Geschoß noch nicht entfernt worden, versucht der Medizinmann noch einmal es durch Drücken herauszubekommen, bevor der Verband angelegt wird. Einer der jüngeren Priester teilte der Autorin mit, daß man nicht mehr als zwei Tage brauchte, um eine Kugel oder einen Pfeil dadurch zu entfernen. Schlimmstenfalls konnte man immer noch zum Messer greifen.«

Zygadenus gramineus

Die Schwarzfuß-Indianer linderten Schmerzen bei Verstauchungen und Quetschungen durch einen feuchten Umschlag aus den zerdrückten Knollen dieser giftigen Pflanze.

BRANDWUNDEN

Schachtelhalmpflanzen

Die Thompson-Indianer in British Columbia trugen die Asche von Stengeln der farnartigen Schachtelhalmpflanzen auf größere Brandwunden auf und verbanden sie dann mit einem sauberen Stück Tuch. Manchmal stellte man auch eine Salbe für Brandwunden her, indem man die Asche mit tierischem Fett vermischte.

Sphaeralcea coccinea

Bei den Schwarzfuß-Indianern wurde diese Kugelmalvenart gekaut und die klebrige Masse dann auf Verbrennung, Entzündungen und Brandwunden zur Kühlung aufgetragen. Mit der gleichen Paste bestrichen Medizinmänner auch manchmal ihre Arme und Hände, bevor sie in einen Tiegel mit kochendem Wasser langten. Ihre Haut war dadurch vor der Hitze geschützt und sie schienen mit übernatürlichen Kräften ausgestattet zu sein. Beim gleichen Stamm verwendete man auch die haarige Samenkrone des *Breitblättrigen Rohrkolben* als Umschlag bei Verbrennung.

Cirsium ochocentrum

Die Kiowa kochten die Blüten dieser Kratzdistelart und trugen die Flüssigkeit dann auf Verbrennungen und Hautentzündungen auf. Die Wurzeln dieser Pflanze dienten auch als Nahrungsmittel. Die Zuñi-Indianer tranken zur Behandlung von Syphilis einen Tee, der aus der ganzen, in Wasser gekochten Pflanze bestand. Leider ist uns nichts weiter über andere Anwendungen dieser Distelart in der Medizin überliefert.

Schafgarbe

Diese auffällige Pflanze wurde sehr häufig zur Behandlung von äußeren Verletzungen verwendet und wird im Kapitel ›Wunden‹ näher beschrieben. Zur Behandlung von Brandwunden mahlten die Zuñi-Indianer in New Mexiko die ganze Pflanze, gossen sie mit kaltem Wasser auf und kühlten mit der Flüssigkeit die Wunden. Die Schafgarbe enthält ein dunkelblaues ätherisches Öl, das vielleicht die anregende Wirkung erklärt.

Die Little-Lake-Indianer in der Gegend von Mendocino in Kalifornien legten das gelbe, teerartige Harz der *Weiß-Kiefer* als schützenden und heilenden Umschlag für Verbrennungen und Entzündungen auf. Die Penobscots in Maine nahmen für den gleichen Zweck das Harz der *Balsamtanne,* die Meskwaki gekochte *Kalmuswurzeln.*

Die in den Wäldern lebenden Indianer kochten die innere Rinde der in Amerika heimischen *Lindenart* und trugen die Flüssigkeit zur Beruhigung und Linderung von Verbrennungen auf. In einem Bericht des amerikanischen Ärzteverbandes (1849) wird dieses Heilmittel wegen seiner Wirksamkeit sehr gelobt.

Kalmus
Die Meskwaki behandelten Brandverletzungen mit gekochten Kalmuswurzeln.

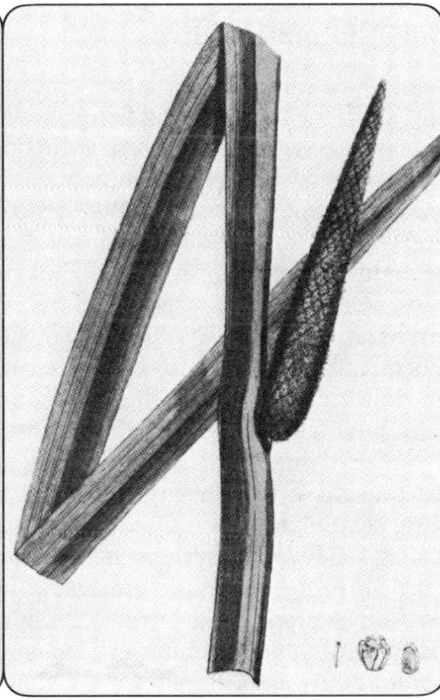

Die Navajo machten sich verschiedene Pflanzen bei Verbrennungen zunutze. Zu ihnen gehören die *Wunderblume* und die *Beifußart Artemisia bigelovi.* Diese Pflanzen wurden als Puder, Lotionen oder Breiumschläge zubereitet. Salben wurden hergestellt, indem man die Pflanze pulverisierte und mit Schaffett oder rotem Ocker vermischte.

Würmer

Spigelia marilandica

Die Spigelia steht beispielhaft für eine Heilpflanze der Indianer, die auch von der Schulmedizin anerkannt worden ist. Die Cherokee nannten die Pflanze *unsteetla*; sie bereiteten daraus ein Wurmmittel, indem sie viele frisch ausgegrabene Wurzeln in Wasser kochten. Zwei Ärzte aus Charleston, South Carolina, erfuhren zu Anfang des 18. Jahrhunderts durch die Indianer von der Heilwirkung dieser Pflanze. Das sprach sich bald herum, und für die nächsten 200 Jahre war die Spigelia das beliebteste Wurmmittel, besonders bei Spulwürmern. Zu Beginn des 20. Jahrhunderts wurde die Pflanze nicht mehr verwendet, weil geldgierige Händler große Mengen anderer Pflanzen daruntermischten oder sogar ganze Lieferungen austauschten, durch eine damit verwandte, doch wirkungslose Art, die im Osten von Tennessee häufig vorkommt. Obwohl die Menschen wirkungsvoller Heilmittel bedurften, wurde die einst »ein hervorragendes und wirkungsvolles Heilmittel« genannte Pflanze nicht mehr angewendet. Ich zitiere aus einem Brief eines der beiden Ärzte aus Charleston, Dr. Garden, an einen Kollegen in England, in dem er 1763 die Qualitäten dieser Pflanze rühmt: »Vor ungefähr vierzig Jahren entdeckten die Indianer, daß die Wurzel dieser Pflanze ein gutes Mittel zur Behandlung von Würmern in den Eingeweiden sind. Seither wird es von Ärzten und Siedlern sehr häufig angewendet. ...Einem zweijährigen Kind, das zweimal täglich zehn Gran [1 Gran, engl. grain = 0,0648 g; Anm. d. Übers.], der Wurzel einnahm, wodurch sich keine andere Wirkung zeigte, als daß es schläfrig und schwindelig wurde, verschrieb ich, 22 Gran am Morgen und am Abend einzunehmen. Der sehr rasch einsetzende abführende Effekt brachte fünf große Würmer zutage.«

In der Praxis wurden frische Wurzeln bevorzugt. Ein medizinischer Text warnt davor, Wurzeln zu verwenden, die länger als zwei Jahre gelagert wurden. In der 23. Ausgabe des ›Dispensatory of the United States‹ wird empfohlen, einem Erwachsenen über mehrere Tage hinweg vier oder acht Gran der pulverisierten Wurzel zu verschreiben, morgens und abends einzunehmen; danach soll ein starkes Abführmittel gegeben werden. Obwohl die Pflanze früher überall im Süden der USA häufig zu finden war, ist sie heute an ihrem natürlichen Standort, den dichten Wäldern von New Jersey bis Florida, schon selten geworden. Das zur Familie der Logangewächse (in der es viele giftige Arten gibt) gehörende Kraut besteht

Spigelia marilandica
Die Cherokee kochten eine große Menge frischer Wurzeln in Wasser und behandelten damit Wurmkrankheiten. Die Wirkung dieses Mittels sprach sich bei den Weißen schnell herum, und so wurde es schon bald als Arznei bei Wurmbefall verwendet.

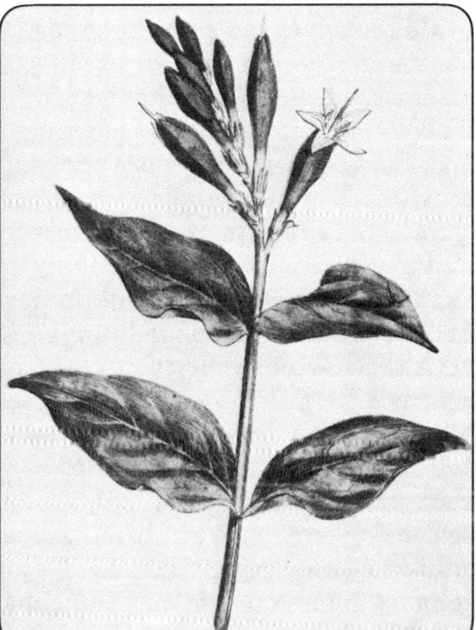

aus einem einzigen, geraden Stengel von 15 bis 45 cm Höhe mit paarweise angeordneten, breiten, lanzettlichen Blättern ohne Stengel, die fünf bis zehn cm lang sind. Die auffallenden trichterförmigen Blüten, die von Mai bis Juli zu sehen sind, sind außen hellrot und innen gelb. Der kleine Wurzelstock, der im Herbst gesammelt wird, riecht aromatisch und hat einen bitteren, scharfen Geschmack.

Traubenkraut, Jesuitentee

Das Traubenkraut ist ein weiteres Beispiel für ein einst sehr beliebtes und erwiesenermaßen wirksames Heilmittel gegen Würmer. Inzwischen wird es durch synthetische Arzneien verdrängt. Es ist nicht ganz klar, wie die Indianer die Heilwirkung der Pflanze erkannten, sicher aber ist, daß sie bei mehreren Stämmen vor der Ankunft der Europäer verwendet wurde.

Möglicherweise haben die nordamerikanischen Indianer von der Heilwirkung des Traubenkrauts von mexikanischen oder südamerikanischen Indianern erfahren. Das könnte zur Zeit der Eroberung Mexikos durch die Spanier gewesen sein, als viele dort lebende Indianer gezwungen waren, vor den sie verachtenden, nach Gold gierenden Eroberern in den Norden zu fliehen. R. L. Roys sagt in seinem Buch ›Ethno-Botany of the Maya‹, daß das Traubenkraut von den Heilkundigen der Maya seiner Meinung nach zur Behandlung von Wurmkrankheiten verwendet wurde. Die Pflanze ist in Mexiko und Südamerika heimisch, wächst inzwischen aber auch im Norden bis nach New England, so wie sich ihr Ruf als Mittel gegen Würmer verbreitet hat. Während die Natchez-Indianer einen uns nicht bekannten Teil der Pflanze den Kindern bei Wurmbefall gaben, empfahlen amerikanische Ärzte gegen Ende des 19. Jahrhunderts drei bis zehn Tropfen von dem aus Traubenkrautsamen gepreßten Öl; es mußte über mehrere Tage hinweg dreimal täglich auf Zucker genommen werden. Danach wurde ein starkes Abführmittel verordnet. Dieses sowohl als Hausmittel wie auch in medizinischen Kreisen beliebte Mittel wurde als besonders wirksam gegen Spulwürmer betrachtet. Chenopodiumöl, das aus den Samen und aus anderen über der Erde wachsenden Teilen des Krauts gewonnen wird, war von 1820 bis 1947 im ›U.S. Pharmacopoeia‹ und von 1947 bis 1960 im ›National Formulary‹ verzeichnet. Meistens wurde es bei Spulwürmern, Hakenwürmern und anderen Darmparasiten angewendet. Bei Bandwürmern soll es weniger Wirkung gezeigt haben. Es handelt sich hier nicht um eine ›sichere‹ Droge, da es bei einer so kleinen Dosis wie vier Tropfen täglich, einem einjährigen Baby über zwei Tage gegeben, zu Vergiftung und Tod gekommen ist. Es sind auch andere Todesfälle durch Chenopodiumöl bekannt geworden, und es wird empfohlen, vor dem Gebrauch *nicht* zu fasten. Das in Nordamerika überall auf Brachland wachsende Traubenkraut wird 60 bis 90 cm hoch und hat viele kleine Zweige, an denen längliche oder lanzettliche Blätter sitzen. Die unteren Blätter werden gut 2 bis 12 cm lang, die weiter oben sitzenden sind wesentlich kleiner. Von Juli bis September bilden sich kleine, grünliche Blüten, auf die die kleinen, grünen Früchte folgen.

Weniger bekannte Wurmmittel waren die *Amerikapflaume* (die Ojibwa tranken einen aus den Wurzeln hergestellten Tee), der *Indianerhanf* (die Penobscot tranken einen Tee aus den Wurzeln und nannten die Pflanze ›Wurmwurzel‹) und die *Brombeerart Rubus hispidus*. Obwohl die Brombeere hauptsächlich gegen Durchfall eingenommen wurde, tranken die Mohegan bei Wurmkrankheiten einen Aufguß aus den Beeren, die sie mit warmem Wasser aufgegossen hatten. Der gleiche Stamm verwendete auch die *Grüne Minze* oder die *Pfefferminze* für Mittel gegen Würmer. Ein Tee aus Pfefferminzblättern wurde auch Babys gegeben, die Darmparasiten hatten.

Kürbis

Eine weitere Heilpflanze gegen Wurmbefall ist der Kürbis.

Obwohl er von den Indianern *nicht* zu diesem Zweck verwendet wurde (manche Stämme behandelten mit den zerdrückten Samen Wunden, andere verwendeten einen Aufguß aus den Samen als harntreibendes Mittel, etc.), trank man früher in den USA einen Tee aus Kürbiskernen gegen Würmer.

Tulpenbaum

Der stattliche Tulpenbaum wurde bei den Indianern nur gelegentlich zur Behandlung von Wurmkrankheiten verwendet. Bei den Catawba aß man die Wurzelrinde, den Kindern der im Westen lebenden Indianerstämme gab man die Samen zu essen. Das Gewächs gilt in der amerikanischen Medizin als fiebersenkend und als anregend für den Harnfluß. Die Rinde dieses Baums war von 1820 bis 1882 im ›U.S. Pharmacopoeia‹ verzeichnet und

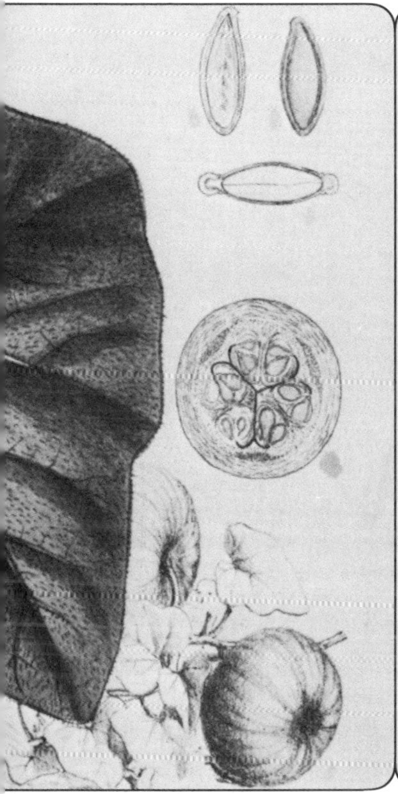

Feldkürbis
Ein sehr beliebtes amerikanisches Hausmittel gegen Würmer war ein Tee aus Kürbissamen.

wurde zu jener Zeit wegen seiner tonisierenden und harntreibenden Wirkung angewendet.

Die innere Rinde des Tulpenbaums enthält Tulipiferin, das eine starke Wirkung auf Herz und Nervensystem haben soll. Das ›Dispensatory of the United States‹ sagt, daß die pulverisierte Rinde bei Rheuma und Verdauungsproblemen angewendet wird.

Das hellgelbe bis braune Holz des Baums wird für Kunsttischlerarbeiten und Dachschindeln verwendet.

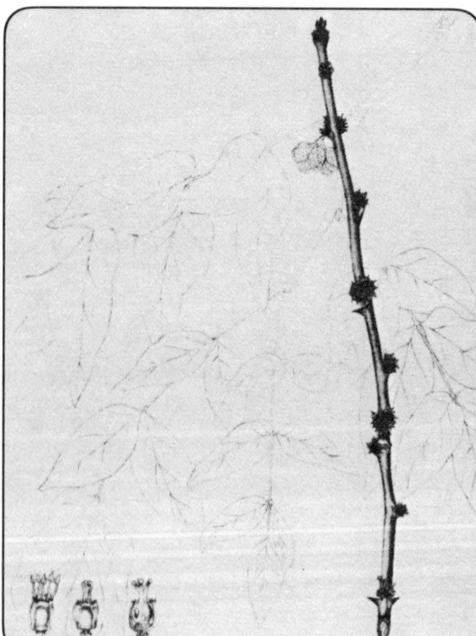

Zanthoxylum americanum
Sowohl die Indianer als auch die Weißen kauten zur Linderung von Zahnschmerzen die Rinde dieses Baumes.

Zahnschmerzen

Zanthoxylum americanum

Bevor ich auf die Heilwirkung dieser Gelbholzart näher eingehe, möchte ich die Beobachtungen von Dr. Millspaugh zitieren: »Als ich einmal zum Pflanzensammeln in den Wäldern unterwegs war, machte ich selbst die Erfahrung, daß der Zahnschmerz sofort nachläßt, wenn man die Rinde kaut. Allerdings muß ich auch sagen, daß der beißende Geschmack der Rinde fast so unangenehm ist wie der Schmerz. Ich bin also wieder davon abgekommen, sie zu kauen, mit dem Ergebnis, daß der Zahnschmerz wieder da war, sobald der Rindensaft die Mundschleimhaut nicht mehr reizte.« Die Houma verwendeten bei Zahnschmerzen die pulverisierten Wurzeln und die Rinde des Baumes, die Alabama nur die Wurzeln. Das Gewächs war vielen Stämmen bekannt: den Ojibwa, Menominee, Meskwaki und Comanchen – doch ihre Rezepte variierten. In der amerikanischen Medizin wurden aus verschiedenen Gelbholzarten Mittel gegen Zahnschmerzen und Rheuma gewonnen oder als Hautreizmittel verwendet. Eine im Süden der USA häufig vorkommende Art wurde sogar ›Zahnschmerzenbaum‹ genannt. Sowohl die getrocknete Rinde als auch die Beeren waren im ›U.S. Pharmacopoeia‹ verzeichnet.

Der Gattungsname *Zanthoxylum* leitet sich von zwei griechischen Wörtern her und bezieht sich auf die gelbe Farbe der Wurzeln. Der Artenname der im Süden der USA häufigen Art, *Clava Herculis*, bedeutet ›Keule des Herkules‹, was auf die großen, korkartigen Auswüchse der Rinde hinweist. Beide Arten sind in den USA heimisch und gehören zur Familie der Rautengewächse. Eine im Süden wachsende Variante wird selten höher als 1,2 bis 1,5 m und ist oft nur ein Strauch. Auf der grauen Rinde des Stammes sitzen spitze Dornen, die für diese Gewächse typisch sind. Etwa im Juni erscheinen zahlreiche kleine, grünlich-weiße Blüten. Auf sie folgen dann die schwarzen Beeren, in denen kantige Samen stecken.

Die im Norden vorkommende Art (*Z. americanum*), die ebenfalls spitze Dornen hat, wird 1,2 bis 7,6 m hoch. Die kleinen, grünen Blüten erscheinen zu Beginn des Frühjahrs dicht neben neuen Trieben. Die wechselständigen, gefiederten Blätter bestehen aus vier oder fünf paarweise angeordneten Blättchen. Die ovalen Samenkapseln sind grünlich-rot. Der Baum wächst in feuchten Wäldern und anderen schattigen, feuchten Standorten von Quebec bis Virgina, im Westen bis Ontario und South Dakota, in Kansas und Nebraska. Der Duft der Blätter erinnert an Zitronenöl.

Die Indianer kannten noch viele andere Pflanzen zur Linderung von Zahnschmerzen. Bei dem in Kalifornien lebenden Stamm der Minok kaute man die Stengel der Farnart *Pityrogramma triangularis,* die Pima erhitzten die Zweigspitzen der *Covillea tridentata* und ließen den Pflanzensaft auf die schmerzende Stelle tropfen. Die Alabama preßten ein kleines Stück der *Kanadischen Goldrute* in die kariösen Stellen.

Die in der Prärie lebenden Stämme sollen bei Zahnschmerzen den Wurzelstock des *Kalmus* gekaut haben. Und schließlich kommen wir noch einmal auf den *Storchschnabel* zurück. Die ursprünglich im Gebiet von Wisconsin lebenden Meskwaki kochten seine Wurzeln und verwendeten die Flüssigkeit als Mundspülung bei Zahnschmerzen, Zahnfleischentzündung und Paradentose.

Zweiter Teil

Natürliche Nahrungsmittel

Wie schon vor mehreren hundert Jahren ist Nordamerika auch heute noch reich an über tausend Arten eßbarer Pflanzen, deren Zubereitung nur geringen Aufwand erfordert. So wie die Indianer in Notzeiten durch diese Pflanzen überlebten, konnten es auch die ›neuen‹ Amerikaner. Der Mensch konnte sich, wenn er diese Pflanzen kannte, unter schwierigen Bedingungen mit den nötigen Nahrungsmitteln versorgen.

Wir wollen dem Leser in diesem Teil die wichtigsten dieser Pflanzen vorstellen. Für den, der seinen Speisezettel bereichern möchte, gibt es auch detaillierte indianische Rezepte und Zubereitungsmethoden. Während wir heute Mais ein paar Minuten kochen, bevor wir ihn essen, gab es bei den Irokesen mindestens 23 verschiedene Rezepte für die Zubereitung von Mais, von denen manche mehrere Tage in Anspruch nahmen. Viele dieser Rezepte für Mais werden Sie in diesem Buch finden. Während wir heute Beeren entweder frisch essen oder sie in Form von Marmelade konservieren, vermischten sie die Indianer mit zerkleinertem Fleisch zu einer Art Kuchen und bewahrten diesen ›Pemmikan‹ für Zeiten auf, in denen Nahrungsmittel knapp waren. Soweit bekannt, geben wir auch den Gehalt der Proteine und Kohlenhydrate dieser pflanzlichen Nahrungsmittel an. Es werden auch zeremonielle Handlungen beschrieben, die mit dem Sammeln dieser Früchte verbunden waren.

Kurz gesagt: In diesem Teil werden die wichtigsten wilden und kultivierten pflanzlichen Nahrungsmittel der Indianer behandelt, wobei der Schwerpunkt auf ihrer Zubereitungsart und den Rezepten liegt. Diese ›Kniffe‹ der Indianer sind für den Zurück-zur-Natur-Menschen gedacht, sei er nun Wochenend-Camper, Mitglied einer Landkommune oder Liebhaber natürlicher Nahrungsmittel.

Wir wollen hoffen, daß wir nie gezwungen sein werden, die Wälder, Wüsten und Küsten nach Nahrung abzusuchen, um unseren Hunger zu stillen.

Ahorngewächse

Die Irokesen und andere Stämme im Norden der USA und im südlichen Kanada brachten Ahornbäumen große Verehrung entgegen. Der Saft dieser Bäume wurde frisch getrunken oder zu einem berauschenden Getränk vergoren. Die Potawatomi stellten daraus auch eine Art Essig her, indem sie ihn lange Zeit gären ließen. Dieser Essig wurde später mit Ahornzucker gesüßt und zum Würzen von gebratenem Fleisch verwendet.

Der Saft wurde folgendermaßen abgezapft: Die Indianer brachten am Stamm etwa 1,2 m über der Erde einen ungefähr 5 cm tiefen und 30 cm langen Längsschnitt an. Dann wurde am unteren Ende des Schnittes ein Stock in den Baum getrieben und der Saft lief, da er von unten hochsteigt, an diesem Stock entlang in einen Trog aus Rinde.

Um aus dem Ahornsaft Zucker herzustellen, gab man erhitzte Steine hinein, bis er kochte, und seihte den Sirup dann ab. Es gab aber noch eine einfachere Methode: Man ließ den Saft über Nacht gefrieren und nahm am nächsten Tag das Eis ab, so daß nur der Sirup im Trog zurückblieb.

Auf langen Reisen nahmen die Indianer als sehr nahrhafte Kost Ahornzucker oder -sirup mit, den sie mit Maispulver gemischt hatten. Diese Mischung wurde manchmal auch als Sauce zu gebratenem Fleisch verwendet. Die Irokesen füllten Ahornsirup, den sie als Reiseproviant mitnahmen, in leere Wachtel- und Enteneier, die man als die ersten ›Einwegbehälter‹ bezeichnen könnte. Der Unterschied zu den heutigen besteht darin, daß sie biologisch abbaubar waren und nicht zu immer größeren Müllbergen führten.

Bei manchen Stämmen mahlte man Mehl aus der getrockneten inneren Rinde von Ahornbäumen. Dazu wurde sie mit Steinen zerstoßen, durchgesiebt, um kleine Holzstückchen oder andere grobe Fasern zu entfernen. Das Mehl wurde zu Brot verarbeitet und in Steinöfen gebacken. Auch andere Teile dieser hochwachsenden Bäume sind eßbar. Bei den großen Samen wurden zuerst die Flügel entfernt, dann wurden sie gekocht und heiß gegessen. Junge Ahorntriebe, die man zu Beginn des Frühjahrs sammelte, aß man frisch oder trocknete sie zur Vorratshaltung. Die Indianer machten sich verschiedene Ahornarten als Nahrungsmittellieferanten zunutze. Die Crow stellten aus dem Saft des *Eschenahorn* Zucker her. In Zentralkanada war der Saft dieses Baumes sehr beliebt und Experimente haben gezeigt, daß diese Art mehr Saft liefert als jede andere. Am besten zapft man den Baum an einem sonnigen Tag nach einer Frostnacht an. Durch den Wechsel von Kälte und Wärme, bei dem sich das Holz zusammenzieht und ausdehnt, fließt der Saft reichlicher. Der Eschenahorn ist im Mittelwesten sehr häufig, aber auch in Chicago, Denver und Dallas zu finden. Es ist die einzige Ahornart mit dreigeteilten Blättern und sie trägt die für Ahorn typischen geflügelten Samen.

Obwohl der aus dem *Rotahorn* gewonnene Zucker von minderer Qualität sein soll, haben manche Indianerstämme seinen Saft abgezapft. Der Rotahorn ist einer der schönsten in Amerika heimischen Bäume, denn er bringt das ganze Jahr über Farbe in die Landschaft.

Silberahorn liefert Zucker von guter Qualität, der Ertrag ist jedoch geringer. Die in den Nordstaaten lebenden Indianer stellten aus dem Saft Zucker her und verwendeten ihn zum Würzen von Speisen. Manche Kenner meinen, daß er den süßesten Saft von allen liefert.

Der *Zuckerahorn* wird von manchen als der schönste Baum der Welt bezeichnet. Die Irokesen betrachteten diesen Baum als ›besonderes Geschenk des Schöpfers‹.

Bei diesem Stamm wurden zwar alle Waldbäume sehr geschätzt, der Zuckerahorn aber wurde besonders verehrt.

Man feierte jedes Frühjahr ein ›Ahorn-Erntedankfest‹, das auch ein Zeichen für das neue Jahr war. »Sein zurückkehrender und aufsteigender Saft … war das Zeichen dafür, daß der Schöpfer ihnen auch weiterhin wohlgesonnen war.«

Ahornarten
aus denen Zucker gewonnen wurde:
a) Zuckerahorn;
b) Schwarzahorn;
c) Silberahorn.

Der Zuckerahorn liefert den meisten Saft von allen Ahornarten. In manchen Ahornwäldern gab es Bäume, aus denen man im Durchschnitt 15 Liter Saft entnahm, ja sogar »15 Kilo von einem einzigen Baum«. Sturtevant berichtet weiter über die wichtige Rolle, die dieser Baum bei den Stämmen im Mittelwesten spielt: »Im Jahr 1870 wird berichtet, daß die Winnebago und Chippewa der Northwest Fur Company oft an die 6800 Kilo Zucker pro Jahr verkaufen. Die Zuckersaison ist für die Indianer wie eine Art Fasching, und es ist ein schöner Zeitvertreib für die Kinder, den Zucker zum Kristallisieren zu bringen und ihn zum Abkühlen in den Schnee zu schütten.«

Übrigens kann Ahornzucker das ideale Süßmittel für strenge Vollwertköstler sein, die weder den weißen ›raffinierten‹ Zucker noch ›braunen‹ Zucker – das ist weißer Zucker mit Melasse – essen wollen. Wenn man Ahornsaft einige Stunden bei niedriger Temperatur erhitzt, reduziert sich die ursprüngliche Flüssigkeitsmenge erheblich. Die dunkle, körnige Masse, die übrigbleibt, ist ein sehr gutes natürliches Süßmittel.

Obwohl Ahornbier nicht bei den Indianern gebraut wurde, wollen wir hier für die, die nicht Puristen sind, ein von M.L. Fernald und A.C. Kinsey (von Michaux) beschriebenes Rezept anführen: »In gut 15 Liter kochendes Wasser gebe man einen knappen Liter Ahornmelasse(-sirup). Dazu kommt ein bißchen Bierhefe oder normale Hefe, um den Gärprozeß anzuregen, und etwas Rottannenextrakt. Daraus wird ein sehr wohlschmekkendes und der Gesundheit zuträgliches Getränk.«

Bohnen und Erbsen

Die ungeheuer große Gruppe der Bohnenpflanzen lieferte den Indianern hochgeschätzte Nahrungsmittel. Bohnen waren nach dem Mais das zweitwichtigste Lebensmittel. Viele Bohnenarten werden in Amerika schon seit präkolumbischer Zeit angebaut. Bei manchen Stämmen wurden damals mehr als zehn Arten gezogen.

Im Osten wurden hauptsächlich Buschbohnen, weiße Bohnen und verschiedene Arten wilder Erbsen gegessen, während im Westen, insbesondere in den dürren Gebieten von New Mexico, Texas, Arizona, Utah, Nevada und Kalifornien der Mesquitebaum einer der wichtigsten Nahrungslieferanten war. Seine Früchte ergaben ein ›Mehl‹, das von zumindest einem Schriftsteller als »das nahrhafteste Brotmehl, das es auf der Welt gibt«, bezeichnet wurde.

Zur Bohnenfamilie gehören mannigfache Arten von Kletterpflanzen, Bäumen und Sträuchern, die in unterschiedlicher Umgebung wachsen, von feuchten Wäldern bis zu Wüsten. Viele dieser Pflanzen können auf kargem Boden überleben und geben, wenn sie absterben, große Mengen Stickstoff an den Boden ab. Die Indianer versorgten sich nicht nur mit Samen und Samenhülsen, diese Pflanzen lieferten auch Drogen, Insektizide, Holz für die Herstellung von Geräten, für Bauzwecke und zum Feuermachen sowie Futter für die Tiere.

Blaue Luzerne

Die in Utah lebenden Indianer zerrieben die Samen dieser Pflanze zwischen Steinen und kochten aus diesem ›Mehl‹ einen Brei oder buken daraus Brot. Sie kochten auch die jungen Zweige und aßen sie als Gemüse. Die Blätter der Blauen Luzerne enthalten sehr viel Vitamin K, A und D.

Man sammelt die Blätter am besten im Frühjahr oder zu Anfang des Sommers und ißt sie frisch in Salaten oder brüht sie mit heißem Wasser zu einem Tee auf.

Strand-Platterbse

Bei den Irokesen aß man die Triebe und Stengel der jungen Pflanzen, die nicht länger als 25 cm waren, als Gemüse. Die Samen sehen aus wie grüne Erbsen. Die reifen Erbsen wurden zwar in Notzeiten gegessen, manche Leute sagen aber, daß sie schwach giftig sind. Die Pflanze wächst auf den sandigen Böden an den Küsten im Osten der USA, die Schößlinge sind gekocht auf jeden Fall eßbar. Möglicherweise wußten die Irokesen, daß manche Arten dieser Erbsengattung giftig sind und nahmen deshalb nur die jungen, kleinen Pflanzen, die kein Gift enthielten.

Es gibt auch noch andere wildwachsende Erbsenarten, die den Indianern als Nahrung dienten. Die Yokia in Kalifornien aßen von einer kriechenden Art, die gelblichbraune Blüten trägt. Auch in diesem Fall pflückten sie nur die kleinen, etwa 7 cm hohen Pflanzen und kochten sie als Gemüse.

Maniok

Die im Westen lebenden Indianer bereiteten die große, weiße, stärkehaltige Wurzel auf verschiedenerlei Art zu. Die Pflanzen wurden im Hochsommer gesammelt, wenn die Blätter bereits trocken und braun wurden. Man aß die Wurzeln roh, geschält und gebraten oder gekocht. Sie wurden auch getrocknet und zu Mehl gemahlen, aus dem man entweder eine Art Kuchen buk, eine Schleimsuppe kochte oder es als Würzmittel verwendete.

Maniok war eine der wichtigsten Pflanzen für die Prärie-Indianer. Sie wuchs auf dem harten, trockenen Prärieboden und war sehr schwer zu sammeln. Die über dem Erdboden wachsenden Pflanzenteile wurden bald, nachdem sie herangereift waren, von dem starken Wind weggeblasen. Es war deshalb wichtig, die Wurzeln dann zu sammeln, wenn von der Pflanze noch etwas zu sehen war. Einer der frühen französischen Forscher war von den weißen, stärkehaltigen Wurzelknollen so beeindruckt, daß er um das Jahr 1800 einige Pflanzen nach Frankreich schickte in der Hoffnung, sie dort als wichtige Feldfrucht einführen zu können. Maniok fand dort keinen Anklang, und es wurde nichts aus den Plänen dieses Forschers. Wie dem auch sei, diese Wurzel hat viele Menschen in

Maniok
Diese große, weiße, stärkehaltige Wurzel wurde roh gegessen, geröstet oder gekocht. Ein französischer Forscher war von diesen Wurzeln so beeindruckt, daß er versuchte, sie auch in Europa als Grundnahrungsmittel einzuführen.

Amerika vor dem Hungertod gerettet und wird immer noch als hervorragendes Nahrungsmittel für Notzeiten geschätzt.

Klee

Klee wird nicht nur an Tiere verfüttert; die Indianer bereiteten ihn auf verschiedene Weise als Nahrungsmittel zu. Die Blätter wurden im allgemeinen von April bis Juli vor der Blüte gesammelt und frisch gegessen. Beim Stamm der Digger dämpfte man Rotklee, indem man mehrere angefeuchtete Lagen übereinander in einen Steinofen schichtete. Die Apachen kochten Klee zusammen mit Löwenzahn, Gras und Weißem Gänsefuß.

Klee scheint für die Ureinwohner Nordamerikas eine wichtige Pflanze gewesen zu sein, denn Sturtevant berichtet: »Wo Klee wild wächst, treiben die Indianer fast eine Art Ackerbau, denn sie bewässern und ernten ihn.«

Die Blätter enthalten viele wichtige Nährstoffe; sie können jedoch sowohl beim Menschen als auch bei Rindern Blähungen verursachen. Chestnut berichtet, daß die Indianer Pfeffernüsse dazu aßen oder den Klee in Salzwasser tauchten, um ihn besser verdaulich zu machen und Blähungen vorzubeugen. Die Pomo feierten das Sprießen dieser Pflanze zu Beginn des Frühjahrs mit besonderen Festen und Tänzen. Barrett schreibt: »Die Menschen gingen auf die Wiesen hinaus und schwelgten in dieser Überfülle an Grünem. Schon beim Sammeln der Blätter aßen sie große Mengen davon und brachten den Klee körbeweise ins Dorf mit.«

Klee war nicht nur bei den nordamerikanischen Indianern ein Nahrungsmittel. In Irland und Schottland wurden Weißkleeblüten und -samen getrocknet, gemahlen und zu einem nahrhaften Brot verarbeitet.

In einem kürzlich erschienenen medizinischen Bericht der Mayo-Klinik, der in dem Buch von Harris veröffentlicht wurde, wird Stein- oder Honigklee ein wirksamer Stoff gegen Blutgerinnung zugeschrieben, der zur Behandlung der Koronarthrombose verwendet werden könnte.

Erdbirne

Diese Pflanze wächst überall in New England, ist im Süden bis in Florida und Texas und im Westen bis Montana zu finden. Die Indianer zeigten sie den Pilgervätern; diese ersten aus Europa eingewanderten Siedler lebten im ersten Winter in New England nur von den Knollen, die sie entweder roh oder gekocht aßen.

Der Nahrungswert der Pflanze sprach sich schnell herum, Berichte kamen davon nach Europa, wo sie in Frankreich schon 1635 angebaut wurde.

Nachdem die Indianer den ersten Einwanderern durch den Hinweis auf die Erdbirne praktisch das Leben gerettet hatten, wurde 1654 – ein typischer Fall in der Geschichte – ein Gesetz erlassen, wonach es den Indianern verboten wurde, die Knollen auf ›englischem Land‹ auszugraben. Beim ersten Verstoß gegen dieses Gesetz warf man die Ureinwohner ins Gefängnis, beim zweiten Mal wurden sie zur Strafe ausgepeitscht.

Ein früher Besucher Nordamerikas, Peter Kalm, schrieb in seinem Reisetagebuch über diese Knollenpflanze: »Die Indianer nannten die wilde Pflanze, die sie aßen, *Hopniss oder Hapniss*... Die Schweden in New Jersey und Pennsylvania nennen sie immer noch so, und sie wächst auf reichem Wiesenboden. Die Wurzeln sehen aus wie Kartoffeln und wurden von den Indianern gekocht... Mr. Bartram erzählte mir, daß die weiter im Landesinnern lebenden Indianer nicht nur diese Wurzeln essen, die genausogut sind wie Kartoffeln, sondern auch die Erbsen aus den Schoten der Pflanze, die sie wie gewöhnliche Erbsen zubereiten.« Die Erdbirne war, da sie sehr sättigend ist, für die Ernährung sehr wichtig. Sie enthält bis zu 18 Prozent Protein.

Falcata comosa

Die unter der Erde wachsenden Früchte dieser Kletterpflanze wurden von den in den östlichen und zentral gelegenen Staaten der USA lebenden Indianern in großen Mengen gegessen. Die harte Schale ist leicht zu entfernen, wenn man die Früchte kocht und dabei die nahrhaften Kerne zum Vorschein kommen. Sie enthalten etwa 25 Prozent Protein, das ist der höchste Proteingehalt aller wilden Pflanzen, die die Indianer als Nahrungsmittel verwendeten.

Die Indianer aßen die Kerne manchmal auch ungekocht. Sie weichten die Früchte in warmem Wasser ein oder in Wasser, dem sie Asche eines Hartholzes zugesetzt hatten, um auf diese Weise die ledrige Schale leichter zu entfernen.

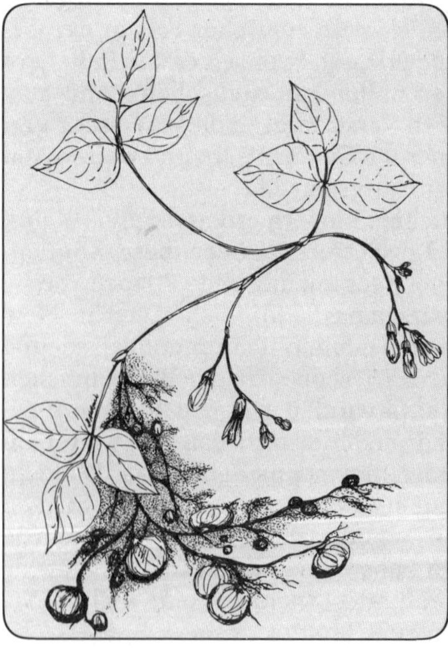

Falcata comosa
Diese unter der Erde wachsenden Früchte enthalten bis zu 25 Prozent Protein. Das ist der höchste Proteingehalt aller Wildpflanzen, die den Indianern als Nahrungsmittel dienten.

Die Pflanze gedeiht vom Südosten Kanadas bis nach Manitoba und ist auch im Süden der USA zu finden. Die unter der Erde wachsenden Früchte können im Spätherbst oder zu Beginn des Frühjahrs gesammelt werden. Es macht keine große Mühe, diese proteinreichen Früchte zu sammeln; man sollte ihnen vielleicht mehr Beachtung schenken, denn sie sind ein wichtiges wildwachsendes Nahrungsmittel.

Gymnocladus dioica

Die Pawnee und Meskwaki rösteten die Samen dieser Geweihbaumart und aßen sie wie Nüsse. Die ersten Siedler in Kentucky mahlten die Samen, rösteten sie und verwendeten das Pulver als Kaffee-Ersatz. Obwohl dieses koffeinfreie Getränk sehr gut schmeckt, konnte es sich gegenüber dem echten Kaffee nie durchsetzen. Dennoch könnten die harten Samen, die in den großen, ledrigen Samenhülsen stecken, großen Anklang finden, wenn sie in Naturkostläden angeboten würden.

Gelegentlich wurde die pulverisierte Wurzelrinde auch in Fällen schwerer Verstopfung für Einläufe verwendet. Die Wirkung auf die Darmtätigkeit ist dabei ähnlich wie bei manchen Menschen, wenn sie ›echten‹ Kaffee trinken. Da diese Geweihbaumart kein Koffein enthält, wird es in beiden ›Kaffee‹-Pflanzen wohl einen anderen Stoff geben, der die Darmtätigkeit anregt.

Weiße Bohnen

Diese uns allen bekannte Bohnensorte spielte bei der Ernährung all der Indianerstämme eine wichtige Rolle, die zumindest einen Teil ihrer Gemüsepflanzen selbst anbauten. Sie wurde überall in der Neuen Welt angebaut, und es gab viele verschiedene Arten. Auch die indianischen Namen waren, je nach Region, unterschiedlich.

Frühe Forschungsreisende sahen die Bohnen in Maisfeldern wachsen. Von Champlain (1605) erfahren wir in seinem Bericht über die Indianer im Gebiet von Kennebec, Maine, warum sie dort gezogen wurden: »Zu jedem Maiskorn, das sie in die Erde setzten, gaben sie drei oder vier ›brasilianische Bohnen‹ (*Febues du Brésil*), die eine andere Farbe haben. Wenn sie größer werden, ranken sie sich an den Maispflanzen, die 1,5 bis 1,8 m hoch werden, empor und halten den Boden frei von Unkraut.«

Neben den weißen Bohnen wurde auch die in Südamerika heimische Limabohne bei vielen Stämmen schon lange vor Ankunft der Europäer angebaut. Die Indianer aßen diese nahrhaften Bohnen roh, gekocht oder getrocknet.

Amerikanisches Süßholz

Die Indianer in New Mexico, Wyoming, dem Nordwesten und Alaska aßen die süß schmeckenden Wurzeln roh oder rösteten sie auf den glühenden Kohlen eines Feuers.

Akazie

Von dem hageren Baum, der die meiste Zeit des Jahres keine Blätter trägt, verwendeten die Indianer die Samen. Sie verlieren beim Kochen ihren bitteren Geschmack und wurden »von den Ureinwohnern sehr geschätzt«. In New Mexico wurden die Blüten einer verwandten Art roh gegessen.

Rinde und Wurzeln des Baumes sollen giftig sein, und man soll sie auch im Notfall nicht essen. Die Akazie wurde von den frühen Siedlern häufig als Zierbaum gepflanzt. Man sieht sie überall in den Oststaaten außer in Florida. Der Baum ist zwar die meiste Zeit des Jahres über kahl, ist aber, wenn er Blätter und Blüten trägt, wirklich eine Bereicherung der Landschaft.

Mesquitebaum

Der knorrige Mesquitebaum war für die Indianer wegen seiner Samenhülsen sehr wichtig. Die reifen, zitronengelben Schoten haben die Form grüner Bohnen. Das süße Fruchtfleisch der Schoten ist reich an Traubenzucker; es hat schon manchem Verirrten das Leben gerettet. Man aß das Fruchtfleisch frisch oder getrocknet, gemahlen und zu Brot oder Kuchen verarbeitet, die in der heißen Wüstensonne gebacken wurden.

Mesquitebaum
Die reifen, gelblichen Samenhülsen dieses knorrigen Baumes sind reich an Traubenzucker. Die Indianer im Südwesten aßen sie entweder frisch oder getrocknet und verarbeiteten sie auch zu Brot.

Der Anthropologe Edward Palmer hat diesen Vorgang bei einem nicht bekannten Stamm um das Jahr 1870 beobachtet:

»Eine Indianerin hockte sich neben einem hölzernen Mörser, der teilweise in der Erde vergraben war, und mahlte die harten Samenhülsen mit einem Steinstößel zu Mehl. Dann nahm sie den kleinen, kegelförmigen Hut, den sie auf dem Kopf trug, herunter, besprenkelte ihn innen mit ein bißchen Wasser, gab dann abwechselnd Mehl und etwas Wasser hinein, bis diese Art Hut oder ›Backblech‹ voll war. Der Teig wurde oben festgeklopft, das Behältnis auf den Boden gestellt und einige Stunden der direkten Sonneneinwirkung ausgesetzt, bis ein fester Kuchen oder Brot daraus geworden war. Es wurde dabei so wenig Wasser verwendet, daß ich dachte, der Teig würde nicht zusammenhalten. Da das Mehl aber viel Zucker enthält, war nur wenig Wasser nötig. Das Brot sah etwas komisch aus, etwa wie das aus Maismehl mit der ganzen Kleie darin, war aber sehr süß.«

Auch die Samen wurden, wie die Samenhülsen, sehr geschätzt und ebenfalls zu Mehl gemahlen, aus dem dann ein Brei zubereitet wurde.

Um den schlimmsten Durst zu stillen und schnell wieder zu Kräften zu kommen, kauten die in der Wüste lebenden Menschen in Notlagen die reifen, süßen Samenhülsen.

Bei manchen Stämmen wurde aus den gemahlenen Schoten ein süßes Getränk zubereitet, das sie *atole* nannten (das Rezept dazu wurde leider nicht überliefert), oder sie vergoren das zuckerhaltige Fruchtmark zu Bier.

Auch die kleinen, zartgelben Blüten wurden gegessen. Der Honig aus diesen Blüten, der heute noch angeboten wird, schmeckt hervorragend. Auf Hawaii wurden bis vor kurzem jährlich bis zu zweihundert Tonnen dieses Honigs produziert und exportiert.

Die gerbsäurehaltige innere Rinde des Mesquitebaums wurde gekocht und mit Erfolg als Tee bei Durchfall getrunken. Der harzähnliche Saft, der an der Rinde austritt, ist ebenfalls sehr zuckerhaltig und kann roh gegessen werden. Noch besser schmeckt er eingedickt als Sirup. Der Saft wurde außerdem als Mittel gegen Ungeziefer verwendet: Man mischte ihn dazu mit Schlamm und rieb sich damit den Kopf ein. Die ›Schlammpackung‹ wirkte manchmal wie ein Färbemittel, das die Haare alter Leute für kurze Zeit pechschwarz färbte.

Der Mesquitebaum liefert wichtige, leicht zugängliche Nahrungsmittel, um in Notlagen zu überleben. Die süßen, nach Zitrone schmeckenden Samenhülsen sind, wenn sie roh gegessen werden, sehr nahrhaft.

Astragalus nitidus (Tragant)

Die grünen, runden bis ovalen Früchte dieser Pflanze wurden von den Indianern in Montana roh oder gekocht gegessen. Die Cree und Stone-Indianer aßen die Wurzeln

Tragant
Die Indianer in Montana aßen die grünen Früchte dieser bekannten Präriepflanze entweder roh oder gekocht.

einer verwandten Art, *A. aboriginum*. Es gibt allerdings mehrere Arten, die so ähnlich aussehen und hochgiftig sind, wie zum Beispiel das *Narrenkraut*.

Bei den Zuñi sammelte man im Herbst die Samenhülsen einer verwandten Tragant-Art (*A. diphysus*) und aß sie frisch oder trocknete sie für spätere Verwendung. Die gekochten, gesalzenen Samenhülsen waren für sie ein besonderes Festessen. Auch die Hopi machten sich eine in ihrer Umgebung vorkommende Tragant-Art (*A. pictus filifolius*) zunutze. Die Wurzeln wurden nach einem Regenschauer ausgegraben und als Süßigkeit frisch gegessen.

Obwohl diese Pflanzen gute Nahrungsmittel liefern, die leicht zugänglich sind, sollte der unerfahrene Pflanzensammler vorsichtig sein, um nicht an giftige Arten wie das *Narrenkraut* zu geraten.

Doldengewächse

Zu dieser Familie gehören viele Gemüse, die wir alle kennen und die auch von den Ureinwohnern Nordamerikas gerne gegessen wurden. Es sind dies unter anderem *Angelika*, deren frische, neue Triebe man roh aß, während die Wurzeln gekocht wurden; *Anis*, den man als Gewürz verwendete; *Karotten*, *Sellerie* und *Koriander*, deren Blätter man frisch aß, während man die Wurzeln pulverisierte und damit Fleisch würzte; *Petersilie* und die *Pastinake*. Auch der äußerst giftige *Gefleckte Schierling* gehört zu dieser Pflanzenfamilie, und er ähnelt manchen der oben erwähnten eßbaren Gewächse. Der unerfahrene Pflanzensammler sollte sich mit seinen Charakteristika genau vertraut machen. Für die Ernährung der Indianer spielten nur einige Pflanzen dieser Familie eine wichtige Rolle, und die wollen wir hier behandeln.

Cogswellia

Die Wurzel dieser Pflanze war bei den Indianern ein sehr beliebtes Nahrungsmittel. Sie taucht in fast allen Berichten von Forschern in früherer Zeit auf. Sie wächst im Westen der Rocky Mountains in großen Mengen. Manche Stämme kochten auch die Blüten, Stengel und Blätter und stellten ein Getränk daraus her.

Die kleinen Wurzeln wurden entweder roh gegessen oder zerstoßen und zu großen Kuchen verarbeitet, die man vor dem Kochen in der Sonne trocknen ließ. Auch lagerte man sie für den Winter ein, was dem Geschmack offensichtlich nicht abträglich war.

Die jungen Triebe und Blätter sind ein ausgezeichnetes Gemüse. Die Indianer in Kalifornien und British Columbia aßen es gern. Die Pflanze wächst auf trockenen Prärien und an Berghängen und ist in Notlagen ein ausgezeichnetes Nahrungsmittel.

Herkulesstaude, Bärenwurz

Bei allen nordamerikanischen Indianerstämmen bis nach Alaska wurden die jungen zarten Blatt- und Blütenstengel und die gekochten Wurzeln dieser Pflanze gegessen.

Die Stengel wurden geschält und dann in Wasser gekocht, das einmal gewechselt wurde. Sie schmecken wie Sellerie, sind sehr nahrhaft und enthalten etwa 18 Prozent Protein. Natürlich kann man sie auch roh essen – auf indianische Art: in dünne Scheiben schneiden und in Salate geben. Manche Leute bevorzugen die Blätter, frisch oder gekocht.

Die leicht zu erkennende Pflanze wächst reich wie ein Unkraut auf feuchten Böden in ganz Nordamerika und im Süden Kanadas. Man kann sie leicht sammeln; sie bildet ein hervorragendes Nahrungsmittel in Notlagen.

Perideridia gairdneri

Bei den Indianern in Colorado waren die Wurzeln dieser Pflanze am beliebtesten. Sie ist besonders häufig im Gebiet des Yampa River in Nordwest-Colorado zu finden und war, wie Harrington berichtet, so wichtig, daß dort ein Tal, ein Fluß und eine Stadt danach benannt wurden.

Die kleinen Wurzeln haben einen sehr guten Geschmack und wurden roh, gekocht, geröstet oder getrocknet gegessen. Die Pflanze wächst überall im Gebiet der Rocky Mountains und auch im Süden Kanadas; es wäre nicht schlecht, sich ihrer als Nahrungsmittel zu erinnern.

Eicheln und andere Nüsse

Buche

Bucheckern, die bis zu 22 Prozent Protein enthalten, waren ein wichtiges Nahrungsmittel der Irokesen. Die süßen, eßbaren Kerne wurden entweder frisch gegessen und auf die gleiche Weise zubereitet wie weiter unten bei den Eicheln beschrieben oder für Notzeiten aufbewahrt. Wie berichtet wird, waren Bucheckern bei allen in den Ost- und Nordstaaten der USA lebenden Stämmen ein beliebtes Nahrungsmittel. Die Indianer in Maine aßen sogar die unreifen Nüsse.

Der lateinische Name der Buche, *Fagus*, kommt von dem griechischen Wort für ›essen‹. Man nimmt an, daß Bucheckern in früheren Zeiten eines der Grundnahrungsmittel der Menschen waren. Die Indianer hatten Bucheckern zwar nicht als Ersatz für Kaffeebohnen verwendet, übernahmen aber diese Verwendungsform von den weißen Siedlern. Aus der inneren Rinde der Buche buk man Brot.

Kastanie

Die Irokesen sammelten frische Kastanien, entfernten die Schale und zerdrückten sie dann in hölzernen Schüsseln. Sie wurden dann in Wasser gekocht, das sich an der Oberfläche absetzende Öl abgeschöpft. Dieses sehr gut schmeckende Öl strich man auf Maisbrot oder garnierte damit Puddings. Aus dem gekochten Fruchtfleisch wurden Puddings zubereitet, oder es wurde getrocknet, zu feinem Mehl zerrieben und als Zutat für Brot verwendet, um den Geschmack zu verbessern.

Kastanien enthalten etwa 7 Prozent Fett, 11 Prozent Protein sowie Phosphor, Kalium, Magnesium und Schwefel.

Eine in den USA heimische Kastanienart liefert kleinere, süßere Früchte, die bei allen Stämmen ihres Verbreitungsgebietes, von Texas bis Pennsylvania, gegessen wurden.

Die Kastanie wuchs ursprünglich überall in Neu-England und nördlich bis nach Ontario, wurde aber durch eine Pflanzenkrankheit fast ausgerottet. Inzwischen hat man die ehemals großen Kastanienwälder mit aus Asien stammenden Bäumen wieder aufgeforstet. Die Kastanien, die in vielen Städten auf der Straße verkauft werden, sind aus Spanien oder Italien importiert.

Eiche

Auch Eicheln waren bei den meisten Indianerstämmen ein sehr wichtiges Nahrungsmittel. Um das zarte Fruchtfleisch genießbar zu machen, muß zuerst die bittere, zu Verstopfung führende Gerbsäure entzogen werden. V. K. Chestnut hat die in der Gegend von Mendocino, Kalifornien, lebenden Indianer gegen Ende des 19. Jahrhunderts besucht und berichtet, wie sie die Bitterstoffe entfernen. Er beschrieb auch ihre Methode, Eicheln zu Mehl zu mahlen. Da die Methoden der in Nordkalifornien lebenden Indianer mit denen der anderen nordamerikanischen Stämme fast identisch sind, wollen wir diese Beschreibung hier teilweise wiedergeben. »Die große, stattliche *Weißeiche* ist der charakteristischste Baum in diesem Gebiet. Es gibt aber in jedem Ort dieser Gegend eine oder mehrere Arten von Eichen, die in guten Jahren eine Menge Eicheln liefern. Sie sind zwar roh nicht eßbar, man kann sie aber durch einfache Verarbeitungsmethoden zu einem bekömmlichen, wohlschmeckenden Nahrungsmittel machen. Besonders die Concow, die nicht viel Fleisch essen, sagen, daß sie von Eichelbrei oder -brot nie krank werden. Die Früchte der Eiche enthalten Öl und ersetzen bis zu einem gewissen Grad den fetten Fisch, den die an den Küsten lebenden Indianerstämme häufig verzehren.«

Eine einfache Methode, den Eicheln die Gerbsäure zu entziehen, bestand darin, »sie an einem sandigen Platz mit Gras, Holzkohle und Asche einzugraben und sie dann immer wieder in Wasser einzuweichen, bis sie süß werden«. Für Suppe und Brot trockneten die im Round Valley lebenden Indianer die Eicheln zuerst in der Sonne und stampften sie dann mit beträchtlichem Kraftaufwand in einem Steinmörser zu Mehl. Mr. Chestnut beschreibt, wie dem Eichelmehl die bittere Gerbsäure entzogen wurde: »(Das Mehl wurde) in einer kleinen Vertiefung im Sand oder einem porösen Material mit Wasser vermischt und ... das Wasser filterte es so lange,

Weißeiche
Aus Eicheln gemachter Brei und Brot waren bei den Indianern ein wichtiges Nahrungsmittel. Es gab ganz verschiedene Methoden, um ihnen die bittere Gerbsäure zu entziehen.

bis der bittere Geschmack verschwunden war. Dieser Vorgang nahm normalerweise einige Stunden in Anspruch... Danach sieht das Eichelmehl wie ein normaler Teig aus. Manchmal läßt man es gleich im Sand und macht daraus Brot, indem man darum herum ein Feuer entfacht. Diese Methode ist aber nicht empfehlenswert, denn an dem Brot bleibt Sand hängen, und das Öl geht verloren... Der größte Teil des Mehls wird, ohne daß Sand daran ist, aus der Vertiefung herausgenommen und auf die Seite getan, um später Brot daraus zu machen. Zum restlichen Teig... wird wieder ... Wasser gegeben, woraus dann später eine Suppe gekocht wird.«

Der Brotteig wird vor dem Backen mit roter Tonerde gemischt, und zwar im Verhältnis von 20:1. Diese Tonerde macht das Brot süß, wie verschiedene Indianer sagten. Andere sagen, daß sie »wie Hefe wirkt«. Diese Mischung wird auf ein Bett aus Blättern der Eiche, des Ahorn oder sogar der Gifteiche gelegt, das wiederum auf Felsbrocken liegt, die vorher durch ein schwaches Feuer erwärmt wurden. Der Teig wird dann mit Blättern und einer Schicht aus heißen Steinen und Erde zugedeckt und in diesem primitiven Ofen zwölf Stunden langsam gekocht, normalerweise die Nacht über. Wurde der Teig mit Tonerde vermischt, wird das Brot pechschwarz, die Konsistenz erinnert an Weichkäse. Binnen weniger Tage wird es hart. Man könnte es wegen der Abdrücke von Blättern leicht für eine Versteinerung halten.«

Von dem Botaniker H. H. Smith erfahren wir, daß John Muir, der große Naturkenner, »bei seinen schwierigen Wanderungen durch die Berge Kaliforniens oft das harte, getrocknete Eichelbrot der Indianer bei sich hatte und es als das kompakteste und stärkendste Nahrungsmittel bezeichnete, das er je gekannt«.

Smith berichtet, daß »Eicheln... so wichtig waren, daß die Eichen, die sehr viele Früchte trugen, von den meisten Pomo-Indianern in Kalifornien als persönliches Eigentum betrachtet wurden. Das Besitzrecht an solchen

Bäumen wurde in den Familien nach bestimmten Regeln weitergegeben.«

Die in Wisconsin lebenden Menominee verwendeten geröstete, gemahlene Eicheln als Kaffee-Ersatz.

Die nahrhaften Eicheln sind schon in frühester Zeit ein wichtiges Nahrungsmittel in Griechenland und Frankreich gewesen. Anscheinend sind sich die Europäer des Nahrungswertes dieser Früchte bewußt gewesen. Fernald und Kinsey zitieren die Worte eines frühen englischen Schriftstellers: »Die Menschen hatten tatsächlich *Eichenherzen*; ich meine, nicht so *hart*, sondern *gesund* und *stark*, und sie lebten natürlich und einfach, nach den Gleichnissen der Bibel.«

Die *Hickorynuß*, *Graunuß*, *Pekan-Nuß*, *Erdkastanie* und *Walnuß* gehören alle zur Familie der Walnüsse. Sie waren bei allen Indianerstämmen ein Nahrungsmittel, jedoch haben es die Irokesen auf die für uns interessanteste Weise verwendet. A. C. Parker, der Anthropologe der Seneca-Irokesen, berichtet, wie sie die Nüsse mit der harten Schale in für diesen Zweck geschaffene Aushöhlungen in Erz- oder Schiefergestein legten und sie dann mit einem Stein bearbeiteten.

»Die Seneca bereiteten aus den getrockneten Kernen der Grauen Walnuß und der Hickorynuß ein Nahrungsmittel für Kleinkinder. Man mischte die pulverisierten Früchte mit dem getrockneten, zerstoßenen Fleisch von Rentieren oder Bären, goß die Mischung mit kochendem Wasser auf und fütterte damit die Kinder.

Die ›Flasche‹ zum Füttern bestand aus getrocknetem, eingefettetem Bärendarm, der Sauger aus dem Kiel einer Vogelschwanzfeder, um den herum der Darm gebunden war, um ihm die richtige Größe zu geben. Zum Reinigen wurden diese ›Flaschen‹ an beiden Enden aufgebunden, umgestülpt in warmem Wasser gespült, dann in kaltes Wasser geworfen, ausgeschüttelt und zum Trocknen in den Rauch gehängt.«

Ein anderer früchtetragender Baum, die kalifornische *Roßkastanie*, lieferte den dort lebenden Indianern praktisch eines ihrer Hauptnahrungsmittel. Dieser Baum gehört zu einer ganz anderen Pflanzenfamilie, trägt aber große Früchte, die nach ziemlich aufwendiger Zubereitung eßbar sind.

Die stärkehaltigen rohen Früchte enthalten den bitteren Stoff Aesculin, der in begrenztem Umfang als Fischgift verwendet wurde. Bei einem kalifornischen Stamm aß man diese Kastanien, wenn man Selbstmord begehen wollte. Um ihnen das Gift zu entziehen, wurden sie auf unterschiedliche Art mehrmals geröstet und ausgelaugt. Die Kastanien wurden zuerst in eine mit heißen Steinen ausgekleidete Grube gelegt, mit Weidenblättern oder heißer Asche zugedeckt und ein bis zehn Stunden gebakken. Dann nahm man sie heraus, schälte sie und schnitt sie in dünne Scheiben. Anschließend legte man sie in einem Behälter für zwei bis fünf Tage in einen Wasserlauf. Ein kürzeres Auslaugeverfahren bestand darin, die gerösteten Kastanien zu zerquetschen, mit Wasser zu mischen und den Brei dann ein bis zehn Stunden lang in einer Sandgrube am Ufer eines Wasserlaufs einzuweichen. Diese Art Brei wurde ohne weitere Zubereitung gegessen. Roßkastanien wurden nicht für den Winter eingelagert, denn sie keimen sehr schnell und verlieren damit ihren guten Geschmack.

Obwohl auch im Osten der USA verschiedene Roßkastanienarten wachsen, bevorzugten die Indianer die Früchte der in Kalifornien vorkommenden Art als Nahrungsmittel. Die Roßkastanie ist ein breiter, ausladender Baum, der 3 bis 12 m hoch wird. Von Mai bis Juli trägt der Baum viele duftende weiße Blütenbüschel, auf die dann im Herbst die großen, nahrhaften Früchte folgen. Sie enthalten etwa 23 Prozent Protein, und es lohnt sich, sie zum Essen zuzubereiten, besonders wenn tierisches Eiweiß nicht verfügbar ist oder man keines zu sich nehmen will.

Farne

Adlerfarn

Der Adlerfarn ist eine der in den USA und Kanada häufigsten Farnarten. Er wird zwar in Neuseeland und Japan sehr viel gegessen, erfreut sich aber in Amerika weniger großer Beliebtheit. Dennoch fand er bei mehreren Indianerstämmen Verwendung als Gemüse und zur Brotherstellung.

Es wurden nur die weniger als 20 cm hohen Wedel gegessen, denn die älteren, eher trockenen Farne eignen sich nicht zum Verzehr. Das ist von der Natur gut eingerichtet, weil die ausgewachsenen Farnwedel schwach giftig sind. Sie haben bei grasendem Vieh schon zu Vergiftungserscheinungen geführt.

Wie H. H. Smith berichtet, aßen die Indianer auf der Jagd die jungen, sich entrollenden Triebe roh:

»Die Jäger sind sehr geschickt und leben ausschließlich davon, wenn sie im Frühjahr jagen. Die Damhirschkühe ernähren sich von den Farnwedeln, und das tut auch der Jäger, damit er nicht durch seinen Atem verraten wird. Er kann bis auf 6 m an das Wild herankommen, ohne es aufzuscheuchen, und kann aus dieser Entfernung leicht den tödlichen Schuß mit Pfeil und Bogen abgeben.«

Bei manchen Stämmen wurden die jungen Triebe in Wasser gekocht, um daraus Öl und Stärke zu gewinnen. In manchen Naturkochbüchern findet man eine ähnliche Art der Zubereitung. Es wird darin empfohlen, die jungen, dickeren Stengel zu nehmen, die eingerollten Spitzen und die Endstücke abzuschneiden und die Stengel dann in leicht gesalzenem Wasser so lange zu kochen,

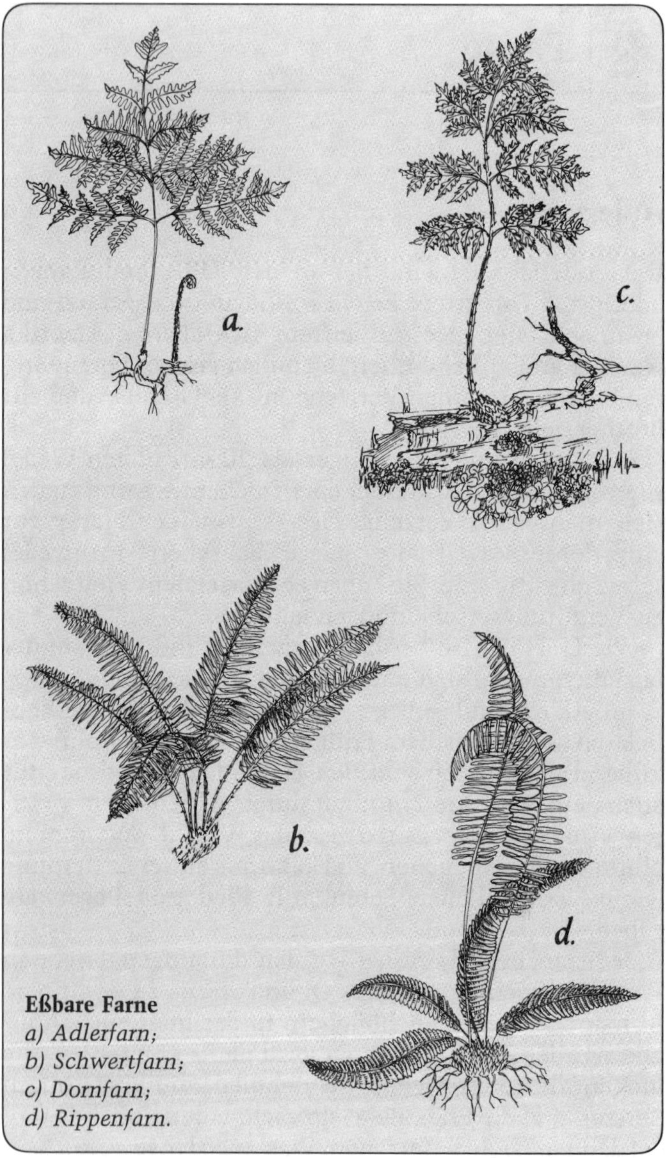

Eßbare Farne
a) Adlerfarn;
b) Schwertfarn;
c) Dornfarn;
d) Rippenfarn.

bis sie weich sind. Die Zugabe von Salz, Pfeffer und geschmolzener Butter ergibt ein sehr gut schmeckendes, spargelähnliches Gemüse. Bei vielen Stämmen galt auch der Wurzelstock als ein wichtiges Nahrungsmittel. Die weißen Mittelstücke wurden in heißer Asche gebacken, bis sie weich und teigig wurden. Diese Masse wurde dann gegessen oder zur späteren Verwendung aufbewahrt. Aus dem getrockneten, pulverisierten Wurzelstock buk man auch Brot.

Der Adlerfarn ist sehr wichtig, um in Notzeiten zu überleben. Die sich entrollenden jungen Farnwedel können für Suppen verwendet werden, aus den gemahlenen Wurzeln haben viele vom Hungertod bedrohte Menschen Brot gemacht.

Der Adlerfarn war bei den Indianern der wichtigste aller eßbaren Arten, bei manchen Stämmen sogar das Hauptnahrungsmittel.

Schwertfarn

Die Indianer im Staat Washington schälten den fleischigen Wurzelstock des Schwertfarns und buken ihn zusammen mit Lachsrogen wie Kartoffeln in Erdöfen. Manchmal legte man auf den Farnwedeln Beeren zum Trocknen aus.

Dornfarn

Die Indianer in Alaska und Kalifornien gruben im Frühjahr Wurzelstöcke des Dornfarns aus und buken sie in steinernen Erdöfen.

Rippenfarn

In Kalifornien waren die Wedel des Rippenfarns eine Nahrung in Notlagen oder um auf langen Reisen den Durst zu löschen.

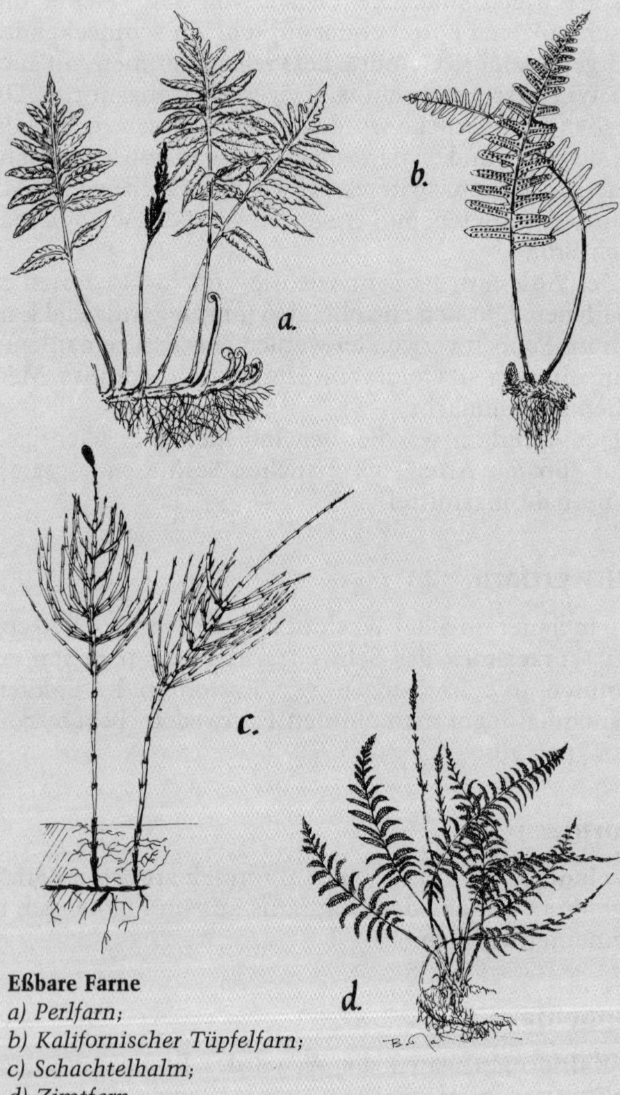

Eßbare Farne
a) Perlfarn;
b) Kalifornischer Tüpfelfarn;
c) Schachtelhalm;
d) Zimtfarn.

Perlfarn (Onoclea sensibilis)

Bei den Irokesen aß man in schlechten Zeiten den Wurzelstock dieser Farnart, die auf Gemüsemärkten im Osten als Delikatesse verkauft wurde. In einem Rezept heißt es, daß man die braunen Schuppenblätter entfernen und den Farn in ganz wenig Wasser dünsten soll. Notfalls kann man praktisch alle saftigen, jungen, noch ungeöffneten Farnwedel essen.

Kalifornischer Tüpfelfarn

Einer der frühen Schriftsteller berichtet, daß der Wurzelstock des Kalifornischen Tüpfelfarns eines der wichtigsten Nahrungsmittel bei den Sierra-Indianern war.

Schachtelhalm (Equisetum laevigatum)

Die Hopi in New Mexico vermengten die getrockneten, gemahlenen Stengel dieser Schachtelhalmart mit Maismehl und aßen diese Mischung als Brei oder buken sie zu Brot. Die Chinook in Washington aßen die rohen, geschälten Stengel der jungen Triebe des Acker-Schachtelhalms, die im selben Gebiet lebenden Cowlitz kochte die Wurzeln des Riesen-Schachtelhalms.

Man kann die Schachtelhalme als Nahrungsmittel für Notzeiten betrachten, aber bestimmte Arten (z. B. Sumpfschachtelhalm) sind giftig. Deshalb schlagen die meisten Rezepte für die Zubereitung von Wildpflanzen vor, die jungen Triebe etwa zwanzig Minuten lang zu kochen und das Kochwasser drei- bis viermal zu wechseln.

Zimtfarn

Die Menominee kochten die Farnwedel der jungen Pflanzen und dickten damit Suppen ein.

Gänsefußgewächse

Die Gänsefußgewächse, zu denen auch Spinat und rote Bete gehören, hatten bei den Indianern als Nahrungsmittel keine große Bedeutung. Die nachfolgend genannten Arten wurden jedoch als Würzmittel, Gemüse, ihre Samen zur Herstellung von Mehl verwendet.

Queller

Die in Utah und Nevada lebenden Indianer sammelten die Samen dieses fleischigen Krauts und stellten daraus ein Mehl her, das sie auf verschiedene Arten verwendeten.

Die Pflanze wächst in Salzsümpfen; eine damit verwandte, in Europa heimische Art wurde oft in Essig eingelegt oder als Salat gegessen. Bevor man die Stengel und Zweige in Essig eingelegte, wurden sie in Salzwasser gekocht.

Der englische Name ›glasswort‹ weist darauf hin, daß das Kraut bei der Herstellung von Glas und Seifen wegen des hohen Gehalts an kohlensaurem Natrium eine wichtige Rolle spielte. Die Asche der Pflanze wird in diesen Industriezweigen *barilla* genannt.

Weißer Gänsefuß

Bei vielen Stämmen wurden die jungen Blätter des Weißen Gänsefuß mit Wasser als Gemüse gekocht oder in Fett gedämpft. Die Pflanze wächst in fast allen Gärten und ist ein ausgezeichneter wilder Spinat, der besser schmeckt als der handelsübliche.

a) Queller:
Die Samen dieser in Salzsümpfen wachsenden Pflanze wurden von den Indianern zu Mehl gemahlen.

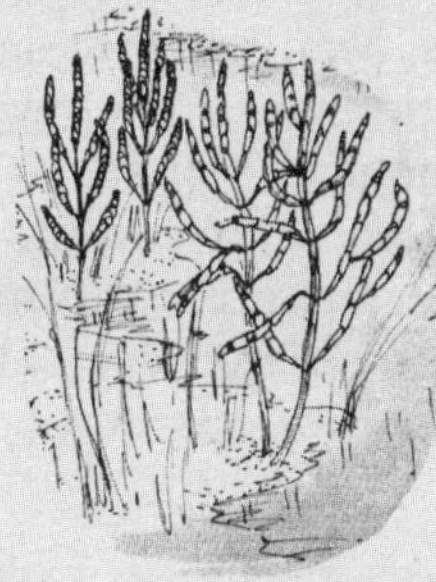

a.

b) Weißer Gänsefuß:
Bei vielen Stämmen wurden die jungen Blätter als Gemüse gegessen oder mit Fett geschmort.

b.

c) Melde:
Diese Pflanze wächst in der Nähe ausgetrockneter Seen oder in Salzsümpfen. Die Stengel und Blätter wurden mit anderen Nahrungsmitteln gekocht und die Samen zu Mehl gemahlen.

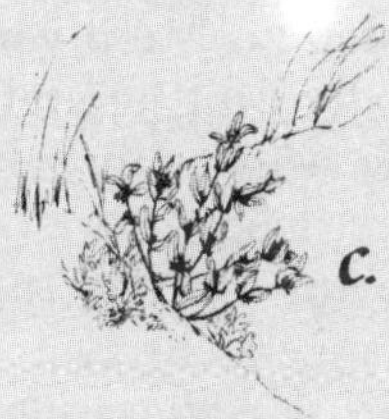

c.

d) Sode:
Die Indianer im Südwesten und Westen aßen die Blätter als Gemüse; die Samen wurden zu Mehl gemahlen.

d.

Aus den kleinen, harten Samen wurde Mehl für Brot gemahlen. Man mischte das Mehl auch mit Maismehl, um alle möglichen Backwaren herzustellen. Die häufig vorkommende Pflanze ist fast immer verfügbar und sollte wegen ihrer zarten, wohlschmeckenden Stengel und Blätter mehr Beachtung finden. Es heißt, daß Napoleon sich in Zeiten des Lebensmittelmangels von dem schwarzen Brot aus den Samen des Weißen Gänsefuß ernährte.

Melde

Dieses einjährige Kraut ist, wie auch der Weiße Gänsefuß, sehr häufig an den Küsten Nordamerikas zu finden. Als ›Spinat‹ zubereitet schmeckt es ausgezeichnet. Die Indianer kochten die Stengel und Blätter mit anderen Lebensmitteln, bei manchen Stämmen wurde das Kochwasser anschließend für Maispudding verwendet. Die Samen wurden zu Mehl gemahlen, aus dem man dann einen Brei oder Brot herstellte.

Die Melde wächst in Salzsümpfen oder in der Nähe ausgetrockneter Seen. Es gibt aber auch Arten im Landesinneren, die auf den fetten Böden von Brachland wachsen. Die Pflanze sieht zwar nicht besonders interessant aus, ist aber, wie die anderen Gänsefußgewächse, ein ausgezeichnetes Nahrungsmittel.

Sode

Die im Südosten und Westen lebenden Indianer kochten aus den Blättern Gemüse oder mahlten die Samen zu Mehl.

Die Pflanze wächst wie die anderen Gänsefußgewächse auf alkalihaltigen Böden und hilft in Notzeiten zu überleben. Kundige empfehlen, das Kochwasser zwei- bis dreimal zu wechseln, um den hohen Salzgehalt der Blätter zu reduzieren.

Gräser

Alle Gräser bringen eßbare Samen hervor, die man in Notlagen trocknen und essen kann. Man sollte jedoch darauf achten, daß die Ähren nicht vom Mutterkorn befallen sind, einer giftigen Pilzart, die als kleiner, dunkler Kern anstelle des Grassamens wächst.

Gerste

Die Indianer in Utah, Nevada, Oregon und Kalifornien verwendeten die Samen mehrerer Gerstenarten. Die Körner wurden zu Mehl gemahlen; manche Stämme rösteten die Spelzen, die dann als Kaffee-Ersatz dienten.

Bromus marginatus

Die struppige, behaarte Pflanze, die bei den frühen Siedlern ›Armengras‹ genannt wurde, ist reich an Samen. Die Körner wurden zuerst geröstet und dann zu Mehl gemahlen, das unter der Bezeichnung *pinole* bekannt ist, einem spanischen Wort, mit dem *jedes* aus gerösteten Samen hergestellte Mehl bezeichnet wird.

Arundinaria macrosperma

Diese Pflanze kommt hauptsächlich südlich von Virginia und Kentucky vor. Wie E. L. Sturtevant betont, »liefert sie sehr viele Samen, die denen von Besenhirse oder Sorghum gleichen. Diese Samen... sollen in der Qualität fast dem Weizen gleichkommen und wurden von den Indianern und manchmal auch von den frühen Siedlern als Ersatz dafür verwendet.«

Mais

Mais ist der wichtigste Beitrag der Indianer zu den Lebensmittelressourcen der Welt. Er war eines der Hauptnahrungsmittel in Nordamerika; er soll aus einer in Mexiko wildwachsenden Art gezüchtet worden sein.

In alten Zeiten mußten die Indianer den Großteil ihrer Energie in die Jagd und die Suche nach eßbaren Wildpflanzen investieren. Erst als mit dem Ackerbau durch Maisfelder und Gemüsegärten genügend Lebensmittel verfügbar waren, wurden aus den kleinen Gruppen von Indianern größere Gemeinschaften. Die früheren Nomaden hatten jetzt mehr freie Zeit. So wie die frühen kleinen Maissorten an Größe zunahmen, gewann diese Feldfrucht auch immer mehr an Bedeutung, bis sie

Mais
Diese Pflanze ist der wichtigste Beitrag der Indianer zu den Nahrungsmittelressourcen dieser Welt.

schließlich zum Mittelpunkt der Kunst und des religiösen Lebens vieler Stämme wurde. Es gab zahllose Zeremonien zu diesem Nahrungsmittel. Zu der Zeit, als die Europäer nach Amerika kamen, wurde der Mais bei manchen Stämmen mit ›unser Leben‹ oder ›er erhält uns‹ oder ›Lebensspender‹ bezeichnet. Mit dieser Feldfrucht sind neue Kulturen entstanden.

Mais ist sehr nahrhaft, manche Sorten enthalten mehr als 12 Prozent Protein. Bei jedem Stamm, der Mais anbaute, gab es eigene Rezepte und Rituale der Zubereitung. Daß ein Austausch zwischen den verschiedenen Stämmen, zwischen Indianern und Weißen stattgefunden hat, sieht man an allgemein bekannten Gerichten wie Maisbrei und Kuchen aus grünem Mais, in Blätter gewickelt. Wir können hier nur einige wenige der vielen Maisrezepte anführen, die es in den zahlreichen Büchern zu diesem Thema gibt, insbesondere in dem Buch ›Iroquois Use of Maize and Other Food Plants‹ von Arthur C. Parker.

1. Blattkuchen: Dieses Gericht war für die Irokesen und Navajo sehr wichtig, die Zuñi betrachteten es eher als ›Notbehelf‹: Grüne Maiskörner wurden zwischen Steinen zu einer Paste zerstoßen. Daraus formte man kleine Kuchen, die man fest mit grünen Maisblättern umwickelte. Die Kuchen wurden dann 45 Minuten in Wasser gekocht oder – mit feuchter Erde umhüllt – eine Stunde lang in heißen Kohlen gebacken. Dann wurde die verkohlte Hülle der Maisblätter entfernt und die Kuchen mit Bärenfett oder Sonnenblumenöl gegessen. Oft wurden sie auch in der Sonne getrocknet und für den Winter aufbewahrt. Man kochte sie dann mit Fleisch oder dünstete sie und aß sie mit etwas Salz.

2. Maisbrei: Dies war eines der Hauptgerichte bei den Zuñi. Die Maiskörner wurden dazu drei Stunden lang in einer Mischung aus Wasser und Holzasche gekocht, die ständig gerührt wurde. Dann gab man den Mais in einen Korb und spülte ihn in einem Flußlauf aus. Der Maisbrei wurde dann mit Fleisch und Bohnen in Wasser gekocht.

3. Popcorn: Die reifen Maiskörner wurden in Tongefäßen auf den heißen Steinen einer Feuerstelle geröstet und gerührt, bis sie platzten. Man aß dieses Popcorn heiß und gesalzen.

4. Fladenbrot: Der Mais wurde zwischen Steinen zerstoßen, wie Popcorn geröstet und dabei ständig umgerührt, damit er nicht anbrannte. Dann wurde er noch zweimal gemahlen. Das Mehl wurde mit kaltem Wasser gemischt und gekocht. Nach dem Erkalten gab man den Rührteig auf eine heiße Steinplatte, die man mit zerstoßenen Kernen von Wassermelonen oder Kürbis eingefettet hatte. Hatte sich der Teig auf der heißen Platte verteilt, war das dünne Brot auch schon fertig. Manchmal färbte man es auch mit verschiedenen natürlichen Farbstoffen. Da das Brot sehr leicht war, nahmen es die Indianer oft auf längeren Streifzügen mit.

5. Maishülsen im Teigmantel: Die Zuñi hatten ein ungewöhnliches Rezept. Man brauchte dafür ein paar junge Mädchen, die das Maismehl kauten, damit sich die Stärke in Zucker umwandelte und das Endprodukt süß wurde. »Sowie ein Mädchen es für notwendig hält, spuckt es das Mehl in eine kleine Schüssel... Getrocknete Maishülsen werden angefeuchtet... und Teig hineingegeben.« Die Hülsen wurden dann die Nacht über gekocht und am folgenden Morgen gegessen.

6. Maisgetränke: Die Zuñi stellten ein ›Perlwasser‹ her, für das sie geröstete Maiskörner zu einem feinen Pulver mahlten und es dann in kaltes Wasser rührten. Dieses Gemisch wurde abgeseiht und besonders von Priestern bei Zeremonien getrunken.

Beim gleichen Stamm machte man aus Mais auch ein vergorenes Getränk. Dazu ließ man feuchte Maiskörner in der Sonne liegen, bis sie keimten. Diese Triebe wurden dann ein paar Tage in Wasser gelegt und die Flüssigkeit anschließend getrunken.

Die Irokesen stellten einen ›Maiskaffee‹ her, indem sie Maiskolben auf Glutasche rösteten und dann die Kerne in einen Behälter schabten. Dann wurde kochendes Wasser dazugegeben und das Gemisch noch fünf Minuten gekocht. Dann war der ›Kaffee‹ fertig; gesüßt wurde er mit Ahornzucker.

Wilder Reis

Der Wilde Reis wächst in Teichen und Sümpfen und an morastigen Flußufern in den zentral gelegenen und Oststaaten der USA. Er war für die Ojibwa und Chippewa eine sehr wichtige Kornfrucht. Welche Bedeutung er für die Menominee hatte, zeigt sich daran, daß sie sich selbst *Menomin,* das heißt ›Menschen des Wilden Reises‹, nannten. Sie ernährten sich hauptsächlich von der Sorte, die an den Seen in ihrem Lebensraum wuchs.

Geerntet wurde der Reis von den Frauen. Bevor er reif war, ruderten sie in kleinen Booten durch die hohen Reisbüschel und banden nach ungefähr einem Meter mehrere Pflanzen zusammen. Sie ernteten die reifen Reiskörner, indem sie die zusammengebundenen Garben zu sich herunterbogen und sie mit einem Stock schlugen. Die wenigen Reiskörner, die dabei neben den Kanus ins Wasser fielen, wuchsen dann bis zum folgenden Jahr zu Pflanzen heran, die abgeerntet werden konnten.

Anschließend wurden die Reiskörner in einem auf heißen Kohlen stehenden Gefäß kurze Zeit getrocknet und dabei ständig umgerührt, damit sie nicht anbrannten. Nach dem Abkühlen wurde die Spreu durch Schlagen von den Körnern getrennt und diese noch einmal gesiebt. Die trockenen Reiskörner wurden dann in Wasser gekocht und mit Blaubeeren oder Ahornsirup gegessen oder zum Eindicken von Suppen verwendet. Wie die handelsüblichen Sorten, wird auch der wilde Reis durch Kochen drei- bis viermal größer als im trockenen Zustand.

Die Indianer wußten um den hohen Nährwert dieser Kornfrucht, und es gab Kulthandlungen um den Wilden Reis. Die Menominee feierten jedes Jahr ein Erntedankfest, bei dem sie dem Großen Manitou für diese Nahrung dankten, die er ihnen gegeben hatte. Diese Zeremonie fand nach der Reisernte und vor Beginn der Herbstjagd statt.

Wilder Reis
Die Indianerfrauen ruderten in ihren Kanus durch die zusammengebundenen Bündel von Reispflanzen und schlugen die reifen Körner in ihr Boot ab.

Hühnergras

Das widerstandsfähige, breitblättrige Hühnergras bringt relativ große Körner hervor, die bei vielen Stämmen gegessen wurden. Sie bilden sich von Anfang Juli bis September, sollten aber geerntet werden, bevor sie zu reif sind. Die Zubereitung ›auf indianische Art‹ ist ganz einfach: Man trocknet und mahlt die Körner zwischen den Steinen. Das so gewonnene Mehl wurde mit Milch oder Wasser gemischt und zu den üblichen Produkten verarbeitet.

Hühnergras
Bei vielen Stämmen aß man die Samen dieser Grasart. Sie wurden einfach gedörrt, zwischen Steinen zermahlen und dieses Mehl dann gebacken.

Oryzopsis hymenoides

Diese büschelige Pflanze bringt ziemlich große Samen hervor, die von mindestens einem Stamm als Nahrungsmittel verwendet wurden, bevor der Mais von Mexiko nach Nordamerika kam. Palmer, einer der frühen Anthropologen, berichtet, daß die Zuñi »wenn sie nicht genug Feldfrüchte ernteten, nach den Samen dieses Grases suchten. …Manchmal sieht man Gruppen von Indianern, die zehn Meilen von ihrem Dorf weg zu Fuß unterwegs sind und große Bündel davon als Vorrat für den Winter heimtragen.«

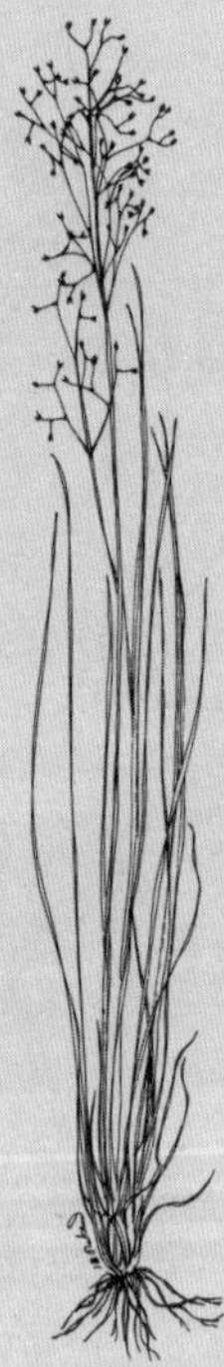

Oryzopsis hymenoides
Die Indianer sammelten die großen Samen dieses büscheligen Grases, wenn die Ernte ihrer Feldfrüchte nicht genug erbrachte.

Die Indianer dörrten die Samen über einem Feuer, um die feinen Haare abzubrennen. Man kann die Körner leicht zu Mehl mahlen und daraus Kuchen backen oder es als Zutat für Suppen verwenden. Die Samen enthalten etwa 6 Prozent Zucker und 20 Prozent Stärke.

Die in den Oststaaten vorkommende Art *O. asperifolia* wächst in trockenen Wäldern von Neufundland bis New York. Sie trägt sogar noch größere Samen, die ein ausgezeichnetes Mehl abgeben sollen.

Wilder Hafer

Der Wilde Hafer, der der gezüchteten Variante ähnelt, wurde bei den kalifornischen Indianern häufig verwendet. Die harten, spitzen Körner wurden mit heißer Kohle in Körbe gefüllt, die so gemacht waren, daß sie die Hitze aushielten, und geschüttelt. Dann wurden die so getrockneten Körner in einem Steinmörser zu Mehl gemahlen. Die in Nordkalifornien lebenden Pomo aßen dieses Mehl roh, d. h. ungekocht, mit etwas Salz.

Elymus triticoides

Die hochwachsende, graugrüne, wilde Roggenart ist besonders häufig auf den Wiesen und Hügeln im Round Valley in der Gegend von Mendocino zu finden. Aus Roggen wurde sehr oft Pinole, ein geröstetes Mehl, hergestellt. Die Roggenpflanzen sind auch »ein ausgezeichnetes Viehfutter, besonders wenn im Spätsommer das meiste Gras schon verdorrt ist«.

Weizen

Den Weizen lernten die im Südwesten lebenden Indianer durch die Spanier kennen. Die Franzosen führten ihn im Jahr 1604 auf der Insel St. Croix in Maine ein. 1718 brachte ihn die Western Company ins Mississippi-Tal.

Die Zuñi machten Teigtaschen aus Weizen und gaben Sauerteig dazu, damit die Mischung aufging. Ein früher Ethnologe erzählt, wieviel Spaß alte Zuñi-Frauen daran hatten, aus dem Weizenteig vor dem Backen ›obszöne Figuren‹ zu formen.

Der Ethnologe M. C. Stevenson beschreibt, wie die Zuñi eine Art Krapfen herstellten, die sie von den Mexikanern übernommen hatten: »Aus Mehl, kaltem Wasser und etwas Salz wird ein weicher Teig gemacht. Daraus werden dann quadratische Stückchen von etwa 10 x 10 cm geformt, die in heißem Rinder-, Schaf- oder Schweinefett herausgebacken werden... Mit einem kleinen Stöckchen dreht man die Krapfen in dem Fett um und holt sie, wenn sie durch sind, aus dem Topf heraus.«

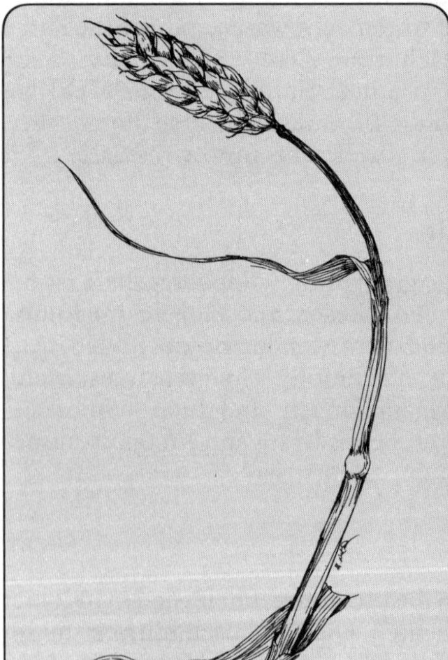

Weizen
Die Indianer lernten den Weizen erst durch die Spanier kennen.

Kakteen

Die Indianer machten sich über vierzig Kakteenarten als Nahrungsmittel- oder Wasserlieferanten zunutze. Diese Wüstenpflanzen waren bestens bekannt, und der hungrige Reisende konnte sich mittels spezieller Methoden die nötige Nahrung verschaffen. Fast alle Kakteen sind eßbar, manche von ihnen sind jedoch nahrhafter oder leichter zugänglich als andere. Nur der *Peyote* und die Art *Ariocarpus fissuratus* enthalten erwiesenermaßen Halluzinogene oder giftige Substanzen. Auch eine Art des *Igelkaktus* kann giftig sein. Die Navajo verwendeten ihn als herzstärkendes Mittel, nannten ihn aber *Tjenáyookisih,* was übersetzt wurde als »Pflanze, bei der das Herz sich wie verdreht anfühlt, wenn man sie ißt«. Im allgemeinen schmecken junge Kakteen besser als ältere Pflanzen. Am häufigsten wurden die Früchte gegessen, die unter, über oder in der Kaktusblüte wachsen. Manchmal wurde auch das Fleisch des Stammes wegen des wäßrigen Saftes ausgepreßt. Manche Stämme aßen die Samen in den Früchten bestimmter Arten, zum Beispiel vom *Echinocactus polycephalus.* Von den drei nachstehend beschriebenen Kaktusarten war der Feigenkaktus für die im Südwesten lebenden Indianer der wichtigste Nahrungslieferant.

Echinocactus wislizenii

Diese sehr bekannte Kaktusart ist ein richtiges Wasserreservoir, das man leicht anzapfen kann. Die Indianer schnitten die Spitze ab und zerdrückten das weiße Fleisch im Innern, damit sich das Wasser absetzte.

Manchmal wurde die ausgehöhlte Pflanze dann, nachdem man die Flüssigkeit herausgeholt hatte, als Ofen benützt. Man stopfte Fleisch und andere Zutaten hinein, dazu vorher erhitzte Steine, und ließ das Ganze garen.

Eßbare Kakteen
a) Echinocactus wislizenii;
b) Kandelaber- oder Saguaro-Kaktus;
c) Feigenkaktus.

Kandelaberkaktus (Saguaro)

Diese Kaktusart, die bis zu 12 m hoch wird, wurde von allen Indianerstämmen in Arizona und Kalifornien genutzt. Die feigenähnlichen Früchte wurden gegessen, wenn sie reif waren. Sie sollen »sehr wohlschmeckend sein und den Geschmack von Pfirsich, Erdbeere und Feige in sich vereinen«. Die Schale, das Fruchtfleisch und die Samen wurden manchmal getrocknet und gemahlen. Die Papago stellten einen süßen Sirup her, indem sie den ausgepreßten Fruchtsaft gären ließen.

Feigenkaktus

Die fleischigen Früchte verschiedener Arten der Opuntie, die überall im Südwesten wächst, waren für die Indianer in New Mexico, Arizona, Kalifornien und Utah ein wichtiges Nahrungsmittel. Die als *tunas* bekannten Früchte sitzen unter den Blüten und sind leicht zu pflücken. Um sich nicht an den langen Kaktusstacheln zu stechen, sammelten die Navajo die Früchte mit einem gegabelten Zweig, die Apachen mit hölzernen Zangen.

Auch die Haut der Früchte ist mit winzigen Stacheln übersät, die man mit bloßem Auge fast nicht sieht. Um sie zu entfernen, bürsteten die Indianer die Haut kräftig mit einem Grasbüschel oder brannten die Stacheln ab. Trotzdem fanden Anthropologen in unserer Zeit in den Exkrementen aus alten indianischen Kulturen noch solche feine Stacheln.

Hatten sie genug Früchte gesammelt, schnitten die Indianer sie an beiden Enden ab, schlitzten sie an einer Seite auf und trockneten das Fruchtfleisch in der Sonne. Sie wurden dann wie Trockenfrüchte gegessen oder für den Winter eingelagert. Die Pawnee kochten die getrockneten Früchte auch mit Fleisch. Für ein apfelmusähnliches Gericht kochten sie die unreifen Früchte zehn bis zwölf Stunden in Wasser und ließen sie anschließend kurz gären. Manche Stämme bereiteten aus den kleinen, fleischigen Blättern, die neben den langen Stacheln wachsen, ein ›Essen für Notlagen‹. Die Blätter wurden in heißer Asche geröstet, so daß Stacheln und Haut leicht entfernt werden konnten. Die dann übrigbleibende »glitschige, süße, saftige Substanz« hat zahllose Menschen vor dem Hungertod gerettet.

Auch die Samen, die man leicht aus den Früchten herausholen kann, wurden von den Indianern verwertet. Geröstet und gemahlen ergaben sie Mehl zu Kuchen oder einer Art Schleimsuppe, getrocknet dienten sie der Vorratshaltung.

Der Feigenkaktus ist schon seit alters eine wichtige Pflanze in Amerika gewesen. In Mexiko ist er auf dem Silberdollar, im Staatswappen und auf den Waffen der Republik abgebildet. Aus der mexikanischen Geschichte erfahren wir, daß die Azteken im Jahr 1325 von Feinden verfolgt wurden, als sie sahen, wie ein Adler eine Schlange auf einem Feigenkaktus tötete. Die Azteken interpretierten dies als gutes Omen, vielleicht als Sieg über ihre Verfolger, und beschlossen, sich an dieser Stelle niederzulassen, wo heute Mexico City steht.

Auch für die Navajo hatten diese Kakteen eine besondere Bedeutung. In den zeremoniellen Sandmalereien der ›Kaktusmenschen‹ finden sich vier Figuren, die in der Form dieser Kakteen gezeichnet sind. Die Gesetze dieses Stammes verboten es, die Stämme von Kakteen als Feuerholz zu verwenden. Sie sammelten die Früchte des Feigenkaktus mit einer Behutsamkeit, die sie gegenüber keiner anderen Pflanze walten ließen. Sie fürchteten, daß die Pflanze ›ihr Herz verdrehen‹ könnte; um dies zu vermeiden, boten sie ihr ein Haar von ihrem Kopf an.

Korbblütler

Topinambur, Knollige Sonnenblume

Diese in Amerika heimische Pflanze ist ein wichtiges Nahrungsmittel für Notzeiten, denn die Knollen können im Herbst, Winter oder Frühjahr wie Kartoffeln gegessen werden. Die Indianer aßen diese Knollen roh, gekocht oder gebacken. Bei mehreren Stämmen galt die Pflanze, die wildwachsend auch an Flußläufen zu finden ist, als zweitwichtigstes Nahrungsmittel. Die frühen Siedler exportierten diese Pflanze ziemlich bald nach Europa, wo sie sich nach kurzer Zeit schon großer Beliebtheit erfreute, besonders in den Mittelmeerländern. In Spanien wer-

Topinambur
Diese in Amerika heimische Pflanze ist ein in Notzeiten sehr wichtiges Nahrungsmittel, denn man kann die Knollen im Herbst, Winter oder Frühling wie Kartoffeln essen.

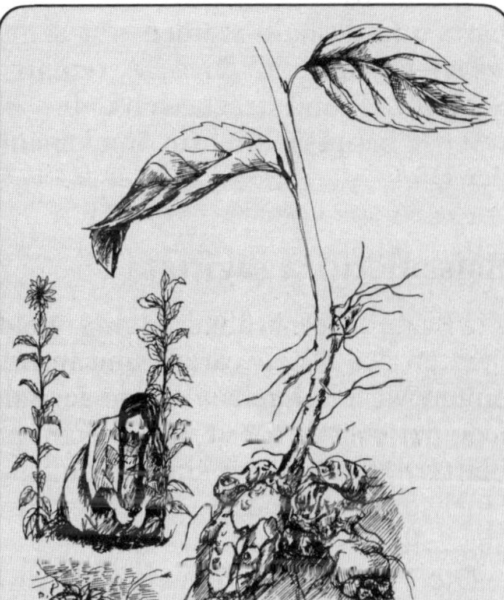

den die Knollen *girasol* genannt, in Italien *girasole*. Die Engländer verstanden diese Namen wohl falsch und machten daraus ›Jerusalem‹ (artichoke), wie die Pflanze bei ihnen auch heute noch heißt. Topinambur gehört zur Gattung der Sonnenblumen und wurde früher überall in Nordamerika angebaut. Sie hat sich inzwischen wild verbreitet und ist an Straßenrändern, auf Äckern oder Schutthalden zu finden. Ihre dicken, behaarten Stengel werden 1,8 bis 3 m hoch. Zwischen Juli und Oktober trägt sie hellgelbe Blüten. Da die fleischigen Knollen keine Stärke enthalten, sind sie als kohlenhydratarme Kost zu empfehlen.

Großblättrige Aster

Die jungen, zarten Blätter dieser Pflanze wurden bei den Ojibwa gerne gegessen; die Chippewa bereiteten ein Gericht mit gekochten Blättern und Fisch. Die herzförmigen Blätter ausgewachsener Pflanzen sind ziemlich hart, und deshalb werden nur sehr junge Pflanzen als eßbar gesammelt. Diese Asternart blüht von Juli bis September und trägt weiße bis blaßlila Blüten. Sie wächst hauptsächlich in trockenen Wäldern im Osten der USA.

Balsamorhiza sagittata

Zu Beginn des Frühjahrs sind viele Berghänge in den Staaten des Nordwestens und in British Columbia mit einem Meer hellgelber Blüten der Balsamorhiza bedeckt. Jede der Pflanzen mit den dicken, pfeilspitzenförmigen Blättern kann bis zu einem Dutzend Blüten tragen. Im Hochsommer sind sie bereits vertrocknet, die Blüten abgefallen.

Die Thompson-Indianer in British Columbia aßen die reifen Samen roh oder mahlten sie im Steinmörser zu Mehl. Manchmal wurden die nahrhaften, ölhaltigen Samen auch mit Hirschfett gekocht und daraus kleine Kuchen geformt. Die Indianer am Puget Sound mahlten die Samen zu Mehl und buken dieses *mielito* zu Kuchen. Die Nez percé in Oregon wiederum schmorten die Wurzeln der Pflanzen auf heißen Steinen und aßen sie als eine Art Beilage.

Der dicke Hals dieser Wurzel ist auch ungekocht eßbar. Die Pflanze ist sehr leicht an ihren hellgelben Blüten zu erkennen und ist ein gutes natürliches Nahrungsmittel.

Klette

Das allgemein bekannte großblättrige Unkraut wird in vielen Ländern als Nahrungsmittel genutzt. Es kam von Europa in die USA und wächst heute auf Brachland im Süden Kanadas und in den Nordstaaten.

Die Irokesen und andere Stämme lernten die Zubereitung dieses Unkrauts von den frühen Siedlern. Sie trockneten die Wurzeln junger Pflanzen, die noch keine Blütenstengel gebildet hatten, und verwendeten sie in Suppen. Die gekochten Blätter wurden von ihnen auch als Gemüse gegessen.

In Japan kocht man die jungen Wurzeln und Blattstengel, wobei das Wasser zweimal gewechselt wird, um die zähen Fasern zu entfernen. Auch die jungen Stengel sind eßbar. Man sollte sie gegen Ende des Frühjahrs vor der Blüte sammeln und sie vor dem Kochen schälen. Auch in diesem Fall sollte das Kochwasser *zweimal* gewechselt werden.

Die Pflanze wurde schon im Jahr 1772 in Amerika sehr geschätzt, wie Peter Kalm, der schwedische Naturkundler, in seinem Buch ›Travels in North America‹ anläßlich eines Aufenthalts in Ticonderoga, New York, schreibt: »Und der Gouverneur erzählte mir, daß die zarten Triebe im Frühjahr wie Rettiche gegessen werden, nachdem der äußere Teil entfernt worden ist.«

Pestwurz

Flüsse, feuchte Wälder und sumpfige Wiesen sind die Standorte der Pestwurz. Sie lieferte manchen Stämmen in Nordkalifornien einen Ersatz für Salz. Wie Chestnut berichtet, war es so wichtig, daß es deshalb sogar zu einem Stammeskrieg kam: »Man könnte die Pflanze wirklich die Salzpflanze der Yuki nennen. Da sie durch feindliche Stämme vom Meer abgeschnitten waren, verwendete dieser Stamm – wie auch die Wailaki – die Asche verschiedener Pflanzen, insbesondere aber von dieser, wegen des darin enthaltenen Salzes. Da sie fast nur pflanzliche Nahrung zu sich nehmen, war Salz für sie von großer Wichtigkeit, wie es auch bei Rindern und anderen Pflanzenfressern der Fall ist. Man erzählte mir, daß es wegen der Salzvorkommen am Stony Creek in der Gegend von Colusa oft Kämpfe gab. Um die begehrte salzige Asche herzustellen, wurden die grünen Stengel und Blätter zu Bällen gerollt, sorgfältig getrocknet, auf ein sehr kleines Feuer auf Steinen gelegt und verbrannt.«

Löwenzahn

Der Löwenzahn kam durch die europäischen Einwanderer nach Amerika, und die Indianer fanden bald Geschmack daran. Die Irokesen aßen die gekochten Blätter besonders gern mit fettem Fleisch. Aus Löwenzahnwurzeln kann man einen ausgezeichneten Kaffee-Ersatz herstellen. Die Wurzeln werden dazu mehrere Stunden langsam geröstet und gemahlen, wenn sie bröckelig und innen braun sind. Die Blätter werden gerne von Rotwild gegessen, während Fasane und Waldhühner die Samen bevorzugen. Notfalls kann man die samenähnlichen Früchte auch roh essen. Der Löwenzahn, der auf fast allen Höhenlagen wächst, ist reich an Vitamin A und C und ist ein wichtiges Nahrungsmittel, um in Notlagen zu überleben.

Wilder Lattich

Bei jedem nordamerikanischen Indianerstamm wurden die Blattstengel der einen oder anderen Art des Wilden Lattich gegessen. Da die Blätter ausgewachsener Pflanzen zu hart sind, bevorzugte man junge Pflanzen, die noch nicht geblüht hatten. Die in New Mexico lebenden Zuñi schnitten die Wurzeln junger Pflanzen ab und ließen den Saft trocknen; die Masse wurde wie Kaugummi gekaut.

Sonnenblume

Wogende gelbe Sonnenblumenfelder liefern eine Menge Nahrungsmittel. Lange bevor die Europäer nach Amerika gekommen waren, hatten die Ureinwohner die Samen roh oder geröstet gegessen. Die Irokesen, die von der Nützlichkeit dieser Pflanze wahrscheinlich von den im Westen lebenden Stämmen erfahren haben, extrahierten aus den Samen das nahrhafte Sonnenblumenöl: sie zerquetschten die reifen Samen, erhitzten sie und kochten sie dann in Wasser. Sobald sich das Öl von dem Fruchtfleisch absetzte, schöpfte man es ab.

Man sollte den Wert der Sonnenblume als Nahrungsmittel in Notlagen nicht vergessen. Die jungen Blütenköpfe kann man in Wasser kochen und wie Rosenkohl zubereiten. Die rohen Samen sind eßbar; sie enthalten 55 Prozent an sofort verwertbarem Protein.

Die Indianer von Loretto, Kanada, gaben die Samen in Maissuppe, bei manchen Stämmen wurden die getrockneten Kerne gemahlen und zur Herstellung von Kuchen, Brot und Suppen verwendet. Manche Waldläufer stellen aus den gerösteten Samen oder Schalen ein kaffeeähnliches Getränk her.

Das Sonnenblumenöl wird seit längerer Zeit in die UdSSR exportiert. Das hat mancher von der im Staatswappen von Kansas erscheinenden Blume nicht gedacht.

Kürbisse

Die Irokesen bauten Gurken, Warzen- und Wassermelonen auf gerodeten Waldstücken an. Pflanzen, die noch keine Früchte getragen hatten, wurden vor Wintereinbruch gesammelt, die Wurzeln ließ man jedoch im Boden. Die noch nicht reifen Früchte wurden in mit Sand gefüllte Körbe gelegt und den Winter über in Holzverschlägen eingelagert. Die nach und nach reifenden Früchte gab man kranken Stammesmitgliedern.

Obwohl für die Irokesen die Stammesgemeinschaft sehr wichtig war, erkannten sie doch bei den Früchten die Rechte des einzelnen an, wie A. C. Parker berichtet: »Das Zeichen auf dem Totem besagte, daß nach dem Gesetz der Gemeinschaft das bebaute Land nominell dem Klan gehörte und jedes Klanmitglied die Früchte nehmen könnte, wenn es seiner bedürfe. Da jedoch der Garten von einer einzelnen Person bepflanzt, gepflegt und von Unkraut freigehalten und deren Name auch genannt wurde, sollten der Anspruch und das Recht dieser Person als vorrangig anerkannt werden, wenn auch nicht nominell.«

Kürbisse waren neben dem Mais die wahrscheinlich wichtigsten Kulturpflanzen der Indianer. Sie waren nicht nur nahrhaft, sie lieferten ihnen auch das Material für viele Haushaltsgegenstände (Wasserflaschen, Schüsseln usw.), religiöse Objekte (Masken) und Musikinstrumente (Rasseln, Hörner, Flöten). Kürbisse enthalten im Durchschnitt zehn Prozent Protein.

Die Irokesen schnitten Kürbisse in dünne Scheiben und hängten sie zum Trocknen an einer Schnur auf, die sie an der Decke ihrer Hütten spannten. Manchmal wurden sie auch in heißer Asche gebacken und einschließlich Schale und Samen gegessen. Gelegentlich entfernte man auch die Kerne und kochte die Kürbisse in Wasser. Die im Südwesten lebenden Navajo bereiteten sie auf verschiedene Art zu. Sie viertelten sie und brieten sie in Steinöfen, in heißer Asche oder über offenem Feuer. Manchmal schnitt man sie auch klein, kochte sie in Wasser und salzte sie, oder man kochte sie in Schaffett. Wollte man sie länger aufbewahren, schnitt man sie in Streifen und dörrte sie über dem Feuer.

Die Irokesen verwendeten nicht fruchtende Kürbisblüten als Würzmittel, während die Navajo sie mit Lammfett zu einer Suppe kochten. Man sammelte die Kürbisblüten, wenn sie voll entfaltet waren, trocknete sie dann an einer Schnur im Schatten und bewahrte sie für den Winter auf. Sie wurden dann zum Würzen von Suppen und Fleisch verwendet.

Sturtevant überliefert uns die Äußerung eines frühen holländischen Besuchers der USA, der seine Eindrücke 1642 wie folgt beschrieb: »Bei den Eingeborenen hier gibt es eine ganz besondere Kürbisart... Wir hatten diese Pflanze noch nie vorher gesehen. Es ist eine herrliche Frucht, sowohl für das Auge wegen seiner hübschen Farben als auch für den Gaumen, weil sie sehr gut schmeckt... Setzt man die Pflanzen Mitte April, sind die Früchte Anfang Juni reif zum Essen. Sie warten aber nicht, bis sie reif sind, sondern ernten sie, wenn sie eine bestimmte Größe erreicht haben.«

Zu den für die Indianer sehr wichtigen Nahrungsmitteln gehörten die folgenden Kürbisarten:

Warzenmelonen

Diese Melonenart ist möglicherweise von Kolumbus im Jahr 1494 in der Neuen Welt eingeführt worden. Cartier stellte bei seiner zweiten Reise durch Nordamerika fest, daß sie in Hochelaga (heute Montreal) angebaut wurde. Aus dem Jahr 1881 ist überliefert, daß in Montreal gezogene Melonen in Boston verkauft wurden.

Gurken

Gurken werden schon seit der Antike angebaut. Man nimmt an, daß sie im westlichen Asien heimisch sind. Auch von verschiedenen Indianerstämmen wurden sie gezogen. Cartier, der französische Forscher, berichtet, daß die Indianer schon im Jahr 1535 in der Gegend des heutigen Montreal ›sehr große Gurken‹ anbauten.

Wassermelonen

Wassermelonen wurden von den Stämmen in Arizona, North und South Dakota, Minnesota, Nebraska, New York und Wisconsin angebaut. Die Früchte stammen aus dem tropischen Afrika und wurden bereits im 17. Jahrhundert von europäischen Kolonisten nach Amerika gebracht. Die ersten Wassermelonen in Connecticut zum Beispiel wurden aus Samen gezogen, die man von Rußland herübergebracht hatte. Dem Bericht eines J. Woods aus dem Jahr 1822 zufolge sollen in Illinois große Melonen gewachsen sein. Er schreibt: »Auch Wassermelonen von stattlicher Größe gibt es hier; manche werden wohl ihre 10 Kilo wiegen. Sie sehen mehr wie Kürbisse als Melonen aus. Sie sind rund oder länglich, außen im allgemeinen grün oder grün und weiß; innen sind sie weiß oder blaßrot. Sie haben viele schwarze Samen, sind angenehm im Geschmack, sehr saftig und manchmal fast zu süß, trotzdem aber eine kühle und wohltuende Erfrischung.«

Mindestens ein Wissenschaftler, M. R. Gilmore, hat sich mit den in Nordamerika vorkommenden Arten von Wassermelonen beschäftigt und festgestellt, daß viele von ihnen auf diesem Kontinent heimisch sind und hier schon lange vor der Einführung europäischer Sorten angebaut wurden.

Bei den Hopi waren Wassermelonen sogar ein wichtiges Grundnahrungsmittel. Wie sie dem Botaniker A. F. Whiting in den 30er Jahren unseres Jahrhunderts erzählten, haben sie es sehr bedauert, ihre ›alten‹ Melonensorten, die sich bis Februar hielten, durch neuere ersetzt zu haben, die zwar besser schmeckten, dafür aber nicht so lange aufbewahrt werden konnten.

Liliengewächse

Camassia quamash

Die Knollen dieser Pflanze waren für die im Nordwesten lebenden Indianer ein so wichtiges Nahrungsmittel, daß viele Stammeskriege darum geführt wurden, wer sie wo sammeln durfte.

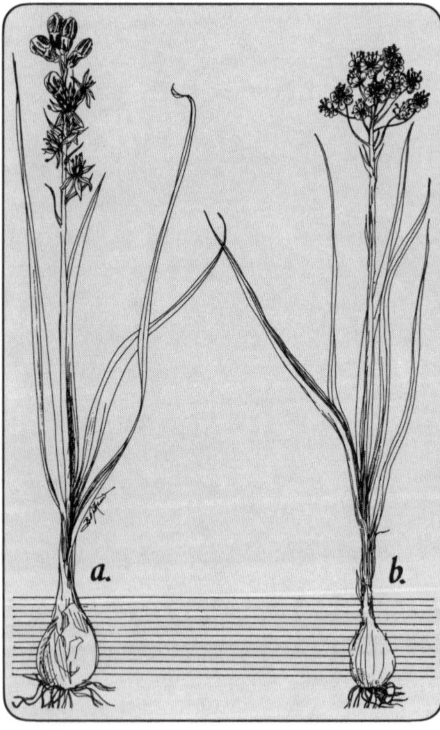

a) Camassia quamash: *Die Knollen wurden entweder frisch gegessen oder in Erdgruben unter einer dicken Schicht von Kiefernnadeln gebacken.*
b) Zygadenus gramineus: *Diese Pflanze wurde oft mit der eßbaren Art verwechselt, was zu schweren Vergiftungen geführt hat. Die eßbare Art hat blaue Blüten, die giftige weiße bis cremefarbene.*

Die Wurzelknollen wurden in Erdgruben gebacken, wie es V. K. Chestnut beschreibt: »Abends treffen sich mehrere Familien, die ihren ganzen Vorrat an Knollen mitbringen. Dann wird ein Loch in der nötigen Größe gegraben und mit Steinen ausgekleidet. In diesem Loch wird ein Feuer gemacht, das man herunterbrennen läßt, auf die Asche wird eine dicke Schicht Kiefernnadeln gelegt. Darauf werden die Knollen verteilt, darüber kommt wieder eine dicke Schicht Kiefernnadeln und schließlich wird das Loch gut mit Erde abgedeckt. Über dem Loch brennt die ganze Nacht und den folgenden Tag über ein Feuer. Dann werden die Knollen herausgeholt und an die Familien verteilt.«

In British Columbia wurden sie manchmal mit *Alectoria jubata* gemischt, »einer dunklen, fadenähnlichen Flechte«. Die Knollen enthalten wenig Stärke, dafür aber sehr viel Zucker; sie schmecken nach dem Kochen süß. Frische, ungekochte Knollen sind fast geschmacklos, weich und klebrig. Sie werden im Juni und Juli gesammelt, wenn die Pflanze blüht, denn man kann die Pflanze ohne die Blüten von der giftigen Art *Zygadenus gramineus* fast nicht unterscheiden. Die eßbare Art trägt *blaue* Blüten, die giftige *weiße* bis *cremefarbene*. Die Knollen dieser gefährlichen Art wurden beim Sammeln oft mit wilden Zwiebeln verwechselt, was zu schweren Vergiftungen und sogar Todesfällen geführt hat. Unerfahrene Pflanzensammler sollten vorsichtig sein.

Lilien

Alle in Nordamerika heimischen Lilienarten sind eßbar, sie wurden entweder roh gegessen oder in Suppen gekocht. Zu den am häufigsten als Nahrungsmittel verwendeten Lilienarten gehören unter anderem die *Waldlilie* und die Art *Lilium superbum*, die bei den Indianern in Maine oft in Suppen gekocht wurden.

Mariposalilie

Auch die kleinen Knollen der Mariposalilie aßen die Indianer roh oder rösteten sie in heißer Asche. Durch die Knollen konnten viele Mormonen das Jahr 1848 überleben, als die ganze Ernte von Wanderheuschrecken vernichtet worden war.

Bei manchen Stämmen wurden die getrockneten Knollen zu Mehl gemahlen und daraus ein Brei zubereitet. Ein Vorteil ist, daß man sie lange Zeit aufbewahren kann.

Mariposalilie
Diese süß schmeckenden Knollen haben vielen Mormonen das Leben gerettet, deren Ernte im Jahr 1848 von Wanderheuschrecken vernichtet worden war.

Wilde Zwiebel, Knoblauch und Lauch

Die Menominee nannten ein Gebiet, in dem sehr viel Wilder Lauch wuchs, *shika'ko* oder ›stinkender Ort‹. Daraus wurde im Englischen *Chigago*. Inzwischen sind vielerorts die stark riechenden Knollen unter Viehhöfen, Autobahnen und Apartmenthäusern begraben.

Die eßbaren Knollen wildwachsender Zwiebel-, Knoblauch- und Laucharten waren schon in alten Zeiten ein Nahrungsmittel, sowohl in der Alten Welt wie auch in Amerika.

Die Indianer aßen sie entweder roh oder kochten sie zusammen mit anderen Zutaten, was wir ja auch heute noch tun. Die Irokesen kochten Wilden Knoblauch, machten ihn mit Öl an und aßen ihn als eine Art Beilage.

Man findet die Pflanzen überall in Nordamerika wildwachsend; die Knollen sind durch ihren charakteristischen Geruch leicht von anderen zu unterscheiden.

Salomonssiegel

Der dicke Wurzelstock ist eßbar; die Irokesen und andere Stämme buken daraus Brot. Manche Holzfäller und Jäger essen die zarten neuen Triebe, die ähnlich wie Spargel schmecken sollen, als Gemüse.

Auch in Europa gibt es mehrere Arten dieser Pflanze; sie war bei Hungersnöten ein wichtiges Nahrungsmittel.

Smilacina racemosa

Die wohlschmeckenden blaßroten Beeren dieser Schattenblumenart verzehrten die Indianer in Oregon, British Columbia und Wisconsin in großen Mengen. Bei den frühen Siedlern wurden sie Skorbut-Beeren genannt und wahrscheinlich wegen des darin enthaltenen Vitamin C gegessen.

Die Ojibwa bereiteten den Wurzelstock der Pflanze auf die gleiche Weise wie Kartoffeln zu. Um den bitteren Geschmack wegzubekommen, wurden sie zuerst in mit Asche gemischtem Wasser eingeweicht, dann kurz gekocht und die Lauge weggeschüttet. Die jungen Triebe werden manchmal auch als Ersatz für Spargel verwendet.

Dieses Liliengewächs hat wechselständige, längliche Blätter und wird bis zu 90 cm hoch. Von Mai bis Juli trägt die Pflanze große endständige Büschel grünlichweißer Blüten. Auf sie folgen die Beeren, die im Herbst, wenn die anderen Pflanzen ihre Blätter verloren haben, sehr auffallend sind. Die Pflanze wächst vor allem in schattigen Wäldern und an Flußufern. Man findet sie überall im Süden Kanadas und in Nordamerika bis nach Georgia, Arizona und Missouri im Süden.

Smilacina racemosa
Die köstlichen hellroten Beeren wurden von den Indianern und den weißen Siedlern gerne gegessen, die sie auch Skorbutbeeren nannten.

Yucca, Palmlilie

Die Yucca-Pflanzen waren für die Indianer im Südwesten äußerst wichtig. Die Früchte der Art *Yucca baccata* wurden gespalten, die Samen herausgenommen und anschließend in der Sonne getrocknet oder auf heißen Kohlen oder Steinen gebacken, dann zermahlen und das Mehl zu Kuchen verarbeitet, die man als Brot, mit Suppen etc. aß. Die Früchte dieser Yucca-Art bildeten früher, zusammen mit Grassamen und Wildbret, die Hauptnahrung von Navajokriegern, die lange Strecken zurücklegen mußten.

Yucca
Navajokrieger ernährten sich auf langen Kriegszügen hauptsächlich von den getrockneten Früchten dieser Pflanze, Grassamen und Wildbret.

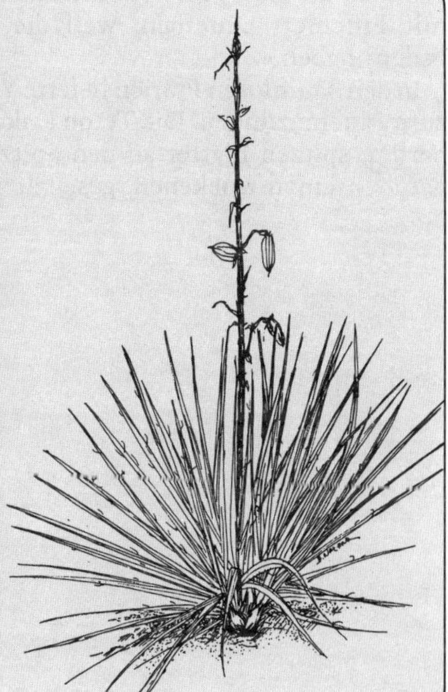

Bei den Apachen und auch anderen Stämmen wurden größere Blüten auch gekocht oder roh gegessen.

Manche Yucca-Arten waren auch wegen ihrer Blattfasern sehr nützlich. Die Blätter wurden in Wasser eingeweicht, bis sie weich waren, und dann so lange geklopft, bis die harten Fasern sich lösten. Dann wurden sie über der harten Mittelrippe des Blattes zu Seilen gedreht, aus denen man Matten, Körbe usw. anfertigte. Als Seife dienten die zerdrückten Wurzeln. Diese Naturseife wurde von den Indianern, besonders von den Hopi, sehr geschätzt, die sie, wie A. F. Whiting berichtet, auch als Haarwuchsmittel verwendeten. Ein Indianer hatte ihm erzählt: »Bei starkem Haarausfall, der selten vorkommt, soll man die Haare mit Yuccawurzel waschen und dann mit Entenfett einreiben, weil die Enten sehr dichte Federn haben.«

In den baumlosen Prärien lieferte Yucca auch Reibholz zum Feueranzünden. Die Teton Dakota banden dazu die harten, spitzen Blätter an den Spitzen zusammen und nahmen einen trockenen, geschälten Stengel als Reibholz.

Nadelhölzer

Nadelhölzer wurden am häufigsten für Nahrungsmittel genutzt. Kiefernsamen sind zwar fast immer eßbar, die im Westen beheimateten Kiefernarten liefern aber viel größere und besser schmeckende Samen als jede im Osten vorkommende Art. Die innere Rinde aller Kiefernarten ist eßbar, und sie hat viele Menschen vor dem Hungertod gerettet. Diese saftige innere Schicht mußte so oft als Nahrungsmittel im Notfall herhalten, daß viele der frühen Erforscher Nordamerikas große Bestände dieser Bäume ohne Rinde vorfanden.

Der Name *Adirhon'dak* der Mohawk bezeichnet eine Gruppe von Indianern als ›Baumesser‹. Sie aßen viel innere Rinde von der Spitze der Bäume »besonders im Frühjahr, wenn sie reichlich süßen Saft enthielt«.

Es wird zwar jede Kiefernart, deren eßbare Teile verwertet wurden, im folgenden besprochen; die Methode der Zuñi, aus der inneren Rinde Brot herzustellen, ist es jedoch wert, näher beschrieben zu werden, denn es handelt sich hier um eine Zubereitungsweise, die auf jede dieser Arten übertragbar ist.

Die Frauen der Zuñi entfernten zuerst die rauhe äußere Rinde und schabten die junge innere Rinde mit einem scharfen Stein oder Tierhorn ab. Dann wurde diese innere Rinde gekocht, zu einem Brei zerquetscht und zu kleinen Kuchen geformt. Diese kochte man in mit Steinen ausgekleideten Erdgruben, die man mit Feuer und heißen Kohlen erhitzt hatte. In den heißen Ofen gab man dann jeweils eine Schicht Blätter und eine Schicht ›Kiefernkuchen‹. War der Ofen voll, wurde der Stapel von Kuchen mit Blättern bedeckt. Darüber schichtete man noch einen Hügel getrocknete Erde. Die Kuchen wurden eine Stunde lang gebacken und anschließend auf einem Holzrahmen über einem Feuer aus Wacholder geräuchert. Das so gebackene Brot war zäh und schwarz. Besonders in Notzeiten war es sehr gefragt. Dieses getrocknete Brot aus Kiefernrinde konnte monatelang aufbewahrt werden. Vor dem Essen kochte man es kurz in Wasser, um es weich zu machen.

Nachfolgend werden Kieferngewächse beschrieben, die sich die nordamerikanischen Indianer auf vielerlei Art als Nahrungsmittel zunutze machten.

Douglas-Fichte, Küsten-Douglasie

Diese Fichtenart hat sehr wohlriechende Nadeln, die frisch als Kaffee-Ersatz verwendet wurden. Besonders beliebt war dieses Getränk beim Stamm der Yuki in Kalifornien. Die Indianer in British Columbia stellten ein erfrischendes Getränk her, indem sie die Fichtenzweige kochten. Wie bei den anderen Nadelbäumen auch, wurde die innere Rinde in Notzeiten für Nahrungsmittel verwendet.

Höher als die Douglas-Fichte werden an der Pazifikküste nur die Redwood-Bäume. Die Douglas-Fichte wird über 60 m hoch und erreicht einen Stammdurchmesser von 80 cm bis 2,5 m. Die flachen, spitzen Nadeln sind etwa 2,5 cm lang. Die Rinde junger Bäume ist glatt und hat tiefe Risse, bei älteren Bäumen ist sie rötlich-braun. Waldbrände können der Douglas-Fichte relativ wenig anhaben, da die Rinde bis zu 30 cm dick ist. Die nach unten hängenden, 5 bis 7 cm langen Zapfen reifen im Herbst und fallen dann ab. Der Baum ist durch die charakteristischen, dreigeteilten Zapfenschuppen leicht von anderen Arten zu unterscheiden. Leider ist die Douglas-Fichte ein sehr beliebter Weihnachtsbaum, und so werden in den Wäldern des Nordwestens jedes Jahr Millionen dieser Bäume geschlagen.

Lebensbaum

Viele, die die kanadischen Wälder durchstreifen, denken vielleicht an das Buch ›The Maine Woods‹, in dem Thoreau den Lebensbaum preist mit den Worten: »Ein guter Liter vom Lebensbaum, um stark und kräftig zu sein.« Gleichzeitig wird einem dabei einfallen, daß er selbst diesen Tee aus den Zweigen und Holzspänen als zu medizinisch schmeckend zurückwies. Manche Bergsteiger trinken den Tee auch heute noch gern, weil sie ihn für ein sehr wirksames Mittel gegen Rheuma halten. Es gibt zwar keine Berichte darüber, daß dieser Tee auch bei den Indianern getrunken wurde, bei manchen Stämmen aß man aber in Notzeiten oder bei Nahrungsmittelknappheit die innere Rinde dieses Baums.

Die Blätter des Lebensbaums, der zur großen Familie der Kieferngewächse gehört, sehen wie flache Schuppen aus, die sich überlappen. Die Zapfen wachsen aufrecht und sind gut einen Zentimeter lang. Der Lebensbaum ist vom Osten Quebecs bis nach Manitoba, im Süden bis in den Nordosten der USA und an den Bergen im Osten bis nach Tennessee zu finden.

Große Küstentanne

Die Indianer in British Columbia aßen die innere Rinde dieser Tannenart am liebsten im Frühjahr, wenn sie richtig saftig war. Um an diese Schicht heranzukommen, schälten sie die äußere Rinde mit einem zugespitzten, geschärften Stück Holz ab oder mit einem aus einem Tierhorn hergestellten Messer. Der gummiartige ›Saft‹ dieser und anderer Tannenarten wurde wie Kaugummi gekaut.

Die aufrecht wachsende Küstentanne wird bis zu 38 m hoch. Die flachen, gegenständigen Nadeln sind zwischen 3 und 5 cm lang. Die Oberseite ist dunkelgrün und hat in der Mitte eine Rille, auf der Unterseite sind die Nadeln

Hemlocktanne
Die Irokesen im Osten stellten aus den Nadeln der Kanadischen Hemlocktanne ein Getränk her; die im Westen lebenden Stämme trockneten die innere Rinde und den Saft der Westamerikanischen Hemlocktanne und preßten ihn zu einer Art Kuchen oder stellten daraus Brot her.

silbrig bis weiß. Junge Bäume haben eine dünne, glatte Rinde, die mit vielen Harzbeulen durchsetzt ist. Die Rinde älterer Bäume ist von vielen Furchen durchzogen. Die Zapfen fallen gegen Ende des Sommers besonders ins Auge. Sie stehen aufrecht, sind gut 2 cm dick und 5 bis 10 cm lang.

Die Große Küstentanne ist im Nordwesten der USA und im Südwesten Kanadas bis zu Höhen von 3000 m zu finden.

Hemlocktanne

Alle Indianerstämme haben sich die in ihrer Umgebung vorkommenden Arten der Hemlocktanne als Nahrungsmittellieferant zunutze gemacht. Die Irokesen im Osten bereiteten aus den jungen Nadeln, die sie kochten, ein Getränk zu. In Montana und British Columbia wurden die innere Rinde und der Saft der Westamerikanischen Hemlocktanne getrocknet und zu einer Art Kuchen geformt oder wie Brot gebacken.

Hemlocktannen erreichen eine Höhe von 35 bis gut 50 m und sind schon von weitem daran zu erkennen, daß die Spitze wie umgeknickt aussieht. Die langen Äste sind unregelmäßig angeordnet, die Zweige sind dicht bestanden mit flachen, stumpfen, dunkelgrünen Nadeln. Die kleinen Zapfen wachsen nach unten, reifen im Herbst und fallen im Winter ab. Die Rinde ist reich an Gerbsäure und wird deshalb sehr oft zum Gerben verwendet, das Holz ist als Bauholz sehr gefragt. Hemlocktannen bevorzugen sehr schattige Standorte und werden in England gern als Zierbäume gepflanzt.

Wacholder

Die verschiedenen Wacholderarten sind besonders in Notzeiten sehr wichtig, weil sie zumindest für einen Teil des Winters Beeren liefern, die zwar etwas bitter, aber eßbar sind. Auch die innere Rinde ist eßbar, und viele Indianer sind dadurch dem Hungertod entronnen. Bei manchen Stämmen wurden die Beeren für den Winter getrocknet, dann gemahlen und zu Kuchen oder Brei verarbeitet. Gelegentlich wurden sie auch geröstet, gemahlen und als Kaffee-Ersatz verwendet. Die Indianer in British Columbia stellten einen adstringierenden Tee her, indem sie die Stengel und Nadeln kochten. In New Mexico wurden die Beeren einer dort häufigen Wacholderart zum Würzen von Fleischgerichten genommen. Das Aroma soll dem von Salbei ähneln. In der Getränkeindustrie werden Wacholderbeeren bei der Herstellung von Gin verwendet.

Der *Raketen-Wacholder* wächst vorwiegend im Westen der USA und südlich bis nach New Mexico, in Kanada von British Columbia bis Alberta. Es ist ein buschiger Strauch oder kleiner Baum mit mehreren kurzen Stämmchen. Die Blätter an älteren Zweigen sind schuppenähnlich, an jungen Trieben eher wie Nadeln. Die rötlichbraune Rinde ist dünn und zäh. Die dunkelblauen Wacholderbeeren sind von einer dünnen, aromatischen Wachsschicht überzogen, die man durch Kochen leicht enfernen kann.

Lärche

Die Indianer in British Columbia kauten gerne den gummiartigen Saft und die Zweige der *Westamerikanischen Lärche*. Lärchen waren für die Indianer als Nahrung von geringer Bedeutung. Nur von den Ojibwa ist bekannt, daß sie aus den Wurzeln dieses Baumes einen Tee herstellten.

Die innere Rinde der Lärchen ist wahrscheinlich eßbar; die Ureinwohner Sibiriens kochten aus der inneren Rinde einer damit verwandten Art eine Suppe. In Notfällen haben Holzfäller und Jäger auch die jungen Triebe gegessen.

Die Lärche ist besonders im Herbst sehr leicht zu erkennen, wenn die Nadeln goldgelb gefärbt sind. Je nach Art werden die Bäume 24 bis fast 50 m hoch. Sie wachsen nicht gleichmäßig, sondern die obersten Zweige wölben sich nach oben und die unteren drehen sich normalerweise mehr abwärts. Der Bedarf an Lärchen ist sehr groß, denn sie liefern gutes Bauholz, besonders für Stützbalken.

Weiß-Kiefer, Digger-Pine

Diese Kiefernart war für die Indianer in Kalifornien sehr wichtig. In den großen Zapfen stecken süße, ölhaltige Samen, die besonders bei den Digger-Indianern sehr beliebt waren. Sie enthalten 28 Prozent Protein und 51 Prozent Öl und spielten besonders in Zeiten der Nahrungsmittelknappheit eine große Rolle. Um an die Samen zu kommen, kratzten die Indianer zuerst das klebrige Harz von den Zapfen und warfen sie ins Feuer, damit sich die Schuppen öffneten. Dann wurden die Samen herausgeklopft. Bei den Numlaki wurde die Kiefernsamensaison mit einem zeremoniellen Tanz gefeiert.

Der dicke Saft der Weiß-Kiefer war auch zum Kauen sehr beliebt. Ältere Indianer kauten ihn zur Linderung von rheumatischen Schmerzen; außerdem linderte der gummiartige Stoff Schmerzen bei Verbrennungen und Schnittwunden.

Colorado-Piñon

Die Samen dieser Kiefernart waren früher bei den Stämmen im Südwesten hochgeschätzt. Die Zuñi betrachteten sie als eines der auserlesensten Nahrungsmittel. Man sammelte sie normalerweise, wenn sie schon auf den Boden gefallen waren. Die Samen schmecken gut und sind nahrhaft. Sie enthalten 15 Prozent Protein, 62 Prozent Öl und 17 Prozent andere Kohlenhydrate. Meistens wurden sie roh gegessen, manchmal aber auch leicht geröstet, um den Geschmack zu verbessern oder sie zur späteren Verwendung zu trocknen. Geschälte Samen wurden zu Mehl gemahlen, das man für Kuchen oder zum Eindicken von Suppen verwendete. Bei manchen Stämmen wurde es mit Yucca-Samen gemischt, bei anderen mit Maismehl oder Sonnenblumenkörnern.

Wie bei allen Kiefernarten kann man aus den frischen Nadeln einen kräftigen Tee zubereiten. Die innere Rinde ist zwar etwas ledrig, aber eßbar.

Colorado-Piñon
Die Samen dieser Fichtenart waren eines der beliebtesten Nahrungsmittel bei den Zuñi. Sie enthalten bis zu 15 Prozent Protein und wurden oft zu Mehl gemahlen, aus dem man dann Kuchen machte.

Gelb-Kiefer

Die Indianerstämme in Kalifornien bevorzugten die Weiß-Kiefer und betrachteten die Samen der Gelb-Kiefer als zu klein zum Essen. Die mehr im Inland, in Montana, Idaho, Oregon und British Columbia lebenden Stämme aßen sie jedoch roh oder mahlten sie zu Mehl, um Brot zu backen. Bei diesen Stämmen verzehrte man auch die klebrige innere Rinde und den gummiartigen Saft.

Aus den runden, hellbraunen Zapfen konnte man schnell ein Feuer machen. Die Rinde brennt leicht, macht keinen Rauch und kühlt schnell ab. Indianische Krieger verwendeten die Rinde besonders dann zum Verfeuern, wenn sie nicht auffallen wollten.

Die Gelb-Kiefer ist sehr leicht an der orangeroten Rinde und an den zu dritt zusammenstehenden langen Nadeln zu erkennen.

Weymouths-Kiefer

Die Indianer in New England kochten die Nadeln dieser Kiefernart in Wasser und tranken diesen Tee als vorbeugendes Mittel gegen Skorbut. Sie enthalten bis zu fünfmal mehr Vitamin C als eine vom Gewicht her gleiche Menge an Zitronen; sie sind außerdem reich an Vitamin A. Die Ojibwa würzten mit den Samen Fleischgerichte. Die Irokesen im Staat New York aßen gerne die süße innere Rinde.

Die frühen Siedler in Massachusetts hatten den Wert dieser Kiefer schnell erkannt. Sie schätzten sie so sehr, daß auf allen Silberschillingen, die im späten 17. Jahrhundert geprägt wurden, dieser Baum abgebildet war.

Fichte

Bei den Indianern in Kanada und im Norden der USA wurde die innere Rinde der Fichte auf ähnliche Weise wie die der Kiefern verwendet. Bei manchen Stämmen saugte man einfach zum Vergnügen an den kleinen Fichtenzapfen. In Notzeiten waren auch die jungen Triebe, von denen man die kurzen Nadeln entfernt hatte, ein Nahrungsmittel. Die Indianer machten sich alle Fichtenarten wie oben beschrieben zunutze. Die *Schwarz-Fichte* hat jedoch, wie im medizinischen Teil erwähnt, eine ganze Gruppe früher Forscher auf diesem Kontinent vor Skorbut bewahrt. Die hellgrünen Nadeln wurden gekocht und diese Flüssigkeit dann getrunken.

Die Schwarz-Fichte wächst überall in Kanada, vom Pazifik bis zum Atlantik, und sollte daher allen Naturfreunden bekannt sein. Die Bäume wachsen im allgemeinen sehr gerade und werden maximal 15 m hoch. Sie sind daran zu erkennen, daß an der Spitze viele Zweige büschelförmig zusammenstehen. Die kurzen, harten Nadeln sind nur einen guten Zentimeter lang, die dunkelgraue Rinde ist sehr schuppig. Die kleinen, runden Zapfen stehen zu mehreren zusammen und bleiben oft jahrelang an den Zweigen. Früher wurde aus den jungen Trieben gerne Fichtenbier gebraut.

Palmen

Wenn wir an die nordamerikanischen Indianer und die von ihnen als Nahrungsmittel genutzten Pflanzen denken, fallen uns nicht gerade Palmen ein. Dennoch wurden bei den Stämmen an den Küsten des Südatlantik und des unteren Pazifik die ausgezeichnet schmeckenden Früchte und die Kernstücke von Blättern und Stengeln verschiedener Palmenarten gegessen.

In Südkalifornien waren die runden, braunen, süßen Früchte der Art *Erythea armata*, die in sehr trockenen Canyons wächst, besonders beliebt. Wenn Mangel an Nahrungsmitteln herrschte, schnitt man junge Blätter auf und aß die saftigen Herzstücke.

Ausgezeichnet waren auch die dattelähnlichen süßen Früchte der *Fächerpalme*, der einzigen in Kalifornien heimischen Palmenart. Sie wächst in Hainen in der Nähe von Quellen und in Feuchtgebieten vom Süden Kaliforniens bis nach Arizona und Mexiko. Die schwarzen oder braunen Früchte sind zwar hart und klein, aber sehr süß. Blattknospen und Samen wurden zu Mehl gemahlen und zu Brot, Brei usw. weiterverarbeitet. Die Blätter verwendete man in begrenztem Umfang für Dächer und Körbe, aus den Fasern wurden Seile hergestellt.

In den Staaten im Südosten spielte die *Palmettopalme* bei den Indianern und frühen Siedlern eine so große Rolle, daß sie die Gründer von South Carolina in das Staatswappen aufnahmen. Die Kernstücke dieser von Florida bis North Carolina vorkommenden Palmenart waren sehr begehrt und wurden wie Kohl zubereitet. Bei Sturtevant wird der Bericht eines frühen Chronisten (1613) über die vielen Verwendungsmöglichkeiten dieser

Palmenart zitiert: »Es gibt einen Baum namens Palmettopalme, der sehr süße Früchte trägt, mit denen man die Schweine füttert. Unsere Männer fanden sie so wohlschmeckend und bekömmlich, daß sie zu ihrem Fleisch fast kein Brot mehr aßen... Nimm ein Beil und schneide ihn (den Baum) an oder bohre ihn an, und du hast einen sehr wohlschmeckenden Saft, der fast wie unsere süßen Weine schmeckt.«

Fächerpalme
Die dattelähnlichen, süßen Früchte dieses in Kalifornien heimischen Baumes waren sehr beliebt. Die Palmwedel wurden zum Abdecken von Dächern und für Körbe verwendet, aus den Fasern drehte man Seile.

Rosen und Steinbrechgewächse

Früchte und Beeren waren bei den nordamerikanischen Indianern ein wesentlicher Bestandteil der Ernährung. Sie sind der auffälligste und der wohlschmeckendste Teil einer Pflanze. Sie sind zwar nicht sehr nahrhaft, enthalten dafür aber Wasser und im allgemeinen viele wichtige Vitamine. Wir können hier unmöglich alle Früchte und Beeren nennen, die bei der Ernährung der Indianer eine Rolle spielten, wollen aber wenigstens einige von ihnen näher behandeln. Die einfachste Regel für wildwachsende Früchte ist, sich die in der jeweiligen Gegend vorkommenden giftigen Arten genau einzuprägen, da sie im Verhältnis zu den eßbaren Arten nur seltener sind.

Zu den Beerenarten, die in den Weststaaten am häufigsten gegessen wurden, gehören die Früchte der Bärentraube, Brombeeren, Heidelbeeren, alle Arten von Johannisbeeren, Holunderbeeren, Weißdornbeeren und Himbeeren. Meist aß man sie frisch vom Strauch, manchmal machte man sie auch durch Trocknen haltbar.

Bei den Irokesen im Osten waren Brombeeren, Heidelbeeren, verschiedene Arten von Johannisbeeren, Preiselbeeren, Holunderbeeren, Stachelbeeren, Maulbeeren und Erdbeeren sehr beliebt.

Die Beeren wurden, wenn sie reif waren, von den Frauen gesammelt und roh gegessen oder zerdrückt, mit Ahornzucker und Wasser gemischt oder als Zutat für Süßspeisen verwendet. Für den Winter wurden manche Beerenarten auch in der Sonne getrocknet, vor allem Brombeeren und Heidelbeeren. Später wurden die getrockneten Beeren dann in Wasser eingeweicht und mit etwas Ahornzucker leicht erhitzt. Bei den Irokesen aß man getrocknete Beeren wie eben beschrieben oder mischte sie in Brotteig oder Brei.

A. C. Parker, ein Anthropologe irokesischer Abstammung, beschreibt, wieviel Spaß den Leuten das Beerensammeln machte: »Das Beerensammeln im Herbst wurde mehr als Zeitvertrieb denn als Arbeit betrachtet. Die Arbeit wurde durch den sozialen Charakter, den das Ganze hatte, sehr viel leichter. Es war mehr ein Spiel, und die Freude daran ließ einen überhaupt nicht müde werden... Die Frauen und Mädchen... gingen in Gruppen zu den Flecken, wo die Büsche standen und sangen beim Sammeln der Beeren ihre Volkslieder. Jeder lachte oder sang und pflückte die Beeren so schnell, wie man es mit zwei Händen nur konnte.«

Die Beeren in den Körben schützte man mit Sumach- oder Lindenblättern vor der Sonne. Im Bericht von Parker geht es mit der Schilderung eines interessanten Mittels gegen Schlangen weiter: »Sammelte man Heidelbeeren in den Bergen oder an Plätzen, wo es Schlangen gab, schmierte man die Mokassins mit Schweinefett ein, um Klapperschlangen abzuhalten. Die Schlangen würden dann nämlich meinen, daß Schweine sie aufzuspüren versuchten.«

Bei allen Indianerstämmen in Nordamerika machte man aus den im jeweiligen Lebensraum vorkommenden Beeren Kuchen. Sie wurden zuerst zerstoßen und dann in einem mit Wasser gefüllten Gefäß aus Rinde, in das man heiße Steine gab, gekocht. Nach dem Kochen breitete man die Beeren in dicken Schichten auf Kiefernnadeln oder anderen Blättern aus und ließ sie trocknen. Auf diesen ›Teig‹ schüttete man immer wieder etwas vom Kochwasser mit dem Saft der Beeren. Diese schmackhaften Kuchen wurden meist zusammen mit Eintopfgerichten oder Süßspeisen, aber auch allein gegessen.

Beeren wurden manchmal auch mit getrocknetem, zerstoßenem Fleisch gemischt. Dazu gab man gekochtes, flüssiges Tierfett und ließ das Ganze wieder trocknen.

Das ist der berühmte *Pemmikan*, eine für die Indianer in Notzeiten sehr wichtige Nahrung. Da man dieses gepreßte Dörrfleisch gut auf langen Reisen mitnehmen konnte, war es auch bei den frühen Siedlern bald Bestandteil ihrer Ernährung in der Wildnis.

Zu den Früchten, die auf dem Speisezettel der Indianer häufig zu finden waren, gehören auch die nachfolgend genannten.

Kirschen

Die Früchte der Späten Traubenkirsche aß man frisch oder trocknete sie zur späteren Verwendung. Sie wurden in einem Steinmörser zerstoßen und mit getrocknetem, kleingehacktem Fleisch in Suppen gegeben. Bei manchen Stämmen trank man zur Stärkung gerne einen Tee aus den Zweigen. Weichselkirschen wurden frisch gegessen, und auch die weißen Siedler lernten die früh reifenden, hellroten Früchte bald zu schätzen. Die Sandkirsche, die auf Sandbänken und an Flußufern im Nordosten der USA wächst, liefert die größten Früchte aller in Nordamerika heimischen Kirscharten. Sie haben meist einen Durchmesser von etwa 1,5 cm.

Holzäpfel

Diese Apfelbäume wachsen fast überall in den USA, die Früchte sind zu sauer für den frischen Verzehr. Die Indianer sammelten sie im Herbst und lagerten sie in Behältern aus Rinde in der Erde ein. Im Frühjahr hatten sie dann einen angenehm süßen Geschmack und wurden zu Gelee, Sirup oder einer Art Apfelwein verarbeitet.

Besonders beliebt war diese Apfelsorte bei den Irokesen. Sie aßen sie frisch, als Kompott, oder buken sie in der heißen Asche des Lagerfeuers. Zum Trocknen zog man die Äpfel auf Schnüre auf, die man entweder zwischen zwei Pfählen oder über dem Ofen aufspannte.

Johannisbeeren

Es gibt in Nordamerika mehr als dreißig eßbare Johannisbeerarten. Die Indianer aßen die Beeren entweder frisch oder getrocknet. Bei manchen Stämmen kochte man zu Beginn des Frühjahrs die jungen Blätter und aß sie zusammen mit ungekochtem Tierfett. In Büchern über wildwachsende eßbare Pflanzen wird auch auf die an Honig reichen Blüten als Nahrungsmittel hingewiesen und erwähnt, daß die Indianer davor warnten, zu viele der Früchte auf einmal zu essen.

Während des Zweiten Weltkriegs, als Orangen sehr knapp waren, pflanzte man in England vermehrt Schwarze Johannisbeeren wegen ihres hohen Gehalts an Vitamin C, was vor allem den Säuglingen und Kindern zugute kam.

Johannisbeere
Bei den Indianern wurden viele der in Amerika heimischen Johannisbeer-Arten gegessen. Bei manchen Stämmen wurden die jungen Blätter auch gekocht oder man aß sie roh zusammen mit Tierfett.

Stachelbeeren

Auch viele der wildwachsenden Stachelbeeren wurden bei den Indianern frisch oder gekocht gegessen oder durch Trocknen haltbar gemacht. Die bei manchen Arten vorkommenden kleinen Stacheln auf den Beeren sengte man ab, indem man sie in Körben auf heißen Kohlestückchen hin und her rollte.

Wilde Rose

Skorbut gab es bei den Indianern nicht, wahrscheinlich weil sie das ganze Jahr über Beeren aßen, die viel Vitamin C enthalten. Es ist festgestellt worden, daß drei Hagebutten so viel Vitamin C wie eine Orange liefern.

Während des Zweiten Weltkriegs wurden die Engländer aufgefordert, diese roten Früchte zu sammeln. Sie wurden dann zu Pulver gemahlen und vom Gesundheitsministerium im ganzen Land verteilt, um die Bevölkerung mit Vitamin C zu versorgen.

Die Indianer aßen diese Früchte besonders in Zeiten der Lebensmittelknappheit frisch vom Strauch. Hagebutten findet man das ganze Jahr über, sie sind leicht zu erkennen und sollten für all jene interessant sein, die auf natürliche Lebensmittel mit hohem Nährwert Wert legen. Sie enthalten bis zu sechzigmal mehr Vitamin C als Zitronen und mehr Kalzium, Phosphor und Eisen als Orangen.

Seetang, Pilze und Flechten

Meerespflanzen waren ingesamt gesehen für die Ernährung der Indianer weniger wichtig, da sie nur den Stämmen an der Pazifikküste bis nach Alaska im Norden zur Verfügung standen.

Purpurtang

Diese Meerespflanze aß man entweder frisch oder gebakken. Die sehr wohlschmeckende Algenart wird in Japan und China gern und oft gegessen. Zu den als *nori* bekannten asiatischen Arten zählen die meisten eßbaren Meerespflanzen der Welt. Ihr Anbau spielt als zusätzlicher Zweig der Landwirtschaft eine nicht unbedeutende Rolle.

Purpurtang sammelt man am besten im Frühjahr und Sommer, wenn er am dicksten ist und am besten schmeckt.

Purpurtang
Hierzu gehören die meisten eßbaren Meerespflanzen der Welt. Der Purpurtang war ein Nahrungsmittel der Indianer an der Pazifikküste.

Riementang (eßbarer)

Große Beete dieser breit-›blättrigen‹ Algenart finden sich in den Gewässern vor Alaska und entlang der Nordostküste der USA. Bei den Stämmen in diesen Regionen war die dicke, süß schmeckende Mittelrippe ein beliebtes Nahrungsmittel; zuerst mußte allerdings die dicke Außenhaut entfernt werden. Wie alle anderen Arten von Tang ist auch der Riementang reich an Jod, weshalb bei den am Meer wohnenden Indianern eine vergrößerte Schilddrüse, der sogenannte Kropf, nie vorkam.

Da in den westlichen Ländern das landwirtschaftlich zu nutzende Land immer weniger wird, wäre es zu überlegen, inwieweit man auf Meerespflanzen als Nahrungsquelle zurückgreifen kann.

Das neu erwachte Interesse an Algen hat möglicherweise zu einem vielversprechenden Heilmittel geführt. Obwohl die Ureinwohner Hawaiis große und oft dicke Menschen sind, waren Herzkrankheiten bei ihnen unbekannt. Die Forscher beschäftigen sich nun mit der *limu lipoa* genannten Algenart, die als Würzmittel verwendet wurde. Diese Algenart verwandelt Fette in hoch ungesättigte Fettsäure, was mit ein Grund dafür sein könnte, daß bei den Hawaiianern Herzkrankheiten so selten sind.

Riementang
Diese Meerespflanze wurde bei den Stämmen an der Nordostküste gegessen. Man entfernte die Außenhaut und aß dann die Mittelrippe.

Viele *Pilze* wurden entweder roh gegessen oder gekocht als Zutat für verschiedene Gerichte. Zahlreiche Sorten sind giftig. Wer sich speziell für Pilze interessiert, sollte sich einschlägige Bücher kaufen. Als allgemeine Regel gilt, daß der Unkundige keine wildwachsenden Pilze sammeln sollte, bevor er die giftigen Arten nicht ganz genau kennt. Zwei der leicht zu erkennenden Pilze, die von den Indianern gegessen wurden, sind nachstehend aufgeführt.

Schaf-Champignon

Diese kleinen weißen bis braunen Pilze wurden besonders bei den Irokesen sehr geschätzt. Sie wurden geputzt, in Würfel geschnitten und dann gekocht. Diese häufigste aller Pilzarten findet man wildwachsend auf Weideland, Rasen, an Straßenrändern usw. Am besten schmecken sie vom Spätsommer bis zum Frühherbst.

Schaf-Champignon
Dieser bekannte Pilz war besonders bei den Irokesen sehr beliebt. Er wurde geschält, in Scheiben geschnitten und dann gekocht.

Puffpilz

Die runden bis ballonförmigen Puffpilze wurden gesammelt, solange sie ziemlich klein waren. Man aß sie roh, gekocht oder gebraten. Die Zuñi trockneten sie, um im

Winter einen Vorrat zu haben; bei den Irokesen wurden sie gebraten und als Suppeneinlage verwendet.

Eßbar sind mehrere Puffpilzarten, und alle sind ungefährlich, solange sie jung sind. Sie haben ein weißes Fleisch; verfärbte Pilze müssen weggeworfen werden. Der Riesen-Puffpilz kann einen Durchmesser von gut 30 cm haben; er wächst auf Äckern und in Wäldern. Er ist der größte aller eßbaren Pilze und ist an seiner runden Form leicht zu erkennen. Die Omaha schnitten ihn in mundgerechte Stücke und brieten sie wie Fleisch.

Puffpilz
Diese runden bis ballonförmigen Pilze wurden nur gegessen, solange sie jung waren, und zwar roh, gekocht oder geröstet.

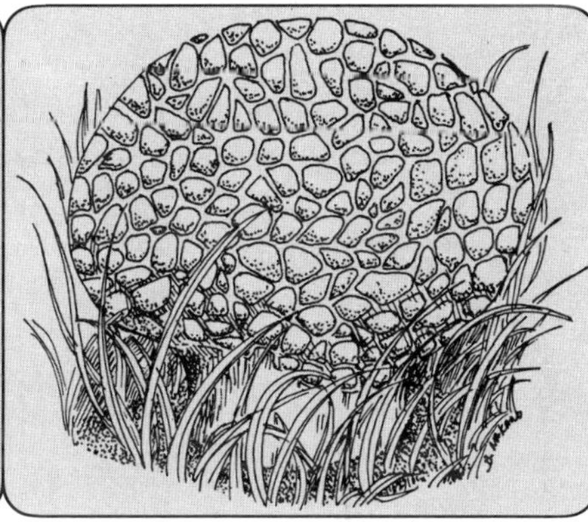

Flechten

waren zwar üblicherweise keine Nahrungsmittel, in Notzeiten wurde aber auf sie zurückgegriffen. Man kratzte sie von Felsen oder Bäumen und aß sie roh oder kochte sie mit Fett. Bei manchen Stämmen wusch man sie vorher in mit Asche vermischtem Wasser, um den bitteren Geschmack zu mindern.

Die Flechten gehören zu einer großen Pflanzenfamilie; sie sind auf den verschiedenen Kontinenten an unterschiedlichen Standorten zu finden. Extreme Hitze oder Kälte können ihnen nichts anhaben, und die Menschen haben gelernt, sich von ihnen zu ernähren, wenn keine anderen Nahrungsmittel zu Verfügung stehen. Eine der auffälligsten Arten ist die *Rentierflechte,* die in Nordkanada sehr häufig zu finden ist. Von dieser Flechte ernähren sich Rentiere und Karibus, und somit steht sie für die im Norden lebenden Stämme am Beginn einer ganzen Nahrungskette. Für den menschlichen Verzehr wird sie entweder in einer Suppe gekocht oder getrocknet, gemahlen und zu Brot gebacken.

Zu den eßbaren Flechtenarten gehört auch *Isländisch Moos,* das im Norden ebenfalls sehr häufig zu finden ist. Man kochte daraus ein nahrhaftes, wohlschmeckendes Gelee.

Rentierflechte
Diese Flechtenart, die man fast überall in Nordkanada findet, ist in Notzeiten ein ausgezeichnetes Nahrungsmittel. Für den menschlichen Verzehr wird die Flechte entweder in einer Suppe gekocht oder getrocknet, gemahlen und zu Brot verarbeitet.

Sonstige nützliche Pflanzen

In diesem Kapitel werden viele nützliche Pflanzen beschrieben, die zu keiner der bereits behandelten Pflanzenfamilien gehören. Manche, die für die Indianer wichtig als Nahrung waren und hier nicht erscheinen, wurden im medizischen Teil dieses Buches besprochen.

Die ersten drei Pflanzen, das *Breitblättrige Pfeilkraut*, der *Rohrkolben* und die *Teichrose*, sind überall in Nordamerika in Sumpfgebieten, Teichen, Seen und an Flüssen zu finden und werden deshalb nacheinander behandelt. Die restlichen Pflanzen sind alphabetisch angeordnet.

In Amerika heimische Pflanzen, die in Sümpfen, Teichen und Seen wachsen: a) Rohrkolben; b) Teichrose; c) Pfeilkraut.

Breitblättriges Pfeilkraut

Lange bevor die Europäer nach Amerika kamen, gab es bei den Stämmen einen regen Handel mit dieser Pflanze, insbesondere bei den Chinook in Oregon. Wie Lewis und Clark berichteten, »ist diese Knolle einer der wichtigsten Handelsartikel zwischen den Bewohnern des Tals und ihren Nachbarn oder denen, die an der Küste wohnen«. Die Methode der Indianer, diese Knollen zu sammeln, ist einzigartig. Die Frauen gingen manchmal bis zum Hals ins Wasser, hielten sich an einem Kanu fest und gruben die Knollen mit ihren Zehen aus. Die so von den Wurzeln gelösten Knollen stiegen sofort an die Wasseroberfläche und wurden eingesammelt. Man kann nicht einfach die ganze Pflanze aus dem Wasser ziehen, denn die Stengel brechen leicht ab, und die Knollen bleiben dann im schlammigen Boden stecken.

Man aß die Knollen gelegentlich roh, häufiger aber wurden sie wie Kartoffeln gebraten.

Das Pfeilkraut wächst fast überall in den USA im schlammigen Boden seichter Gewässer. Die Pflanze ist leicht an den pfeilförmigen Blättern und den weißen Blütenquirlen zu erkennen. Sie liefert in Notzeiten das ganze Jahr über ein leicht zugängliches Nahrungsmittel.

Rohrkolben

Diese überall in Nordamerika vorkommende Pflanze wurde von den Indianern sehr geschätzt. Von verschiedenen Stämmen ist bekannt, daß sie im Frühjahr die jungen Triebe abschnitten, die Blätter entfernten und dann den saftigen inneren Teil frisch aßen. Bei den Paiute gab man den jungen Blütenstengeln – bevor sich der Blütenstaub bildete – entweder frisch oder gekocht den Vorzug. Die Blüten kostete man entweder allein oder in Suppen, auf Brot oder in Süßspeisen. Der Blütenstaub ist ein ausgezeichnetes Mehl, das man zu Brot usw. verarbeitete.

Auch der junge Wurzelstock ist eßbar. Die Indianer schälten sie und aßen dann das weiße Innere. Man erkennt diese jungen Wurzelstöcke an den Knospen, die sich bilden, und den Beginn neuen Wachstums anzeigen. Die stärkehaltigen Wurzelstöcke kann man auch gut zu Mehl verarbeiten. Sie werden getrocknet und zwischen Steinen gemahlen. Man muß nur noch gröbere Fasern entfernen und hat dann schon ein fertiges Mehl. Auch die Samen wurden verzehrt. Die Wolle der weiblichen Blütenstände benützte man, bevor Baumwollmaterialien eingeführt wurden, zum Polstern von Betten und Kissen oder machte Windeln daraus.

Teichrose

Die im Nordwesten lebenden Klamath-Indianer sahen dem Reifen der in ihrem Gebiet heimischen *Gelben Teichrose* mit fast religiöser Inbrunst entgegen. Bevor alle Stammesmitglieder sich am Sammeln der reifen Samen beteiligten, hielt man zeremonielle Tänze ab. Die großen Samenhülsen wurden in der Sonne getrocknet und dann zerstoßen, damit sich die Samen loslösten. Diese dörrte man dann langsam auf heißen Steinen und zerstieß sie, um die Kerne von der Schale zu lösen. Die Kerne wurden entweder zu Mehl gemahlen, geröstet und gegessen oder zur späteren Verwendung eingelagert.

Man aß auch den Wurzelstock, den man jedoch erst aus dem schlammigen Boden von Seen, Teichen oder Flüssen ausgraben mußte. Man aß sie selten roh. Im allgemeinen wurden die Wurzelstöcke gekocht oder gebacken und die Rinde entfernt, bevor man das süße Kernstück aß. Natürlich hat man aus den stärkehaltigen Wurzelstöcken auch Mehl gemacht, das dann zu Brot und einem dünnen Brei weiterverarbeitet wurde.

Die Gelbe Teichrose, die östlich der Rocky Mountains wächst, war für alle Indianerstämme in Montana, North und South Dakota, Wisconsin und in den Staaten des

Nordostens ein Nahrungslieferant. Die Wurzeln wurden von den Frauen auf ähnliche Weise wie die Knollen des Pfeilkrauts gesammelt, nämlich mit den Zehen. Man nahm die knollenförmigen Wurzeln auch aus den Höhlen von Bisamratten, aber nur, wenn man auf die Tiere Jagd machte. Die Irokesen glaubten, es sei gefährlich, diesen Tieren ihr Futter zu stehlen und sie hungern zu lassen. Sie hatten Angst vor ihrer Rache.

Auch bei den Prärie-Stämmen war es üblich, daß die Frauen den Tieren das Futter aus der Höhle raubten; aber sie ließen ihnen anstelle der ›geliehenen‹ Dinge etwas anderes Eßbares zurück. Dakota-Frauen gaben zum Beispiel die gleiche Menge an Mais zurück – den sie im Überfluß hatten – für Bohnen, die sie aus den Höhlen von Bisamratten holten. Der Ethnologe Gilmore berichtet: »Sie sagten, es wäre schlecht, die Tiere zu bestehlen, daß aber ein gerechter Austausch kein Diebstahl wäre.« Dabei lag ihnen sicher weniger das Wohl der Tiere selbst am Herzen als die Tatsache, daß sie mit diesem Futteraustausch das Überleben dieser nützlichen Tiere sicherten.

Die im Osten der USA häufige Gelbe Teichrose wurde auf die gleiche Weise wie die im Westen vorkommende genutzt. Der Wurzelstock wurde gekocht, geröstet oder zu Mehl verarbeitet, die Samen wurden gedörrt und gegessen oder zu Mehl gemahlen.

Ein wichtiges Nahrungsmittel war für die Indianer auch die *Amerikanische Lotosblume,* die ebenfalls das Wasser bevorzugt. Die Ausläufer der langen Wurzelstöcke wurden wegen ihres stärkehaltigen Stengelmarks im Herbst gesammelt. Die harten Samen kochte man entweder mit Fleisch oder aß sie roh, nachdem die Schale entfernt worden war. In der Teichrose sind große, mit Luft gefüllte Hohlräume eingeschlossen. Diese anatomische Eigenheit ließ manche Prärie-Stämme glauben, daß man den Geruch der Knollen nicht einatmen dürfe, weil diese mit

Luft gefüllten Hohlräume mit Schlamm und Schmutz angefüllt sein könnten.

Die Lotosblume ist fast ausgerottet und wird deshalb auch nicht näher beschrieben. Sollten Sie sich jedoch in einer Notlage befinden und das Glück haben, die größte Teichrose im Nordosten der USA zu finden, können Sie ohne Probleme die Knollen sammeln, ebenso wie die des Pfeilkrauts oder der Gelben Teichrose. Sie können auch die unreifen Samen roh essen – dann schmecken sie besonders gut – oder wenn sie reif sind. Dann müssen sie sie allerdings zerdrückt und durchgesiebt werden, um die harte Schale zu entfernen. Die Samen enthalten bis zu 19 Prozent Protein, sind praktisch das ganze Jahr über verfügbar (besonders im Sommer und Herbst) und sind in Notzeiten ein ausgezeichnetes Nahrungsmittel.

Agave

Die verschiedenen Agavenarten, die im Südwesten Kaliforniens wachsen, waren bei mehreren Stämmen wirtschaftlich von Bedeutung. Der Name der Mescalero-Apachen kommt daher, daß sie aus dem Pflanzensaft durch Vergären das Getränk *Mescal* herstellten. Sie bohrten die Pflanze unten an dem langen Blütenstengel an, ließen den Saft in einen Behälter fließen, ihn gären und destillierten ihn dann zu ihrem Lieblingsgetränk, auch *Pulque* genannt.

Bei manchen Stämmen aß man auch die keimenden Augen, die sich unten an den Blütenstengeln bilden. Sie waren manchmal so groß, daß sie 60 cm im Durchmesser maßen. Gebacken wurden sie ganz langsam in Erdöfen, was einige Tage in Anspruch nahm. Das sättigende, süß schmeckende Nahrungsmittel soll auch zur Vorbeugung gegen Skorbut gut sein. Diese Augen wurden nach dem Backen manchmal noch getrocknet, flach geklopft und aufbewahrt. Bei den Apachen war das eines der wichtigsten Grundnahrungsmittel.

Eine in Mexiko sehr häufige Agavenart, die *Hundertjährige Aloe*, wurde auf so vielfältige Weise genutzt, daß sie der Historiker Prescott ein ›Naturwunder‹ nannte. Aus den Blättern stellten die Azteken ein Papier ähnlich dem Papyrus her. Die starken Blattfasern wurden zu Schnüren gedreht. Das geleeartige Fruchtmark wurde mit Wasser vermischt als Seifenschaum verwendet. Mit den getrockneten Blütenstielen deckten die Azteken Dächer wasserdicht ab und aus den Stacheln der Pflanze machten sie Nadeln. Und schließlich wurde von ihnen aus den Spitzen der Blütenstengel ein schwarzer Farbstoff hergestellt, mit dem man den Körper für Zeremonien bemalte.

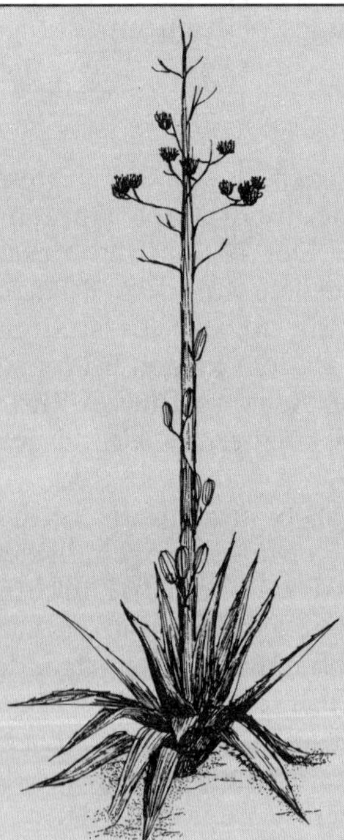

Agave
Überall im Südwesten wurden verschiedene Agavenarten als Nahrungsmittel, für alkoholhaltige Getränke, zur Herstellung von Seilen und Seifen und zum Abdecken von Dächern verwendet.

Die in der Mojave-Wüste häufigste Agavenart *A. utahensis* ist besonders in der Blütezeit leicht zu erkennen. Die Pflanze, die nur einmal blüht und dann abstirbt, trägt vom Frühsommer bis zum Juli auf den in kurzer Zeit hochschießenden Stielen gelbe Blüten.

Man kann in Notlagen auf alle Agavenarten zurückgreifen und braucht die Augen nur in der heißen Asche des Lagerfeuers zu rösten.

Amaranth

Amaranth gleicht dem Weißen Gänsefuß und ist in ganz Nordamerika als Unkraut verbreitet. Die kleinen

Amaranth
Die Indianer in Arizona bauten die Pflanze wegen ihrer kleinen schwarzen Samen an. Sie wurden gedörrt und entweder ganz gegessen oder zu Mehl gemahlen.

schwarzen Samen wurden jedoch von den Indianern in Arizona so sehr geschätzt, daß sie die Pflanze anbauten. Sie wurden entweder gedörrt und dann gegessen oder zu Mehl gemahlen.

Aus den Blättern und Stengeln junger Pflanzen bereiteten die Indianer und die frühen Siedler ein köstliches Gemüse.

Dreimasterblume, Tradeskantie

Auch die Blätter dieser Pflanze wurden gekocht und als Gemüse gegessen; gelegentlich aß man die jungen Triebe auch frisch. Der Ethnologe M. R. Gilmore beschreibt sehr schön, auf welch romantische Art diese Lilienart bei den Prärie-Indianern verwendet wurde: »Wenn ein junger, verliebter Mann aus dem Stamm der Dakota in der Prärie auf diese Blume trifft und sie gerade blüht, singt er ihr ein Lied, in dem er die Eigenschaften seiner Liebsten so beschreibt, wie sie sich ihm durch die Blüten vor ihm darstellen. Dabei gehen die Schönheit der Blüte und seines Mädchens ineinander über und werden eins.«

Wie schön ist es, daß eine Pflanze, die für manche Indianerstämme nur ein Nahrungsmittel war, bei anderen mit romantischer Liebe in Verbindung gebracht wurde. Hier ein Lied der Dakota, das in Gilmores Werk zitiert wird:

Winzigkleine, taufeuchte Blüte,
so sehr gepriesen und doch scheu;
du bist mir so lieb, daß ich für
diese Liebe mein Leben geben würde.

Ephedra, Meerträubchen

Die in den Wüsten und trockenen Prärien des Westens häufige strauchartige Pflanze wurde von den Indianern und den frühen Siedlern zur Herstellung von Tee verwendet. Man nahm dazu die grünen Zweige, die man vorher getrocknet und zerstoßen hatte. Das grobe Pulver wurde dann mit warmem Wasser verrührt.

Bei manchen Stämmen im Südwesten galt der Tee als Heilmittel, vor allem bei Geschlechtskrankheiten. Die Navajo verbrannten dazu die Pflanze mit Holzkohle in einem Loch im Boden in der Mitte des Wigwam. Der Kranke hockte sich dann über das Loch und ließ das qualmende Feuer die erkrankten Organe berühren in der Hoffnung, daß es ihn heilen würde.

Wäre die Pflanze nur für medizinische Zwecke verwendet worden, hätten wir sie natürlich im medizinischen Teil dieses Buches erwähnt. Meistens wurde der Tee daraus nur als ein wohlschmeckendes Getränk betrachtet. Bei manchen Stämmen wurden die Samen auch geröstet und anschließend zu Mehl gemahlen, aus dem man dann Brot herstellte, oder sie wurden im ganzen gegessen.

Kubaspinat

Dieses leicht zu erkennende Kraut hat viele Goldgräber in Kalifornien vor Skorbut bewahrt. Da sie zu sehr durch die Suche nach Gold in Anspruch genommen waren, legten sie keine Gemüsegärten an und suchten lieber nach Wildpflanzen, um ihren Bedarf an Grünem zu decken.

Auch hier haben die Ureinwohner Nordamerikas wieder den vielen Fremden geholfen, die schließlich das Land ihrer Vorfahren an sich rissen.

Der Kubaspinat ist an den zwei Blatt-Typen leicht zu erkennen. Die unteren sitzen auf langen Stengeln, die oberen Blätter sind zusammengewachsen, so daß sie eine Art Schirm bilden, durch den der Stengel hindurchgeht. Die Pflanze wächst überall im Westen der USA auf feuchten Böden und an Berghängen.

Leslie L. Haskin bringt in seinem Buch über die Flora der Pazifikküste ein interessantes Rezept der Indianer, bei dem diese fleischigen Blätter verwendet werden. Es ist aus ›Tribes of California‹ von Stephen Powers entnommen: »Die in den Bergen lebenden Indianer sammeln sie und häufen sie neben dem Bau einer bestimmten Art der großen roten Ameisen auf, die über den Schlupflöchern kleine Erdkegel bauen. Wenn die Ameisen in den Blätterberg hineingekrabbelt sind, nehmen sie die Blätter, schütteln die Ameisen ab und verspeisen das Grünzeug dann mit großem Genuß. Sie sagen, daß die Ameisen den Blättern beim Darüberlaufen einen säuerlichen Geschmack geben und sie dann ebensogut schmekken, als ob man sie mit Essig gewürzt hätte.«

Sie können natürlich auch etwas Essig an die Blätter geben, wenn Ihnen das Originalrezept weniger zusagt.

Ebenfalls reich an Vitamin C ist das wildwachsende *Löffelkraut.* Es wächst in den Nordstaaten von Alaska bis Neufundland und war für die von Skorbut bedrohten Seefahrer zu Beginn des 18. Jahrhunderts sehr wichtig. Es ist nicht bekannt, ob die Indianer sich des Werts dieser Pflanze bewußt waren. Sicher ist aber, daß die frühen europäischen Forschungsreisenden die hellgrünen Blätter sammelten und große Ballen davon auf ihren Schiffen mitführten.

Die Pflanze riecht stark nach Meerrettich (mit dem sie botanisch verwandt ist) und wächst überall in den Nordstaaten an der Küste und auf den Klippen am Meer. Sie gehört wie Blumenkohl, Rosenkohl, Brunnenkresse usw. zur Familie der Senfpflanzen.

Manzanita

Manzanita ist ein Heidekrautgewächs. Zu dieser Familie gehören viele Pflanzen, die von den Indianern gerne gegessen wurden, zum Beispiel Bärentraube, Heidelbeere, Preiselbeere und Wintergrün, um nur einige zu nennen. Auch Ziersträucher wie Rhododendron und Azaleen zählen dazu. Am bekanntesten sind natürlich die

Gewächse mit den wohlschmeckenden Beeren, die Heidelbeere und die Preiselbeere. Die Indianer aßen die Manzanita-Beeren nicht nur frisch, sie trockneten sie auch in der Sonne, mahlten sie dann zu einer Art Mehl und würzten damit Brot, Suppen usw. Man mischte die getrockneten Beeren auch mit Dörrfleisch und Fett und hatte damit einen nahrhaften Proviant für lange Reisen. Der Botaniker V. K. Chestnut, der zu Beginn unseres Jahrhunderts die Indianer im Round Valley, Kalifornien, besuchte, berichtet von einem interessanten Rezept, wie man aus Manzanita eine Art Süßmost herstellte: »Aus den reifen Beeren werden alle heraussortiert, die Würmer haben. Die einwandfreien werden ein paar Minuten gedünstet, bis sie weich sind... Zu einem Viertel Fruchtmark gibt man dann die gleiche Menge Wasser. Diese Masse wird in ein flaches, mit trockenen Kiefernnadeln oder Stroh ausgelegtes Korbsieb geschüttet und läßt die Flüssigkeit in einen wasserdichten Behälter abtropfen. Manchmal läßt man sie auch eine Stunde lang stehen und seiht sie dann erst ab. Jetzt muß der Most nur noch abkühlen, bevor man ihn trinkt... Er schmeckt angenehm würzig und säuerlich... Die Indianer ließen diesen Most wahrscheinlich nicht nur weiter gären, um Essig daraus zu machen, sondern auch, um ein alkoholhaltiges Getränk herzustellen.«

Derselbe Autor berichtet aber auch von Unglücksfällen, zu denen es kam, weil manche zuviel von den Manzanita-Beeren gegessen hatten: »Wenn man zu viele dieser Beeren ißt, soll das zum Tod führen. Der Darm kann das Übermaß an Samen und Fruchtmark nicht mehr verarbeiten, und der Betreffende stirbt daran. Die Pupillen verengen sich und es kommt zu starrkrampfartigen Anfällen wie bei einer Strychninvergiftung oder den Symptomen von Genickstarre.« Diese Beobachtung ist einigermaßen verwirrend, denn andere Fachleute bringen keinerlei warnende Hinweise zu den Manzanita-Beeren.

Nachtkerze

Manche Nachtkerzenarten (*O. albicaulis, O. brevipes*) bilden Samenhülsen, die von den Indianern gegessen wurden. Auch aß man die jungen Stengel und Blätter fast aller Arten dieser Pflanze. Sie wurde bereits im Jahr 1614 in Europa eingeführt und dort bald wegen ihrer eßbaren Blätter, Triebe und Wurzeln angebaut.

Die dicke Wurzel der wildwachsenden Art ist zwar eßbar, aber zu klein, um als Grundnahrungsmittel zu dienen. In Notfällen kann sie hilfreich sein; man muß sie allerdings kochen. Am besten sollen sie vom Spätherbst bis zum Beginn des Frühjahrs schmecken.

Nachtkerze
Die Indianer aßen die Stengel und Blätter fast aller Arten dieser Pflanze. Die Wurzeln sind klein und hart, können aber notfalls gegessen werden, wenn man sie kocht.

Tagsüber sieht die Pflanze wie verwelkt aus, in der Dämmerung aber öffnen sich die großen Knospen schnell zu großen, schönen Blüten mit weichen, seidigen Blütenblättern.

Wald-Weidenröschen

Die Pflanze ist oft die erste, die auf abgebrannten Flächen wieder wächst. Die Indianer in British Columbia schälen die Stengel und essen das geleeartige Mark frisch oder kochen es in einer Suppe. Bei manchen Stämmen wurde es auch zur Herstellung von Brot verwendet.

Wald-Weidenröschen
Diese Pflanze ist die erste, die auf abgebrannten Flächen wieder wächst. Die Indianer in British Columbia schälten die Stengel und aßen das Fruchtmark entweder frisch oder kochten es in einer Suppe.

Junge Triebe kann man wie Spargel kochen, die Blütenstengel und Blätter in Salaten verwenden. Die Pflanze ist inzwischen auch in Europa heimisch, wo sie in manchen Ländern immer noch ein beliebtes Gemüse ist.

Das Wald-Weidenröschen wächst vor allem auf verbranntem Land und erfreut das Auge des Betrachters mit seinen hochroten Blüten. Die Franko-Kanadier auf der Halbinsel Gaspe schätzen es so sehr, daß sie dieses Kraut *asperge* oder Wilden Spargel nennen.

Sachregister

Pflanzenregister